国家科学技术学术著作出版基金资助出版

电器可靠性评价与可靠性增长

陆俭国　王景芹　赵靖英　编著

U0287485

科学出版社

北京

内 容 简 介

河北工业大学电器研究所于 20 世纪 70 年代开始从事电器产品可靠性理论研究与工程应用的工作,本书的内容为该研究所四十多年来取得的研究成果的总结。国务院发布的质量发展纲要中提出了实施质量提升工程与可靠性提升工程,本书针对广泛应用于电力配电系统中的典型低压电器产品的可靠性问题进行了阐述。简要介绍了电器产品的发展历史,阐述了电器可靠性的基础知识、电器产品的可靠性统计理论、电器产品的可靠性抽样理论及电器产品的可靠性试验技术,结合电器产品可靠性试验方法的国家标准介绍了典型电器产品的可靠性评价技术以及电器产品的可靠性分析、可靠性设计、可靠性制造、可靠性增长理论和技术以及可靠性提升技术。

本书可作为高等工业学校电气工程专业的大学生、研究生的专业教材,也可供从事电器设计、研究、制造及试验工作的工程技术人员使用,还可供电器产品使用部门的工程技术人员参考。

图书在版编目(CIP)数据

电器可靠性评价与可靠性增长/陆俭国,王景芹,赵靖英编著. —北京:科学出版社,2019.3

ISBN 978-7-03-059937-7

Ⅰ.①电… Ⅱ.①陆… ②王… ③赵… Ⅲ.①电器-可靠性-研究 Ⅳ.①TM5

中国版本图书馆 CIP 数据核字(2018)第 275057 号

责任编辑:钱 俊 陈艳峰 / 责任校对:杨 然
责任印制:吴兆东 / 封面设计:陈 敬

科学出版社 出版
北京东黄城根北街 16 号
邮政编码:100717
http://www.sciencep.com

北京凌奇印刷有限责任公司印刷
科学出版社发行 各地新华书店经销

*

2019 年 3 月第 一 版 开本:720×1000 1/16
2024 年 4 月第三次印刷 印张:16 3/4
字数:330 000
定价:128.00 元
(如有印装质量问题,我社负责调换)

前　言

可靠性技术是二十世纪中叶发展起来的、以概率论为理论基础、以数理统计为基本方法的一门综合技术。它包括可靠性设计、可靠性制造、可靠性试验、可靠性统计、可靠性管理以及失效分析等很多内容。产品的可靠性是产品质量的一个重要组成部分。一个设备或系统的可靠性在很大程度上取决于该系统中所用元器件的可靠性，如果元器件的可靠性不高，则系统的可靠性也就很难得到保证。此外，系统的可靠性还随系统中所用元器件数量的增加而有所降低，随着自动控制系统的大型化和复杂化，为保证系统能正常工作，人们对所用元器件的可靠性提出了越来越高的要求。可靠性研究始于电子元器件。一些工业发达国家对产品的可靠性问题十分重视，投入了大量的人力、物力进行可靠性研究，取得了很大成效。阿波罗登月飞行、航天飞机、宇宙飞船等大型工程事先都制订了周密而详尽的可靠性保证计划。这对这些工程的顺利完成起了决定性作用，从这里更可看出可靠性技术的重要。电器产品量大面广，广泛用于各种控制系统和配电系统，所以提高电器产品的可靠性对于保证控制系统正常工作与配电系统正常供电均有重要作用。

本书绪论部分对电器产品的发展历史以及可靠性工作的内容作简要介绍；第1章至第4章为电器可靠性基础理论部分，阐述了可靠性的基础知识、电器产品的可靠性统计理论、电器产品的可靠性抽样理论及电器产品的可靠性试验技术；第5章结合典型电器产品分别讨论了控制继电器、小容量接触器、家用及类似场所用过电流保护断路器、家用及类似用途的剩余电流动作断路器、塑料外壳式断路器以及过载继电器的可靠性评价技术；第6章阐述了电器产品的可靠性技术设计、可靠性预计、可靠性分配以及可靠性分析；第7章介绍了电器产品可靠性增长理论以及可靠性提升技术。

本书由河北工业大学陆俭国、王景芹、赵靖英教授主编，温州大学吴桂初教授，河北工业大学李奎、苏秀苹、骆燕燕、刘帼巾、李文华等教授参加了部分内容的写作，天津农学院王丽讲师、常熟开关制造有限公司、厦门宏发电声股份有限公司、上海良信电器股份有限公司、长城集团电器有限公司及国家电器质量监督检验中心的有关同志参加了第7章部分章节的编写工作。

感谢国家科学技术学术著作出版基金的资助。

由于时间仓促，书中不妥之处在所难免，恳请读者批评指正。

作　者
2019.1.2

目　　录

绪　　论

在近代科学技术突飞猛进的发展过程中,可靠性技术随着生产和科学技术的发展而产生,同时人们在不断地应用可靠性技术解决实际问题的过程中也促进了生产和科学技术的发展。产品可靠性是指产品在规定的条件下及规定的时间内完成规定功能的能力,而可靠性技术就是指与产品可靠性有关的工程方法,可靠性技术已有几十年的历史。第二次世界大战中,电子设备大量用于军用装置,经常发现各类电子设备不能有效地投入使用。在 20 世纪 50 年代初期的一次战争中,这个问题暴露得更为明显,美国的雷达设备经常不能正常工作而处于待修状态。由于电子设备可靠性不高而使维修费用很高,这就促使美国开始重视可靠性问题,并着手进行调查、研究及试验工作,从而揭开了电子设备领域内可靠性研究的序幕。早期的研究重点放在电子管方面,在确定电子管的性能时,不仅重视其电性能,而且也重视其耐震及耐冲击等环境适应性。20 世纪 50～60 年代是可靠性技术飞速发展的 10 年,美国国防部成立了各种可靠性研究组织。例如,1950 年成立了 AdHoC 可靠性小组,1952 年成立了 AGREE(电子设备可靠性顾问组),1957 年成立了 ACGMR(AdHoC 导弹可靠性委员会)等。在这些组织的领导下,美国大规模地开展了可靠性管理、可靠性分析及可靠性试验等方面的工作。同时美国各有关技术协会及一些公司、制造厂也开展了大量可靠性研究工作。20 世纪 60 年代后期,发布了不少有关可靠性管理、可靠性设计及可靠性试验鉴定等方面的标准,电子元器件及电子设备方面的可靠性技术渐趋成熟。20 世纪 70 年代,美国在可靠性研究方面逐渐深入到机械、电工、电力、化工等领域。综上所述,在从事可靠性研究方面,美国是开展得最早、范围最广、也最有成效的国家。此外,日、英、法、德、苏联等国家也积极开展了可靠性研究工作,至今也已取得很大的成效。苏联不仅制订了不少可靠性基础标准,而且对某些产品制订了可靠性标准或在产品标准中规定了可靠性要求及可靠性试验方法,同时还出版了关于可靠性方面的书籍及手册,如 1985 年出版了由乌沙柯夫(И. А. Ушаков)编写的《系统可靠性技术手册》等。

0.1　电器可靠性工作概况

0.1.1　工业发达国家电器可靠性工作概况

电器可靠性研究与应用工作已成为工业发达国家电器制造厂及研究部门的一

项重要工作。目前工业发达国家有些电器产品已规定了可靠性指标,有些电器产品虽还未明确规定可靠性指标,但在工厂内部大多已在开展产品的可靠性工作,并把产品可靠性的高低作为企业间竞争的重要手段。当前,工业发达国家电器产品可靠性研究与应用工作的重点主要为下列几方面。

1. 可靠性标准的制订

可靠性标准的制订工作进展很快,特别是可靠性基础标准的制订进展更快。IEC TC56 可靠性技术委员会从 1965 年成立以来,已发布了不少有关可靠性与维修性的标准。1988 年 IEC TC56 在东京召开年会,会议决定采用"工具箱原理"构成 TC56 的标准体系。所谓"工具箱原理"是指把标准及文件分成 4 类,即顶端文件(IEC300)、应用指南、工具类、支持文件。其中顶端文件 IEC300《可靠性与维修性管理》是一个可靠性管理方面的基础标准。应用指南类标准主要包括可靠性要求规范、可靠性设计分析、元(部)件可靠性预计、可靠性试验、可靠性增长、可靠性筛选、软件可靠性、维修性技术和现场评估。工具类标准主要包括 IEC605《设备可靠性试验》和 IEC706《维修性导则》两个系列标准。

在电器产品可靠性标准制订方面,工业发达国家第一个有可靠性要求的电器产品标准是 1964 年发布的美国军用标准 MIL-R-39016《有可靠性指标的电磁继电器总规范》;日本于 1980 年发布了日本工业标准 JIS C5440《有可靠性要求的控制用小型继电器通则》,并于 1981 年发布的 JIS C4530《拍合式电磁继电器》与 1982 年发布的 JIS C4531《接触器式继电器》中都规定了失效率试验的方法。2002 年 IEC60050-444《电工术语 基础继电器》中规定了 10 条关于可靠性的术语。IEC 于 2011 年发布了 IEC 61810-2-1《机电式基本继电器 2-1 部分:可靠性》。苏联在不少电器产品标准中都列入了可靠性要求与可靠性试验方面的内容,例如,1983 年发布的 ГОСТ 12434—1983《低压开关电器通用技术条件》中就规定了产品的可靠性要求。德国在 VDE0660《低压开关电器规范》中规定了产品机械寿命和电寿命的额定值取占全部接触器 90% 的接触器所能达到的极限通断次数,这实际上也用可靠度等于 0.9 时的可靠寿命的概念来考核接触器的机械寿命和电寿命。法国在 NFC 63-100《工业用低压控制设备——接触器》标准中规定了对成批生产的电器,特别是约定发热电流小于或等于 40A 的电器,机械寿命是在有代表性的样机上以重复方式进行试验的,制造厂在统计了试验结果后给出产品的机械寿命值。实际上这就是用可靠性的概念来确定接触器的机械寿命。

2. 可靠性试验与可靠性试验装置的研制

在 20 世纪 80 年代美国、日本在电器的可靠性寿命试验中已普遍采用电子计算机进行控制与检测,如日本安川公司在继电器的接触可靠性试验中采用了电子计算机进行控制与检测的自动试验装置；日本松下电器公司在继电器可靠性寿命试验中采用了微型计算机控制的全自动试验装置；日本富士通公司在舌簧继电器的可靠性试验中也采用了计算机控制的试验装置，该装置可同时进行 200 个舌簧管的寿命试验；美国用微处理机控制的 RT160 型继电器可靠性寿命试验装置具有能自动测量触点的接触压降等多项参数、试验结果的显示及打印等功能。在接触器的寿命试验方面，德国的电器公司一般都是经常做的。例如，西门子公司生产的接触器，每周抽一次样品，两个月共抽 20～30 台（I_N≤32A）或 10～15 台（I_N＞32A）为一组进行机械寿命试验，试验到所有样品都坏了为止。根据试验结果用威布尔概率纸定出可靠度 R＝0.9 时的可靠寿命，此值不应低于产品样本上规定的机械寿命值。西门子公司接触器电寿命试验的每组台数与机械寿命试验时相同，但每月抽一次样品进行试验，一年所抽的样品为一组。法国的特力遥控机械公司的接触器每月抽 10 台样品进行机械寿命试验；日本的 S 型接触器也是每月抽 2～20 台进行机械寿命试验。

3. 加速寿命试验的研究

美国、日本等国都在对电器加速寿命试验的模式、方法及数据分析方法进行研究。例如，日本以负载电压及负载电流为加速变量进行了开关的加速寿命试验，根据试验结果算出了不同负载电压和负载电流值时的加速系数。

4. 可靠性设计的研究

美国、日本等国都十分重视产品的可靠性设计。例如，美国、日本、德国等国的各大电器公司均设计并开发了智能型断路器，大大提高了供电可靠性。智能化断路器不仅可以远距离地把信号传输给控制室的计算机，还可以接收来自计算机的指令，实现系统的自动化与双向通信。

5. 可靠性物理的研究

国外从 20 世纪 60 年代开始研究可靠性物理。美国空军 ROME 航空发展中心在 20 世纪 60 年代初首先开始对现场失效的元器件进行失效分析。J. Vaccro 首先提出用"失效物理学"这一概念来研究元器件的可靠性。从 1962 年起美国每年召开一次"失效物理"会议，从 1967 年起改称"可靠性物理"会议。所谓"可靠性物理"就是专门研究产品失效机理的科学。它对产品怎样失效和为什么失效的具体物理、化学过程进行研究。可以看出，可靠性物理学的研究是提高产品可靠性的基础性研究。

美国、日本等国对可靠性物理的研究都很重视。在电磁继电器、接触器可靠性物理的研究方面，对继电器触点的接触性能及电磁系统等部分的可靠性进行了深入的研究,通过大量的试验和对实际使用的调查,掌握了继电器在工作中的各种故障形式以及产生故障的各种原因。其中,对触点接触可靠性的研究尤为重视,他们研究了各种使用环境条件对接触可靠性的影响,对触点的材料、形状、接触方式、接触压力等进行了全面的分析,并对产品的设计和使用提出了要求。日本对接触器使用中发生的故障进行了大量的调查,调查结果表明,接触器的可靠性除了取决于设计和制造外,正确使用与否对其可靠性影响也很大。

0.1.2　我国电器可靠性工作概况

原机械工业部对电工产品的可靠性工作十分重视,早在 20 世纪 70 年代末,原机械工业部委托河北工业大学举办了电器新技术学习班,可靠性技术是其中主要内容之一,1981 年在原机械工业部领导下成立了中国电工技术学会,并于 1983 年 10 月成立了该学会的电工产品可靠性专业委员会,在该学会组织下开展了电工产品可靠性研究工作与学术交流活动,并多次举办电工产品可靠性学习班。原机械工业部在 1986 年以(86)机技函字 1701 号文发布了《关于加强机电产品可靠性工作的通知》,以后又曾多次召开可靠性工作会议,部署在机电行业中开展"限期考核机电产品可靠性指标"的工作,从 1986~1991 年共发布了七批(共 1189 种规格)限期考核可靠性指标的机电产品清单,其中包括继电器、接触器、变压器、量度继电器、电动机、电力电子器件等不少电工产品,这对推动中国电工产品可靠性工作有很大作用。

在上海电器科学研究所、许昌继电器研究所、成都机床电器研究所等原归口研究所的组织下,从 20 世纪 80 年代中期开始,在电器行业中开展了可靠性研究工作。电磁式中间继电器可靠性研究、小容量交流接触器可靠性研究等项目被列为原机械工业部"七五"重点项目。由研究所、高等学校及有关企业合作开展了上述项目的研究工作,通过理论分析和大量试验研究,分析了这些电器产品的失效机理,研制了可靠性试验装置,提出了这些产品的可靠性指标及考核方法,指导工厂改进产品设计和制造工艺,提高了产品的可靠性。

从 20 世纪 80 年代中期至今,我国电器行业在可靠性工作方面进行了下列工作:

1. 制订了可靠性试验与考核标准

河北工业大学等单位负责制订了五个电器可靠性行业标准,于 2007 年由中华人民共和国国家发展和改革委员会批准发布。并于 2008 年升格为国家标准,被中国国家标准化管理委员会批准发布。到 2016 年,我国共批准发布了九个继电器和有代表性的低压电器可靠性国家标准:

1）GB/T 15510—2008　　控制用电磁继电器可靠性试验通则；

2）GB/Z 10962—2008　　机床电器可靠性通则；

3）GB/Z 32513—2016　　低压电器可靠性试验通则；

4）GB/Z 22200—2016　　小容量交流接触器可靠性试验方法；

5）GB/Z 22201—2016　　接触器式继电器可靠性试验方法；

6）GB/Z 22202—2016　　家用和类似用途的剩余电流动作断路器可靠性试验方法；

7）GB/Z 22203—2016　　家用及类似场所用过电流保护断路器的可靠性试验方法；

8）GB/Z 22204—2016　　过载继电器可靠性试验方法；

9）GB/Z 22074—2016　　塑料外壳式断路器可靠性试验方法。

在这些标准中规定了继电器和有代表性的低压电器产品的可靠性指标、可靠性试验方法、失效判据与可靠性验证试验方案。

2. 可靠性试验装置的研制

研制出了贯彻上述国家标准的控制用电磁继电器、小容量交流接触器、家用和类似用途的剩余电流动作断路器、家用及类似场所用过电流保护断路器、过载继电器、塑料外壳式断路器等产品的可靠性试验装置。

3. 限期考核可靠性指标的工作

从 1986 年至 1991 年 5 月原机械工业部先后共发布了七批（共 1189 种规格）限期考核可靠性指标的机电产品清单，其中包括几十种规格的电器产品。完成了几十种规格的控制继电器、交流接触器、熔断器等电器产品的可靠性指标的限期考核工作。

4. 电器可靠性设计的研究

运用应力强度干涉模型开展了电器中关键零部件—杆件、弹簧、电磁系统的可靠性设计技术研究，并采用冗余设计等技术开展了触头可靠性设计技术研究。

5. 电器行业可靠性试验室的建立

为了贯彻上述电器可靠性国家标准，河北工业大学与乐清市人民政府在乐清市（中国电器重要生产基地）建立了乐清市河北工大电器可靠性实验室，河北工业大学还帮助国家电器产品质量监督检验中心、常熟开关制造有限公司、厦门宏发电声股份有限公司等十多家电器企业及试验站建立了电器可靠性实验室。这些电器骨干企业在建立的可靠性实验室中开展了产品可靠性试验与失效分析工作，对提高其产品可靠性有很好效果。

6. 与电接触研究结合,开展学术交流活动

电器产品的可靠性取决于它们在使用过程中是否频繁发生故障,所以对电器产品进行失效分析,找出其故障模式与故障机理,可在设计、制造及材料等方面采取改进措施来提高其可靠性。电接触故障(包括接触不良或不能按规定要求将电路断开)是各种电器产品故障的一个重要形式。

IEEE 开关设备技术委员会断路器可靠性工作小组从 1974 年到 1977 年在全球范围内对使用中的高压断路器的故障进行了调查。此次调查的 77892 个断路器来自 22 个国家的 102 个公司,涉及了 1964 年后使用的、额定电压为 63kV 及以上的各种类型断路器。调查中发现断路器运行中故障的 19% 是辅助电路和控制电路中的电接触故障。

继电器故障中电接触故障所占的比例高达 75% 左右,可见开展电接触研究与电器产品可靠性有密切关系,因此中国电工技术学会电工产品可靠性专业委员会召开的八次学术年会中电接触研究均为主要内容之一,近些年来该学会将可靠性与电接触研究相结合,定期举办"电工产品可靠性与电接触国际会议",于 2004 年至 2017 年举办了第一届至第六届"电工产品可靠性与电接触国际会议",特别是第四届国际会议和第 26 届电接触国际会议(ICEC)一起举办,这也是 ICEC 首次在中国举办。

7. 开展电器产品可靠性评价与提升工程

为贯彻落实机械产品制造强国战略与国家发布的质量发展纲要中提出的产品可靠性提升工程,中国电工技术学会电工产品可靠性专业委员会于 2012 年推荐确定继电器行业的龙头企业厦门宏发电声股份有限公司与低压电器行业的龙头企业及骨干企业常熟开关制造有限公司、上海良信电器股份有限公司、长城电器集团有限公司等四个企业为"电器产品可靠性提升工程"首批示范单位,并与上述四个示范单位签订了开展为期两年的可靠性提升工作协议书。

各示范单位十分重视此项工作,成立了以企业领导或技术负责人为组长的企业可靠性提升工作小组,制订了可靠性提升工作目标与计划,确定了企业可靠性提升的典型产品;进行了可靠性摸底验证试验;根据试验结果对失效产品或试验中暴露出的问题进行分析,提出并落实改进措施;改进后进行产品第二轮可靠性验证试验;并送第三方检测机构国家电器产品质量监督检验中心进行可靠性试验与评价。各示范单位经两年多努力,已圆满完成上述各项工作,试验结果表明:各示范单位进行该工作的产品可靠性有明显提升,取得了很好的效果,对推进我国电器行业的可靠性提升工作起到了示范带头作用。

　　上述电器可靠性评价工作的开展标志着中国的电器产品可靠性工作进入了一个新阶段。

　　虽然在国内电器可靠性研究方面进行了上述方面的工作,取得了一定进展,但由于我国电器产品的可靠性研究工作起步较晚,至今仅对继电器、接触器、小型断路器及漏电保护器等部分电器产品进行了可靠性试验与考核工作,不少电器产品还未开展可靠性研究与考核,在电器新产品开发时还未开展可靠性设计与可靠性制造,特别是我国电器制造企业中,对电器产品可靠性工作还重视不够,一般还未设置专门的可靠性管理机构,可靠性工作还未认真开展。我国电器产品的可靠性水平普遍低于国外发达国家电器产品的可靠性水平。

0.2　可靠性定义

　　产品的可靠性是指产品在规定的条件下和规定的时间(或操作次数)内完成规定功能的能力。

　　首先,产品的可靠性与规定的功能有关。所谓规定的功能是指产品标准或产品技术条件中所规定的各项技术性能。上述定义中的“完成规定功能”是指完成全部规定的技术性能。

　　其次,产品的可靠性是与规定的条件分不开的。所谓规定的条件是指产品使用时的负载条件、环境条件以及贮存条件。显然,负载条件不同时产品的可靠性也不同。例如,电器触头接通并断开电流的大小、触头回路电源电压的高低都会影响到电器产品的可靠性,环境条件(如温度、湿度、海拔、盐雾、冲击、振动等)对电器产品可靠性的影响也很大。显然,在恶劣的环境条件下,电器产品的可靠性就低些。贮存条件对电器产品的可靠性也有影响。例如,因贮存条件不良而使产品受潮时,其可靠性就会降低。

　　最后,也是最重要的是产品的可靠性与规定的时间密切相关。产品在一天内完成规定的功能当然比在一年内完成同样的功能容易得多,所以规定的时间越长,产品的可靠性就越低,亦即产品的可靠性随着其使用时间的增长而降低。

　　上述可靠性的定义只能定性地描述产品可靠性的高低。为了能定量地描述产品可靠性的高低,下面引入可靠度的概念。电器产品的可靠度是指产品在规定的条件下和规定的时间内完成规定的功能的概率,一般用 R 表示。例如,某种规格的接触器操作至 10^6 次时的可靠度为 90%,就是指若多次抽取 n 个该规格的接触器在规定的条件下操作至 10^6 次时,平均有 90% 的接触器按照规定的条件完成规定的功能。

0.3　产品可靠性与质量的关系

产品的可靠性是产品质量的一个重要方面。电器产品的质量应包括其技术性能指标和可靠性指标两个方面。这两者之间既有联系又有差别，假如产品的可靠性不高，即使其技术性能指标很先进，也不能认为产品质量好。例如，一台低压断路器的通断能力指标虽很先进，但其动作不可靠，当电路发生短路等故障时，它不能可靠地动作，就可能扩大事故，这台低压断路器当然不能认为是质量好的产品。反之，一台低压断路器的通断能力很低时，即使其可靠性较高，电路发生短路故障时，它能可靠地动作，但它只能用于短路电流较小的场合，因此其应用条件受到限制，这台低压断路器当然也不能算是质量很好的产品。因此，对于一台高质量的产品来说，高可靠性与先进的技术性能指标是缺一不可的。

0.4　固有可靠性与使用可靠性

IEC300 中指出：“产品在用户手中显示出的可靠性是对用户最有意义的可靠性。”产品在用户实际使用时显示出的可靠性称为工作可靠性（operational reliability），它由固有可靠性（inherent reliability）和使用可靠性（use reliability）构成。固有可靠性是制造厂在产品生产过程中所确定的产品可靠性，它和原材料、零部件的选择、设计、制造、试验等方面的因素都有密切关系。它是制造厂在模拟实际工作条件的标准环境下进行测定并必须予以保证的可靠性。使用可靠性是与产品使用有关的一些因素所确定的可靠性。产品在制造厂生产出来后，要经运输、贮存及安装等过程才能投入实际使用，产品在实际使用过程中要受到环境、操作情况、维修方式及维修技术等因素的影响，在实际使用中人为因素对产品可靠性的影响也很大。上述这些因素确定了产品的使用可靠性。

一个固有可靠性很高的产品，如使用不当，其使用可靠性不高，则该产品的工作可靠性也就不理想。相反，一个固有可靠性虽不很高的产品，假如使用得当，其使用可靠性很高，则该产品的工作可靠性虽不是很理想，但也能满足一定要求。

0.5　失　效　规　律

产品的失效率 $\lambda(t)$，是指已工作到时刻 t 的产品在 t 时刻后的单位时间内发生失效的概率。很多产品的失效率 $\lambda(t)$ 与时间 t 的关系曲线如图 0-1 所示。图 0-1 中的曲线通常称为“浴盆曲线”。从曲线上可看出，产品失效率随时间的变化大致可划分为三个阶段，即早期失效期、偶然失效期与耗损失效期。

1) 早期失效期。它发生在产品工作早期。其特点是产品失效率较高，但随工

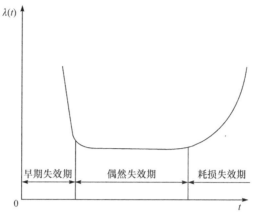

图 0-1　产品典型失效率曲线

作时间的增加而降低。此时期内产品失效的原因是由于在设计及制造工艺上存在
缺陷,例如,原材料有缺陷、生产工艺欠佳、生产环境卫生不良、生产设备发生故障、
操作人员疏忽及质量检验不严格等。

　　2) 偶然失效期。此时期内产品的失效是随机性的。其特点是产品失效率低
且稳定,并接近于常数,此时期是产品的最佳工作时期。

　　3) 耗损失效期。此时期出现在产品工作后期。其特点是产品失效率随工作
时间的增加而明显增高。此时期内产品的失效主要是由于老化、磨损、疲劳等原因
造成的。

0.6　提高电器产品可靠性的重要意义

　　提高电器产品可靠性是提高电器产品质量的一个重要方面。电器产品的种类
很多,它们广泛用于国民经济的各个部门,起着很重要的作用。但目前各种电器产
品的质量不很理想,常因电器产品发生故障而使各种系统不能正常工作,从而造成
很大的经济损失。特别是随着科学技术和工业生产的发展,自动控制系统的规模
越来越大,一个大型的自动控制系统通常使用几万甚至几十万个元器件,而系统的
可靠性与它所用元器件的数量有密切关系。假设系统为一个可靠性串联系统(即
整个系统中只要有一个元器件失效,就会使系统发生故障),则系统的可靠度 R_s 就
等于它所用各元器件的可靠度的乘积,即

$$R_s = \prod_{i=1}^{n} R_i \tag{0-1}$$

式中,n 为系统所用元器件的数量;R_i 为各元器件的可靠度($i=1,2,\cdots,n$)。

　　假设一个可靠性串联系统中所用元器件的可靠度均等于 0.999 99,则当 n 等
于不同数值时,按式(0-1)可算得系统可靠度的数值,如表 0-1 所示。

表 0-1　　系统可靠度 R_s 与所用元器件数量 n 的关系

n	100	1000	10 000	100 000
R_s	0.999	0.99	0.905	0.368

由表 0-1 可看出,随着系统中所用元器件数量的增加,系统可靠度迅速下降。假如要求在 $n=10^4$ 时保证系统可靠度为 0.95,则要求各个元器件的可靠度应达到 0.999 994 9。由此可见,系统越大,对其所用元器件的可靠性的要求越高。

综上所述,提高电器产品的可靠性是国民经济发展的需要,它具有十分重要的意义。

0.7　可靠性工作的基本内容

影响产品可靠性的因素很多,从确定产品可靠性指标、研究、设计、制造、试验、鉴定直到投入使用为止的各个阶段都与可靠性密切相关,而且产品失效后对产品进行的失效分析也与产品可靠性密切相关。对于可靠性试验工作量较大或产品生产批量较小、价格较高的电器产品来说,对失效产品进行的失效分析尤为重要。

图 0-2 为产品可靠性工作基本内容的框图。图中表示了从产品可靠性设计、可靠性制造、可靠性筛选、可靠性试验、产品现场使用以及对失效产品进行失效分析,并将所得到的信息反馈到可靠性设计、制造及可靠性筛选中去,以找到相应改进措施的整个过程。

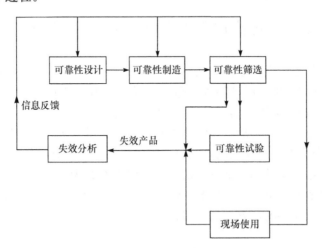

图 0-2　可靠性工作基本内容的框图

应该指出,产品的可靠性还与可靠性管理密切相关,要提高产品的可靠性,必须有良好的可靠性组织并认真进行可靠性管理。

第1章　可靠性基础知识

1.1　可靠性数学基础

1.1.1　布尔代数的基本知识

1. 布尔代数的基本关系式

布尔代数是指布尔变量 $x_1, x_2, x_3, \cdots$ 进行并($\cup$)、交($\cap$)、非($-$)等运算所得的关系式 $f(x_1, x_2, x_3, \cdots)$，其中布尔变量 $x_1, x_2, x_3, \cdots$ 的取值只限于 0 或 1，而不取其他值，因此，布尔代数的函数值也只限于 0 或 1。

布尔代数的基本关系一般是指布尔变量间的下列关系式：

1) 交换律 $\qquad\qquad x_1 + x_2 = x_2 + x_1$ $\qquad\qquad$ (1-1)

$\qquad\qquad\qquad\qquad x_1 x_2 = x_2 x_1$ $\qquad\qquad$ (1-2)

2) 结合律 $\qquad x_1 + (x_2 + x_3) = (x_1 + x_2) + x_3$ $\qquad$ (1-3)

$\qquad\qquad\qquad x_1(x_2 x_3) = (x_1 x_2) x_3$ $\qquad\qquad$ (1-4)

3) 吸收律 $\qquad\qquad (x_1 + x_2) x_1 = x_1$ $\qquad\qquad$ (1-5)

$\qquad\qquad\qquad x_1 + x_1 x_2 = x_1$ $\qquad\qquad$ (1-6)

4) 分配律 $\qquad x_1(x_2 + x_3) = x_1 x_2 + x_1 x_3$ $\qquad$ (1-7)

$\qquad x_1 + x_2 x_3 = (x_1 + x_2)(x_1 + x_3)$ $\qquad$ (1-8)

5) 幂等律 $\qquad\qquad x_1 + x_1 = x_1$ $\qquad\qquad$ (1-9)

$\qquad\qquad\qquad x_1 x_1 = x_1$ $\qquad\qquad$ (1-10)

6) 互补性 $\qquad\qquad x_1 + \bar{x}_1 = 1$ $\qquad\qquad$ (1-11)

$\qquad\qquad\qquad x_1 \bar{x}_1 = 0$ $\qquad\qquad$ (1-12)

7) 狄·摩根定理 $\qquad \overline{x_1 + x_2} = \bar{x}_1 \bar{x}_2$ $\qquad$ (1-13)

$\qquad\qquad\qquad \overline{x_1 x_2} = \bar{x}_1 + \bar{x}_2$ $\qquad$ (1-14)

2. 展开定理

设 $y = f(x_1, x_2, x_3, \cdots)$，令 $x_i = 1$ 时的上述布尔函数为 f_1；$x_i = 0$ 时的上述布尔函数为 f_0，则对于任意布尔变量 x_i，布尔函数 y 可展开为

$$y = f_1 x_i + f_0 \bar{x}_i \qquad (1-15)$$

此定理称为加法形展开定理。

1.1.2　失效密度函数及累积失效分布函数

一批产品在进行寿命试验时,各个产品失效时间(对频繁操作的电器产品来说,指试验到元件失效为止的操作次数)可能相差很多,但是失效数据是遵循一定规律的,用数理统计的语言来说,产品的失效时间是服从一定分布的。只要我们对失效数据进行适当的处理,就能找到反映事物本质的规律性。绘制失效频率直方图或累积失效频率直方图就是一种失效数据的加工处理方法。从失效频率直方图中可以直观地看出失效数据的大致分布情况。

1. 失效频率直方图

从一批产品中抽取 n 个产品进行寿命试验,设所测得的各试品的失效时间(即寿命)为 $t_1, t_2, \cdots, t_n$,则可按以下方法处理。

1) 按一定时间间隔 Δt(Δt 称为组距)把失效时间分成若干范围,即把 n 个失效数据分成若干组。分组数 k 可由公式(1-16)确定,

$$k = 1 + 3.31 \lg n \tag{1-16}$$

2) 列表表示各组失效时间的范围以及各组的 t_{zi}、Δm_i、f_i^*、F_i、f_i 的数值。其中 t_{zi} 为第 i 组的失效时间范围的中值;Δm_i 为落在第 i 组中失效数据的个数(又称失效频数);f_i^* 为第 i 组的失效频率,即第 i 组的失效频数 Δm_i 与失效数据总数 n 之比值,即

$$f_i^* = \frac{\Delta m_i}{n} \tag{1-17}$$

F_i 为第 i 组的累积失效频率,即从第一组到第 i 组的失效频率的和,即

$$F_i = \sum_{j=1}^{i} f_j^* = \sum_{j=1}^{i} \frac{\Delta m_j}{n} \tag{1-18}$$

f_i 为第 i 组的失效频率 f_i^* 与组距 Δt 的比值,即

$$f_i = \frac{f_i^*}{\Delta t} \tag{1-19}$$

3) 绘制失效频率直方图。以失效时间 t 为横坐标,以 f_i 为纵坐标,以矩形的形式绘制成的直方图称为失效频率直方图,如图 1-1 所示。

2. 失效密度函数

如果在进行数据处理时,将组距 Δt 取得小些(即分组数多些),则可绘制出新的失效频率直方图,其分布情况与图 1-1 是一致的,但相邻矩形的高度差缩小了。当试验数据越来越多,并不断缩小组距,即 Δt 越来越小时,失效频率直方图中各矩

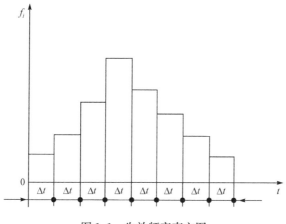

图 1-1　失效频率直方图

形顶部的轮廓线将趋近于一条光滑的曲线,它就是失效密度函数曲线,如图 1-2 所示。其数学表达式 $f(t)$ 就称为失效密度函数。

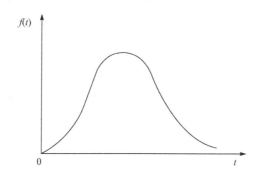

图 1-2　失效密度函数曲线

由于图 1-1 中的各矩形面积之和等于 1,所以图 1-2 中失效密度函数曲线与横坐标轴间的面积也等于 1,这是失效密度函数 $f(t)$ 的一个重要性质,即

$$\int_0^\infty f(t)\mathrm{d}t = 1 \tag{1-20}$$

失效时间 L 在区间 $[a,b]$ 内取值的概率 $P(a \leqslant L \leqslant b)$ 等于 $\int_a^b f(t)\mathrm{d}t$,即

$$P(a \leqslant L \leqslant b) = \int_a^b f(t)\mathrm{d}t \tag{1-21}$$

3. 累积失效频率直方图

以失效时间 t 为横坐标,以累积失效频率 F_i 为纵坐标,作直方图,得到累积失效频率直方图,如图 1-3 所示。

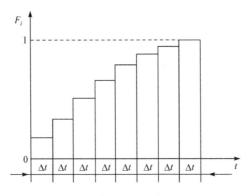

图 1-3　累积失效频率直方图

4. 累积失效分布函数

如试验数据很多,组距 Δt 取得越来越小(即分组数越来越多),则累积失效频率直方图中各矩形右上角顶点之连线将趋近于一条光滑的曲线,此曲线称为累积失效分布曲线,如图 1-4 所示。$F(t)$ 称为累积失效分布函数。

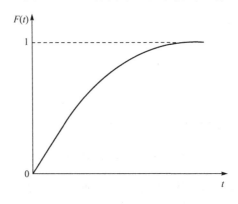

图 1-4　累积失效分布曲线

1.2　电器产品的可靠性特征量

电器产品可分为不可修复产品及可修复产品两大类。不可修复产品是指不能修复或是虽能修复但不值得修复的产品,控制用电磁继电器、小型中间继电器、小容量交流接触器等小型电器产品均可看作不可修复产品。可修复产品是指可以修复的产品,低压断路器、高压断路器、成套装置等大型电器产品均可看作可修复产品。

1.2.1　不可修复产品的可靠性特征量

1. 可靠度

可靠度(reliability at time t)是指产品在规定条件下和规定时间(或操作次数)内完成规定功能的概率。可靠度 R 是时间 t 的函数,一般用 $R(t)$ 表示,称为可靠度函数,用概率来表达可靠度函数,它是指产品寿命 L 这个随机变量不小于规定时间 t 的概率,即

$$R(t) = \begin{cases} P(L \geqslant t) & (t \geqslant 0) \\ 1 & (t < 0) \end{cases} \tag{1-22}$$

近似表达式:取 n 个产品进行试验,若规定的时间 t 内共有 $m(t)$ 个产品失效(失效是指产品丧失规定的功能),则该产品的可靠度

$$R(t) \approx \frac{n - m(t)}{n} \tag{1-23}$$

取值范围为 $0 \sim 1$,即 $0 \leqslant R(t) \leqslant 1$。

2. 累积失效概率

累积失效概率是指产品在规定的条件下及规定的时间(或操作次数)内丧失规定功能的概率。累积失效概率是时间 t 的函数,有时把它称作"不可靠函数",用 $F(t)$ 表示。它是指产品寿命 L 这个随机变量小于规定时间 t 的概率,即

$$F(t) = \begin{cases} P(L < t) & (t \geqslant 0) \\ 0 & (t < 0) \end{cases} \tag{1-24}$$

近似表达式:如有 n 个产品进行寿命试验,试验到 t 瞬间的失效数为 $m(t)$,则当 n 足够大时,产品在 t 瞬间的累积失效概率

$$F(t) \approx \frac{m(t)}{n} \tag{1-25}$$

累积失效概率 $F(t)$ 是时间 t 的非减函数。其取值范围为 $0 \leqslant F(t) \leqslant 1$。

3. 失效率

产品在任一瞬间 t 时的失效率是指产品工作到 t 时刻后的单位时间内发生失效的概率。失效率是时间 t 的函数,一般称为失效率函数,用 $\lambda(t)$ 来表示。

近似表达式:设 n 个产品从 $t=0$ 开始工作,到 t 瞬间的失效数为 $m(t)$,而工作到 $t+\Delta t$ 瞬间的失效数为 $m(t+\Delta t)$,则失效率 $\lambda(t)$ 可用下式计算:

$$\lambda(t) = \frac{m(t+\Delta t) - m(t)}{[n - m(t)]\Delta t} \tag{1-26}$$

失效率的单位：h^{-1}、$10^{-5}h^{-1}$($\%/10^3h$)、1/次、1/10 次、$\%/10^4$ 次。

4. 平均寿命

不可修复产品的平均寿命是指产品发生失效前的平均工作时间(或平均操作次数)，通常记作 MTTF(mean time to failure)。

当需要了解一批产品的平均寿命时，我们把该批产品中各个产品寿命的全体看作一个总体。由于寿命试验具有破坏性，所以一般从这批产品中随机抽取 n 个产品进行寿命试验，并测得其寿命为 $t_1,t_2,\cdots,t_n$，这组寿命数据就构成了一个子样，此子样的平均寿命 $\bar{t}$ 可用式(1-27)确定：

$$\bar{t} = \frac{1}{n}\sum_{i=1}^{n} t_i \qquad (1\text{-}27)$$

如果 n 很大，则用式(1-27)计算太繁琐，这时可按一定时间间隔(或操作次数)将 n 个寿命数据分成 k 组，并以每组的失效时间范围的中值作为该组中每个寿命数据的近似值。这时子样的平均寿命由式(1-28)计算：

$$\bar{t} = \frac{1}{n}\sum_{i=1}^{k} t_{zi} \Delta m_i \qquad (1\text{-}28)$$

式中，Δm_i 为第 i 组的频数；t_{zi} 为第 i 组的失效时间范围的中值。

5. 寿命标准离差

反映产品寿命离散程度的可靠性特征量，就是寿命标准离差。

设一批产品寿命的子样为 $t_1,t_2,\cdots,t_n$，该子样的平均寿命为 $\bar{t}$，子样的寿命方差为

$$s^2 = \frac{1}{n-1}\sum_{i=1}^{n} (t_i - \bar{t})^2 \qquad (1\text{-}29)$$

子样的寿命标准离差为

$$s = \sqrt{\frac{1}{n-1}\sum_{i=1}^{n} (t_i - \bar{t})^2} \qquad (1\text{-}30)$$

如子样较大(即 n 较大)时，用式(1-29)及式(1-30)来计算子样的寿命方差 s^2 及寿命标准离差 s 相当繁琐。这时，可按一定时间间隔(或操作次数)将 n 个寿命数据分成 k 组，并以每组失效时间范围的中值作为该组中每个寿命数据的近似值。则子样的寿命方差 s^2 及寿命标准离差 s 分别可用式(1-31)及式(1-32)计算：

$$s^2 = \frac{1}{n-1}\sum_{i=1}^{k} \Delta m_i (t_{zi} - \bar{t})^2 \qquad (1\text{-}31)$$

$$s = \sqrt{\frac{1}{n-1}\sum_{i=1}^{k} \Delta m_i (t_{zi} - \bar{t})^2} \qquad (1\text{-}32)$$

式中，Δm_i 为第 i 组的频数；t_{zi} 为第 i 组的失效时间范围的中值。

当子样逐渐变大（n 逐渐增大）时，子样的寿命方差 s^2 及寿命标准离差 s 值虽有波动，但总的趋势是分别趋向一个稳定值，此稳定值即为总体的寿命方差及寿命标准离差。在实际工作中，总体的寿命方差及寿命标准离差一般可以用子样的寿命方差及寿命标准离差来估计。

6. 可靠寿命

可靠度函数 $R(t)$ 是产品工作时间 t 的函数。使产品的可靠度减小到给定值 R 时所需的工作时间就称为产品的可靠寿命，以符号 t_R 表示。可靠寿命可用下列数学关系式表示，即

$$R(t_R)=R \tag{1-33}$$

可靠寿命 t_R 与可靠度 R 间的关系也可用图形来表示，如图 1-5 所示。

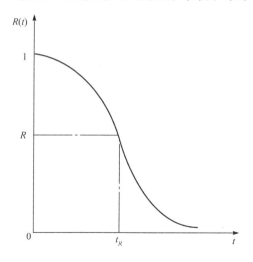

图 1-5　可靠寿命 t_R 与可靠度 R 间的关系

7. 中位寿命

产品可靠度等于 0.5 时的可靠寿命称为中位寿命，以符号 $t_{0.5}$ 表示。中位寿命的物理意义是一批产品失效一半所需的工作时间。中位寿命可用式（1-34）表示，即

$$R(t_{0.5})=0.5 \tag{1-34}$$

8. 成功率

成功率是指产品在规定的条件下完成规定功能的概率或是产品在规定的条件

下试验成功的概率。

1.2.2　可修复产品的可靠性特征量

对于低压断路器、高压断路器、成套装置等可修复产品的可靠性特征量主要有：平均故障率、平均无故障工作时间、有效度、平均修复时间、维修费用率、可靠度及故障密度。

1. 平均故障率 λ

用来考核设备的无故障性或故障发生的频繁程度。是指在规定的条件下和规定的时间内，产品的故障总数与单位总数之比。其观测值计算公式为

$$\lambda = \frac{\nu}{nt} \tag{1-35}$$

式中，n 为试验的样本数；t 为试验时间；ν 为试验中发生的故障数。

为了区分各类故障，将各类故障（致命故障、严重故障、轻微故障）统一折算为一般故障来统计，用故障率 D 表示故障出现的频繁程度。

$$D = K \frac{\sum_{i=1}^{4} \varepsilon_i \nu_i}{nt} \tag{1-36}$$

式中，ν_i 为试样发生的第 i 类故障数；ε_i 为第 i 类故障的危害度系数（推荐 $\varepsilon_1 = 100$ 代表致命故障，$\varepsilon_2 = 5$ 代表严重故障，$\varepsilon_3 = 1$ 代表一般故障，$\varepsilon_4 = 0.2$ 代表轻微故障）；n 为试验的样本数；t 为试验时间；K 为可靠性试验时间系数。

2. 平均无故障工作时间 MTBF

平均无故障工作时间 MTBF(mean time between failure)，即在规定的条件下能维持规定功能的平均持续时间，其表达式为

$$\text{MTBF} = \frac{1}{N} \sum_{i=1}^{N} T_i \tag{1-37}$$

式中，N 为参加试验的设备总数；T_i 为第 i 台设备的无故障工作时间。

3. 有效度 A

有效度 A 是对成套设备的整体评价，它是指在特定的时间内维持规定功能的概率。

$$A = \frac{\sum_{i=1}^{N} tw_i}{\sum_{i=1}^{N} (tw_i + tr_i)} \tag{1-38}$$

式中，N 为参加试验的设备套数；tw_i 为试验期间第 i 套设备的工作时间；tr_i 为试验期间第 i 套设备的维修时间（包括诊断、准备、维修、试运行时间）。

4. 平均修复时间

平均修复时间（mean time to repair，MTTR），主要用于考核、评定单台设备的维修性水平。

$$\mathrm{MTTR} = \frac{\sum\limits_{i=1}^{N} t_i}{N} \tag{1-39}$$

式中，N 为发生故障而被维修的单台设备总数；t_i 为修复第 i 台单台设备的时间。

5. 修复率

修复率是修理时间已达到 t 的产品，在该时间后的单位时间内完成修复的概率，记作 $m(t)$。

6. 可靠度 $R(t)$

可靠度 $R(t)$ 是设备在起始时刻正常工作的条件下，在时间区间 $(0,t)$ 不发生故障的概率。

7. 故障密度 $f(t)$

故障密度（failure intensity）$f(t)$ 是指设备在 $(t,t+\Delta t)$ 期间发生第一次故障的概率。

1.3　失效密度函数、累积失效分布函数与可靠性特征量的关系

1）累积失效概率与累积失效分布函数间的关系。累积失效分布函数与累积失效概率是同一个函数，因此均以 $F(t)$ 表示。

2）累积失效概率 $F(t)$ 与可靠度函数 $R(t)$ 间的关系

$$F(t) = 1 - R(t) \tag{1-40}$$

3）累积失效分布函数 $F(t)$ 、可靠度函数 $R(t)$ 与失效密度函数 $f(t)$ 间的关系

$$F(t) = \int_0^t f(t)\mathrm{d}t \tag{1-41}$$

或

$$f(t) = \frac{\mathrm{d}F(t)}{\mathrm{d}t} = F'(t) \tag{1-42}$$

$$R(t) = 1 - F(t) = \int_t^\infty f(t)\,\mathrm{d}t \tag{1-43}$$

或

$$f(t) = \frac{\mathrm{d}[1 - R(t)]}{\mathrm{d}t} = -\frac{\mathrm{d}R(t)}{\mathrm{d}t} = -R'(t) \tag{1-44}$$

累积失效分布函数 $F(t)$、可靠度函数 $R(t)$ 与失效密度函数 $f(t)$ 间的关系可用图 1-6 表示。

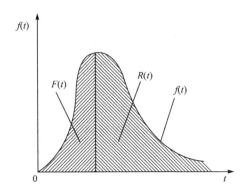

图 1-6　$F(t)$、$R(t)$ 与失效密度函数 $f(t)$ 间的关系

4）可靠度函数 $R(t)$ 与失效率函数 $\lambda(t)$ 间的关系

$$\lambda(t) = \frac{f(t)}{R(t)} \tag{1-45}$$

或

$$\lambda(t) = -\frac{R'(t)}{R(t)} \tag{1-46}$$

或

$$R(t) = \mathrm{e}^{-\int_0^t \lambda(t)\,\mathrm{d}t} \tag{1-47}$$

5）累积失效分布函数 $F(t)$、失效密度函数 $f(t)$ 与失效率函数 $\lambda(t)$ 间的关系

$$F(t) = 1 - \mathrm{e}^{-\int_0^t \lambda(t)\,\mathrm{d}t} \tag{1-48}$$

$$f(t) = \lambda(t)\,\mathrm{e}^{-\int_0^t \lambda(t)\,\mathrm{d}t} \tag{1-49}$$

6）总体的平均寿命 μ 与失效密度函数 $f(t)$ 间的关系

$$\mu = \int_0^\infty t f(t)\,\mathrm{d}t \tag{1-50}$$

7）总体的寿命标准离差 σ 与失效密度函数 $f(t)$ 间的关系。

总体的寿命方差 σ^2 与失效密度函数 $f(t)$ 间的关系为

$$\sigma^2 = \int_0^\infty (t - \mu)^2 f(t)\,\mathrm{d}t \tag{1-51}$$

或

$$\sigma^2 = \int_0^\infty t^2 f(t)\,\mathrm{d}t - \mu^2 \tag{1-52}$$

总体的寿命标准离差 σ 与失效密度函数的关系为

$$\sigma = \sqrt{\int_0^\infty (t-\mu)^2 f(t)\mathrm{d}t} \tag{1-53}$$

或

$$\sigma = \sqrt{\int_0^\infty t^2 f(t)\mathrm{d}t - \mu^2} \tag{1-54}$$

可将上述各可靠性特征量的数学表达式、可靠性特征量之间的关系以及它们与失效密度函数 $f(t)$ 之间的相互关系归纳列表如表 1-1 所示。

表 1-1　可靠性特征量的数学表达式及相互关系

可靠性特征量的名称和符号	数学表达式	相互关系
累积失效概率 $F(t)$	$F(t) = \begin{cases} P(L<t) & (t \geqslant 0) \\ 0 & (t<0) \end{cases}$	$F(t) = \int_0^t f(t)\mathrm{d}t$ $f(t) = \dfrac{\mathrm{d}F(t)}{\mathrm{d}t} = F'(t)$
可靠度函数 $R(t)$	$R(t) = \begin{cases} P(L \geqslant t) & (t \geqslant 0) \\ 1 & (t<0) \end{cases}$	$R(t) = 1 - F(t) = \int_t^\infty f(t)\mathrm{d}t$ $R(t) = 1 - F(t)$ $f(t) = -\dfrac{\mathrm{d}R(t)}{\mathrm{d}t} = -R'(t)$
失效率函数 $\lambda(t)$	$\lambda(t) = \dfrac{m(t+\Delta t) - m(t)}{[n-m(t)]\Delta t}$	$\lambda(t) = \dfrac{f(t)}{R(t)}$ $\lambda(t) = -\dfrac{R'(t)}{R(t)}$ $R(t) = \mathrm{e}^{-\int_0^t \lambda(t)\mathrm{d}t}$ $F(t) = 1 - \mathrm{e}^{-\int_0^t \lambda(t)\mathrm{d}t}$ $f(t) = \lambda(t)\mathrm{e}^{-\int_0^t \lambda(t)\mathrm{d}t}$
子样平均寿命 $\bar{t}$ 总体平均寿命 μ	$\bar{t} = \dfrac{1}{n}\sum_{i=1}^n t_i$ $\bar{t} = \dfrac{1}{n}\sum_{i=1}^k t_{zi}\Delta m_i$	$\mu = \int_0^\infty t f(t)\mathrm{d}t$
子样寿命标准离差 s 总体寿命标准离差 σ	$s = \sqrt{\dfrac{1}{n-1}\sum_{i=1}^n (t_i - \bar{t})^2}$ $s = \sqrt{\dfrac{1}{n-1}\sum_{i=1}^k \Delta m_i (t_{zi} - \bar{t})^2}$	$\sigma = \sqrt{\int_0^\infty (t-\mu)^2 f(t)\mathrm{d}t}$ $\sigma = \sqrt{\int_0^\infty t^2 f(t)\mathrm{d}t - \mu^2}$
可靠寿命 t_R	$R(t_R) = R$	
中位寿命 $t_{0.5}$	$R(t_{0.5}) = 0.5$	

第 2 章　电器产品的可靠性统计

2.1　失效分布类型

2.1.1　常见的失效分布类型

某一随机变量的分布类型就是指该随机变量的密度函数或累积分布函数的函数类型。指数分布是可靠性理论中最常见的分布类型。此外,常见的失效分布类型还有威布尔分布、正态分布等。

1. 指数分布

指数分布(特别是单参数指数分布)在可靠性技术中具有十分重要的地位。这一方面是因为有很多产品的寿命都服从指数分布,另一方面是因为指数分布时平均寿命及失效率等可靠性特征量可用简单而精确的公式计算,使用比较方便。因此,目前许多国家所制订的标准中,绝大多数都以指数分布为基础对电子元器件产品的可靠性等级进行鉴定。我国制订的国家标准 GB 1772《电子元器件失效率试验方法》以及 GB/T 15510—2008《控制用电磁继电器可靠性试验通则》中可靠性等级的鉴定试验抽样表,也都是基于寿命服从单参数指数分布的条件下得出的。

指数分布可分为单参数指数分布和双参数指数分布。其中单参数指数分布即为目前一般资料中所指的指数分布,它只有一个参数,它是双参数指数分布的特殊情况,所以也可将双参数指数分布称为普遍形式的指数分布。

(1) 单参数指数分布

若 L(它表示随机变量"产品寿命")的密度函数即失效密度函数为

$$f(t) = \begin{cases} \lambda e^{-\lambda t} & (t \geqslant 0) \\ 0 & (t < 0) \end{cases} \tag{2-1}$$

则称随机变量 L 服从单参数指数分布。式中参数 λ 表示单参数指数分布时的失效率。其累积失效分布函数为

$$F(t) = \begin{cases} 1 - e^{-\lambda t} & (t \geqslant 0) \\ 0 & (t < 0) \end{cases} \tag{2-2}$$

单参数指数分布的失效密度函数 $f(t)$ 和累积失效分布函数 $F(t)$ 的图形分别

如图 2-1 及图 2-2 所示。

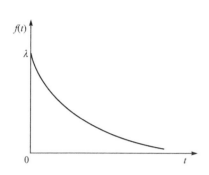
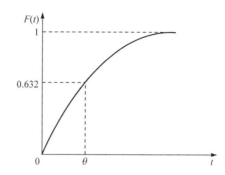

图 2-1　单参数指数分布的失效密度函数　　图 2-2　单参数指数分布的累积失效分布函数

根据表 1-1,单参数指数分布的可靠性特征量表达式如下:

1) 可靠度函数 $R(t)$ 为

$$R(t)=1-F(t)=\begin{cases} e^{-\lambda t} & (t \geqslant 0) \\ 1 & (t < 0) \end{cases} \tag{2-3}$$

单参数指数分布的可靠度函数如图 2-3 所示。

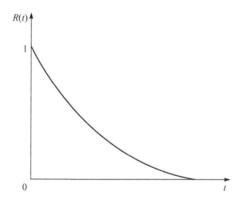

图 2-3　单参数指数分布的可靠度函数

2) 失效率函数 $\lambda(t)$ 为

$$\lambda(t)=\frac{f(t)}{R(t)}=\begin{cases} \lambda & (t \geqslant 0) \\ 0 & (t < 0) \end{cases} \tag{2-4}$$

3) 平均寿命 θ(指数分布时,平均寿命常用 θ 表示)为

$$\theta = \int_0^\infty t f(t) \mathrm{d}t = \frac{1}{\lambda} \tag{2-5}$$

4) 寿命方差 σ^2 与寿命标准离差 σ 为

$$\sigma^2 = \int_0^\infty t^2 f(t)\,\mathrm{d}t - \mu^2 = \theta^2 \tag{2-6}$$

$$\sigma = \frac{1}{\lambda} = \theta \tag{2-7}$$

5) 可靠寿命 t_R 为

$$t_R = -\frac{1}{\lambda}\ln R = \frac{1}{\lambda}\ln\frac{1}{R} \tag{2-8}$$

6) 中位寿命 $t_{0.5}$ 为

$$t_{0.5} = -\frac{1}{\lambda}\ln 0.5 = \frac{\ln 2}{\lambda} = \frac{0.693}{\lambda} = 0.693\theta \tag{2-9}$$

单参数指数分布的特点：

1) 如果产品寿命服从单参数指数分布，则其失效率函数等于一个常数 λ；反之，如果已知 $t \geqslant 0$ 时产品的失效率为一个常数 λ，则产品寿命必然服从单参数指数分布。

2) 当产品寿命服从单参数指数分布时，其平均寿命 θ 与失效率 λ 互为倒数。

3) 当产品寿命服从单参数指数分布时，其寿命标准离差 σ 等于平均寿命 θ，且与失效率 λ 互为倒数。

(2) 双参数指数分布

若随机变量 L 的密度函数为

$$f(t) = \begin{cases} \lambda \mathrm{e}^{-\lambda(t-\nu)} & (t \geqslant \nu \geqslant 0) \\ 0 & (t < \nu) \end{cases} \tag{2-10}$$

则称随机变量 L 服从双参数指数分布。其累积失效分布函数为

$$F(t) = \begin{cases} 1 - \mathrm{e}^{-\lambda(t-\nu)} & (t \geqslant \nu \geqslant 0) \\ 0 & (t < \nu) \end{cases} \tag{2-11}$$

式中，λ 为失效率；ν 为位置参数，它表示在 $t < \nu$ 时，产品不发生失效。

单参数指数分布是双参数指数分布当 $\nu = 0$ 时的特例。

双参数指数分布的失效密度函数和累积失效分布函数的图形如图 2-4 及图 2-5 所示。

根据表 1-1，双参数指数分布的可靠性特征量表达式如下：

1) 可靠度函数 $R(t)$ 的表达式为

$$R(t) = 1 - F(t) = \begin{cases} \mathrm{e}^{-\lambda(t-\nu)} & (t \geqslant \nu) \\ 1 & (t < \nu) \end{cases} \tag{2-12}$$

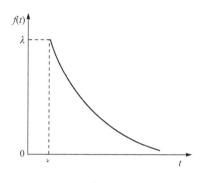

图 2-4 双参数指数分布的
失效密度函数

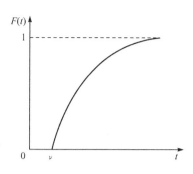

图 2-5 双参数指数分布的
累积失效分布函数

双参数指数分布的可靠度函数图形如图 2-6 所示。

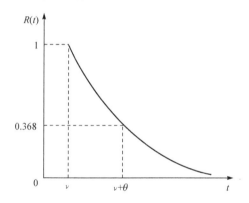

图 2-6 双参数指数分布的可靠度函数

2) 失效率函数 $\lambda(t)$

$$\lambda(t) = \frac{f(t)}{R(t)} = \begin{cases} \lambda & (t \geqslant \nu) \\ 0 & (t < \nu) \end{cases} \tag{2-13}$$

3) 平均寿命 θ

$$\theta = \int_0^\infty t\lambda\,\mathrm{e}^{-\lambda(t-\nu)}\,\mathrm{d}t = \frac{1}{\lambda} + \nu \tag{2-14}$$

4) 寿命方差 σ^2 和寿命标准离差 σ

$$\sigma^2 = \int_0^\infty t^2\lambda\,\mathrm{e}^{-\lambda(t-\nu)}\,\mathrm{d}t - \theta^2 = \frac{1}{\lambda^2} = (\theta - \nu)^2 \tag{2-15}$$

$$\sigma = \frac{1}{\lambda} = \theta - \nu \tag{2-16}$$

5) 可靠寿命 t_R

$$t_R = \nu - \frac{\ln R}{\lambda} = \nu + \frac{1}{\lambda} \ln \frac{1}{R} \tag{2-17}$$

6）中位寿命 $t_{0.5}$

$$t_{0.5} = \nu - \frac{\ln 0.5}{\lambda} = \nu + \frac{\ln 2}{\lambda} = 0.307\nu + 0.693\theta \tag{2-18}$$

双参数指数分布的特点：

1）如果产品寿命服从双参数指数分布，则在 $t \geqslant \nu$ 时其失效率函数等于常数 λ，而在 $t < \nu$ 时失效率函数等于零。反之，如果 $t \geqslant \nu$ 时产品的失效率等于常数 λ，而 $t < \nu$ 时失效率等于零，则产品寿命必然服从双参数指数分布。

2）当产品寿命服从双参数指数分布时，其平均寿命 θ 与失效率 λ 不再互为倒数，而应是 $\theta = \dfrac{1}{\lambda} + \nu$。

3）当产品寿命服从双参数指数分布时，其寿命标准离差 σ 与失效率 λ 仍互为倒数，但 σ 与平均寿命 θ 不再相等，而应是 $\sigma = \theta - \nu$。

2. 威布尔分布

威布尔分布是可靠性理论中常用的最复杂的一种分布，威布尔分布具有三个参数，所以对各种类型的试验数据拟合的能力强。因此，它在可靠性技术中用得较广。

（1）威布尔分布的定义

若随机变量 L 的密度函数即失效密度函数为

$$f(t) = \begin{cases} \dfrac{m}{t_0}(t-\nu)^{m-1}\mathrm{e}^{-\frac{(t-\nu)^m}{t_0}} & (t \geqslant \nu) \\ 0 & (t < \nu) \end{cases} \tag{2-19}$$

则称随机变量 L 服从威布尔分布。其累积失效分布函数为

$$F(t) = \begin{cases} 1 - \mathrm{e}^{-\frac{(t-\nu)^m}{t_0}} & (t \geqslant \nu) \\ 0 & (t < \nu) \end{cases} \tag{2-20}$$

式中，m 为形状参数；t_0 为尺度参数；ν 为位置参数。

（2）威布尔分布的三个参数（m、t_0、ν）的意义

1）形状参数 m：威布尔分布的失效密度曲线、可靠度曲线、累积失效分布曲线以及失效率曲线的形状都随 m 值不同而不同，所以把 m 叫做形状参数。其中受 m 值影响最显著的是失效密度曲线。当位置参数 ν 值和尺度参数 t_0 值固定（例如，$\nu=0$、$t_0=1$ 时），不同 m 值的失效密度曲线如图 2-7 所示。

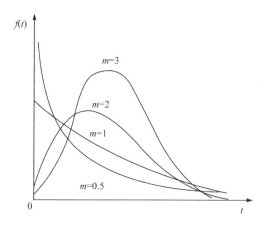

图 2-7　$\nu=0$、$t_0=1$ 时不同 m 值的失效密度曲线

从图 2-7 可看出,不同 m 值的失效密度曲线大致可分为以下三个类型:

① 当 $m<1$ 时,$f(t)$ 曲线随时间单调下降,且 $f(t)$ 曲线与纵轴不相交(以纵轴为渐近线)。

② 当 $m=1$ 时,$f(t)$ 曲线为指数曲线,它与纵轴相交且随时间单调下降。

③ 当 $m>1$ 时,$f(t)$ 曲线随时间增加而出现峰值,然后下降并逐渐趋近于零,$f(t)$ 曲线呈单峰形。

2)位置参数 ν:当 m 及 t_0 值固定时(例如取 $t_0=1$、$m=2$),ν 取不同值时的失效密度曲线如图 2-8 所示。

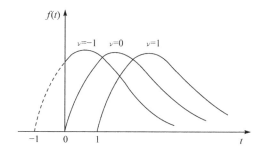

图 2-8　$t_0=1$、$m=2$ 时不同 ν 值的失效密度曲线

由图 2-8 可看出,不同 ν 值的失效密度曲线的形状完全相同,只是在坐标系中的位置有所不同。

当 $\nu<0$ 时,$f(t)$ 曲线由 $\nu=0$ 时的位置向左平行移动 $|\nu|$ 的距离;当 $\nu>0$ 时,$f(t)$ 曲线由 $\nu=0$ 时的位置向右平行移动 ν 的距离。故 ν 叫位置参数。

3)尺度参数 t_0:当 m 及 ν 值固定不变,t_0 值不同时威布尔分布的失效密度曲线的高度及宽度均不相同。图 2-9 为 $m=2$、$\nu=0$,t_0 值不同时的失效密度曲线。

由图 2-9 可见,当 t_0 值增大时,失效密度曲线的高度变小而宽度变大。

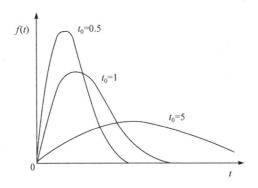

图 2-9 $m=2$、$\nu=0$ 时不同 t_0 值的失效密度曲线

下面引入真尺度参数 η：

$$\eta = t_0^{\frac{1}{m}} \tag{2-21}$$

当 $\nu=0$ 时可得

$$\eta f(t) = \begin{cases} m t'^{m-1} \mathrm{e}^{-t'^m} & (t' \geqslant 0) \\ 0 & (t' < 0) \end{cases} \tag{2-22}$$

式中,$t'=t/\eta$,即当 m 及 ν 值相同而 η 值不同时,只要把纵坐标和横坐标的比例尺作适当改变(纵坐标的比例尺放大 η 倍,横坐标的比例尺缩小 η 倍),它们的失效密度曲线就完全重合。因此,称 η 为真尺度参数(η 也称特征寿命)。

(3) 威布尔分布时的可靠性特征量

根据表 1-1,可得到威布尔分布时可靠性特征量的表达式如下：

1) 可靠度函数 $R(t)$

$$R(t) = 1 - F(t) = \begin{cases} \mathrm{e}^{-\frac{(t-\nu)^m}{t_0}} & (t \geqslant \nu) \\ 1 & (t < \nu) \end{cases} \tag{2-23}$$

$t_0=1$,$\nu=1$,m 值不同时的可靠度曲线如图 2-10 所示。

2) 失效率函数 $\lambda(t)$

当 $t \geqslant \nu$ 时,

$$\lambda(t) = \frac{f(t)}{R(t)} = \frac{\dfrac{m}{t_0}(t-\nu)^{m-1}\mathrm{e}^{-\frac{(t-\nu)^m}{t_0}}}{\mathrm{e}^{-\frac{(t-\nu)^m}{t_0}}} = \frac{m}{t_0}(t-\nu)^{m-1}$$

所以威布尔分布时的失效率函数为

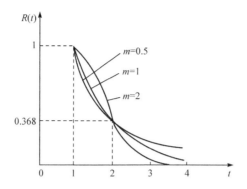

图 2-10　$t_0=1, \nu=1, m$ 取不同值的可靠度曲线

$$\lambda(t)=\begin{cases} \dfrac{m}{t_0}(t-\nu)^{m-1} & (t\geqslant\nu) \\ 0 & (t<\nu) \end{cases} \tag{2-24}$$

不同 m 值时的失效率曲线如图 2-11 所示。

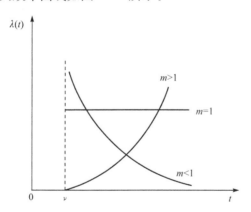

图 2-11　m 值不同时的失效率曲线

3) 平均寿命

$$\mu=\eta\Gamma\left(1+\frac{1}{m}\right)+\nu \tag{2-25}$$

式中，$\Gamma\left(1+\dfrac{1}{m}\right)$ 可根据 m 值由数学手册中的 Gamma 函数表（附录 1）查得 $\left(\int_0^\infty x^{p-1}\mathrm{e}^{-x}\mathrm{d}x(p>0)\right.$ 称为 Gamma 函数，以符号 $\Gamma(P)$ 表示$\left.\right)$。但 Gamma 函数表中一般只列出 $P=1\sim2$ 范围内的 $\Gamma(P)$ 值，当 $1+\dfrac{1}{m}$ 大于 2 时，可利用 Gamma 函

数的下列性质来求 $\Gamma\left(1+\dfrac{1}{m}\right)$，即

$$\Gamma(P+1)=P\Gamma(P) \quad (P>0) \tag{2-26}$$

4）寿命标准离差 σ

$$\sigma^2=\eta^2\left[\Gamma\left(1+\dfrac{2}{m}\right)-\Gamma^2\left(1+\dfrac{1}{m}\right)\right] \tag{2-27}$$

$$\sigma=\eta\left[\Gamma\left(1+\dfrac{2}{m}\right)-\Gamma^2\left(1+\dfrac{1}{m}\right)\right]^{\frac{1}{2}} \tag{2-28}$$

式中，$\Gamma^2\left(1+\dfrac{1}{m}\right)$ 表示 $\left[\Gamma\left(1+\dfrac{1}{m}\right)\right]^2$；$\Gamma\left(1+\dfrac{2}{m}\right)$ 可根据 m 值由 Gamma 函数表求得。

5）可靠寿命 t_R

$$t_R=\nu+\eta(-\ln R)^{\frac{1}{m}} \tag{2-29}$$

6）中位寿命 $t_{0.5}$

$$t_{0.5}=\nu+\eta(-\ln 0.5)^{\frac{1}{m}}=\nu+\eta(\ln 2)^{\frac{1}{m}}=\nu+\eta(0.693)^{\frac{1}{m}} \tag{2-30}$$

（4）威布尔分布的特点

1）威布尔分布可分为两类：$\nu=0$ 时的威布尔分布称作两参数威布尔分布；$\nu\neq0$ 的威布尔分布称作三参数威布尔分布。

2）当形状参数 $m=1$ 时，三参数威布尔分布的失效密度函数变为

$$f(t)=\begin{cases}\dfrac{1}{t_0}e^{-\frac{t-\nu}{t_0}} & (t\geqslant\nu)\\[2mm] 0 & (t<\nu)\end{cases} \tag{2-31}$$

即双参数指数分布是三参数威布尔分布的特殊情况。

3）当形状参数 $m=3\sim4$ 的范围时，威布尔分布的失效密度曲线与正态分布的失效密度曲线接近于重合，如图 2-12 所示。图 2-12 中虚线是正态分布的失效密度曲线（其平均寿命 $\mu=0.8963$，寿命标准离差 $\sigma=0.303$）；实线是威布尔分布的失效密度曲线（其参数为 $m=3.25$，$\eta=1$，$\nu=0$）。

3. 正态分布

在可靠性技术中经常用到正态分布，大多用它来描述产品由于耗损或退化而产生的失效。

（1）正态分布的定义

若随机变量 X 的密度函数为

$$f(x)=\dfrac{1}{\sqrt{2\pi}\sigma}e^{-\frac{(x-\mu)^2}{2\sigma^2}} \quad (-\infty<x<\infty) \tag{2-32}$$

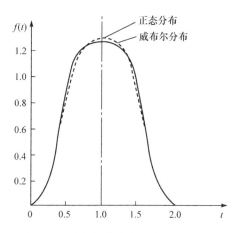

图 2-12　威布尔分布与正态分布的比较

式中，μ 为正态分布的位置参数；σ 为正态分布的尺度参数。则随机变量 X 服从参数为 μ、σ 的正态分布，记为 $X \sim N(\mu, \sigma^2)$。

正态分布的累积分布函数为

$$F(x) = \frac{1}{\sqrt{2\pi}\sigma} \int_{-\infty}^{x} e^{-\frac{(\nu-\mu)^2}{2\sigma^2}} \, \mathrm{d}\nu \quad (-\infty < x < \infty) \tag{2-33}$$

正态分布的密度曲线如图 2-13 所示。

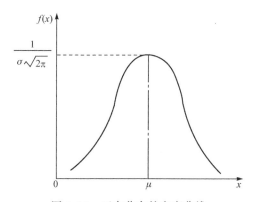

图 2-13　正态分布的密度曲线

（2）正态分布两个参数 μ 及 σ 的意义

1）位置参数 μ：

当随机变量 X 服从正态分布时，X 的均值 $E(X)$ 等于

$$E(X) = \int_{-\infty}^{\infty} x \frac{1}{\sqrt{2\pi}\sigma} e^{-\frac{(x-\mu)^2}{2\sigma^2}} \, \mathrm{d}x = \mu \tag{2-34}$$

所以正态分布的位置参数 μ 就是随机变量 X 的均值。当随机变量为寿命时位置参数 μ 就是平均寿命,表示正态分布的中心位置。

2) 尺度参数 σ:

当随机变量 X 服从正态分布时,X 的方差 $D(X)$ 等于

$$D(X) = \int_{-\infty}^{\infty} (x-\mu)^2 \frac{1}{\sqrt{2\pi}\sigma} e^{\frac{(x-\mu)^2}{2\sigma^2}} \mathrm{d}x = \sigma^2 \tag{2-35}$$

$$\sqrt{D(X)} = \sigma \tag{2-36}$$

所以正态分布的尺度参数 σ 就是随机变量 X 的标准离差。当随机变量为寿命时,尺度参数 σ 就是寿命标准离差。

位置参数 μ 相同而尺度参数 σ 不同的三个正态分布的密度函数曲线如图 2-14 所示。

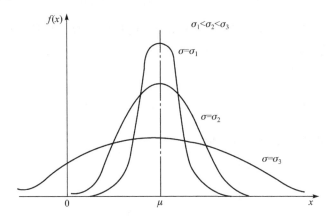

图 2-14　μ 相同尺度参数 σ 不同的三个正态分布的密度函数曲线

(3) 正态分布的特点

1) 正态分布的密度曲线呈钟形,并对称于直线 $x=\mu$。

2) 位置参数 μ 就是随机变量 X 的均值,它表示正态分布密度曲线的中心位置。尺度参数 σ 就是随机变量 X 的标准离差,它反映了正态分布的离散程度。

3) 在 $x=\mu$ 时,密度函数 $f(x)$ 取得极大值 $\frac{1}{\sqrt{2\pi}\sigma}$,故当随机变量 X 越靠近 μ 时,其取值的概率越大,反之,当随机变量 X 的取值越远离 μ 时,其概率越小。

4) $\mu=0$、$\sigma=1$ 时的正态分布称为标准正态分布,其密度函数及累积分布函数习惯用 $\varphi(z)$ 及 $\Phi(z)$ 表示,即

$$\varphi(z) = \frac{1}{\sqrt{2\pi}} e^{-\frac{z^2}{2}} \quad (-\infty < z < \infty) \tag{2-37}$$

$$\Phi(z) = \int_{-\infty}^{z} \frac{1}{\sqrt{2\pi}} e^{-\frac{\nu^2}{2}} \mathrm{d}\nu \quad (-\infty < z < \infty) \tag{2-38}$$

标准正态分布一般记作 $N(0,1)$,其密度曲线如图 2-15 所示。

(4) 正态分布时的可靠性特征量与其参数间的关系

1) 累积失效概率 $F(t)$。设随机变量为寿命,则按式(2-33)可得累积失效概率为

$$F(t) = \frac{1}{\sqrt{2\pi}\sigma} \int_{-\infty}^{t} e^{\frac{-(\nu-\mu)^2}{2\sigma^2}} \mathrm{d}\nu$$

2) 可靠度函数 $R(t)$

$$R(t) = 1 - F(t) = 1 - \frac{1}{\sqrt{2\pi}\sigma} \int_{-\infty}^{t} e^{\frac{(\nu-\mu)^2}{2\sigma^2}} \mathrm{d}\nu \tag{2-39}$$

或

$$R(t) = \frac{1}{\sqrt{2\pi}\sigma} \int_{t}^{\infty} e^{\frac{-(\nu-\mu)^2}{2\sigma^2}} \mathrm{d}\nu \tag{2-40}$$

正态分布的可靠度函数图形如图 2-16 所示。

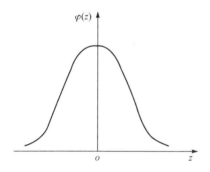

图 2-15　标准正态分布的密度曲线　　　图 2-16　标准正态分布的可靠度函数曲线

3) 失效率函数 $\lambda(t)$

$$\lambda(t) = \frac{f(t)}{R(t)} = \frac{\dfrac{1}{\sqrt{2\pi}\sigma} e^{\frac{(t-\mu)^2}{2\sigma^2}}}{\dfrac{1}{\sqrt{2\pi}\sigma} \int_{t}^{\infty} e^{\frac{-(\nu-\mu)^2}{2\sigma^2}} \mathrm{d}\nu} = \frac{e^{\frac{(t-\mu)^2}{2\sigma^2}}}{\int_{t}^{\infty} e^{\frac{-(\nu-\mu)^2}{2\sigma^2}} \mathrm{d}\nu} \tag{2-41}$$

正态分布的失效率函数图形如图 2-17 所示。

4) 可靠寿命 t_R。由式(2-33)及式(2-40)可得

$$\int_{t_R}^{\infty} \frac{1}{\sqrt{2\pi}\sigma} e^{\frac{-(\nu-\mu)^2}{2\sigma^2}} \mathrm{d}\nu = R \tag{2-42}$$

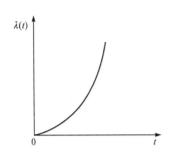

图 2-17　标准正态分布的
失效率函数曲线

5) 中位寿命 $t_{0.5}$。将 $R=0.5$ 代入式(2-42),可得中位寿命 $t_{0.5}$ 的关系式

$$\int_{t_{0.5}}^{\infty} \frac{1}{\sqrt{2\pi}\sigma} \mathrm{e}^{\frac{(\nu-\mu)^2}{2\sigma^2}} \mathrm{d}\nu = 0.5 \qquad (2-43)$$

可以看出,由式(2-33)、式(2-40)、式(2-41)、式(2-42)、式(2-43)用积分的方法来求解 $F(t)$、$R(t)$、$\lambda(t)$、t_R、$t_{0.5}$ 是比较困难的,为使问题简化,一般经适当变换后去查由式(2-38)所算出的标准正态分布函数表,即可使问题得到解决。为此,下面先引入分位数的概念。

设随机变量 Z 服从标准正态分布 $N(0,1)$,若 u_p 满足以下条件,亦即

$$\left. \begin{array}{l} P(Z \leqslant u_p) = p \quad (0 < p < 1) \\ \Phi(u_p) = \int_{-\infty}^{u_p} \frac{1}{\sqrt{2\pi}\sigma} \mathrm{e}^{-\frac{z^2}{2}} \mathrm{d}z = p \end{array} \right\} \qquad (2-44)$$

则称 u_p 为标准正态分布的下侧分位数。

同样,设随机变量 X 服从参数为 μ、σ 的正态分布 $N(\mu,\sigma^2)$,若 t_p 满足以下条件:

$$F(t_p) = \int_{-\infty}^{t_p} \frac{1}{\sqrt{2\pi}\sigma} \mathrm{e}^{\frac{(x-\mu)^2}{2\sigma^2}} \mathrm{d}x = p \qquad (2-45)$$

则称 t_p 为参数 μ、σ 的正态分布的下侧分位数。

标准正态分布的下侧分位数 u_p 与 p 之间的关系亦即参数为 μ、σ 的正态分布 $N(\mu,\sigma^2)$ 的下侧分位数 t_p 与 p 之间的关系可分别用图 2-18 及图 2-19 表示。

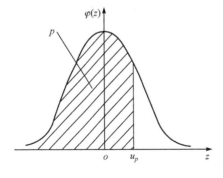

图 2-18　标准正态分布的下侧分位数
u_p 与 p 之间的关系

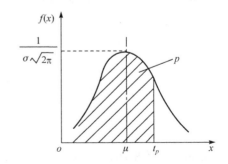

图 2-19　正态分布 $N(\mu,\sigma^2)$ 的下侧分位数
t_p 与 p 之间的关系

下面讨论 t_p 与 u_p 之间的关系。

令 $(\nu-\mu)/\sigma = u$，代入式(2-33)可得

$$F(x) = \int_{-\infty}^{\frac{x-\mu}{\sigma}} \frac{1}{\sqrt{2\pi}} e^{-\frac{u^2}{2}} du \tag{2-46}$$

如果令 $x = t_p$ 代入式(2-46)，可得

$$F(t_p) = \int_{-\infty}^{\frac{t_p-\mu}{\sigma}} \frac{1}{\sqrt{2\pi}} e^{-\frac{u^2}{2}} du \tag{2-47}$$

再令 $z = (t_p - \mu)/\sigma$ 代入式(2-38)，可得

$$\Phi\left(\frac{t_p - \mu}{\sigma}\right) = \int_{-\infty}^{\frac{t_p-\mu}{\sigma}} \frac{1}{\sqrt{2\pi}} e^{-\frac{\nu^2}{2}} d\nu \tag{2-48}$$

将式(2-47)与式(2-48)进行比较，再由式(2-44)与式(2-45)可得

$$\Phi(u_p) = p = F(t_p) = \Phi\left(\frac{t_p - \mu}{\sigma}\right) \tag{2-49}$$

从而可得 t_p 与 u_p 之间的关系为

$$\begin{cases} u_p = \dfrac{t_p - \mu}{\sigma} \\ t_p = \sigma u_p + \mu \end{cases} \tag{2-50}$$

对于标准正态分布，梳理统计工作者已根据式(2-38)计算出不同 z 值时的累积分布函数 $\Phi(z)$ 值，如附录 3 所示。所以已知 p 求 u_p，或已知 u_p 求 p，都可通过查附录 3 得到。

对于参数为 μ、σ 的正态分布 $N(\mu, \sigma^2)$，当已知 p 求 t_p 时，可先由 p 查附录 3 得出 u_p，再由式(2-50)即可得出 t_p；当已知 t_p 求 p 时，可先由 t_p 用式(2-49)求出对应的 u_p，再由 u_p 查附录 3 得到相应的 p 值。

下面利用式(2-50)及附录 3 求参数为 μ、σ 的正态分布 $N(\mu, \sigma^2)$ 的密度曲线上任一面积所对应的概率。

设随机变量 X 服从参数为 μ、σ 的正态分布，下面先求 X 落在区间 $(\mu, \mu+\sigma)$ 内的概率 $P(\mu \leqslant X \leqslant \mu+\sigma)$。

根据密度函数的性质可得

$$P(\mu \leqslant X \leqslant \mu+\sigma) = \int_{\mu}^{\mu+\sigma} \frac{1}{\sqrt{2\pi}\sigma} e^{-\frac{(x-\mu)^2}{2\sigma^2}} dx \tag{2-51}$$

如果令
$$\mu = t_{p1} \tag{2-52}$$
$$\mu + \sigma = t_{p2} \tag{2-53}$$

式中，t_{p1}、t_{p2} 分别为对应于 p_1、p_2 的正态分布 $N(\mu, \sigma^2)$ 的下侧分位数。则将式(2-52)及式(2-53)代入式(2-51)可得

$$P(\mu \leqslant X \leqslant \mu + \sigma) = \int_{t_{p1}}^{t_{p2}} \frac{1}{\sqrt{2\pi}\sigma} \mathrm{e}^{-\frac{(x-\mu)^2}{2\sigma^2}} \mathrm{d}x$$

$$= \int_{-\infty}^{t_{p2}} \frac{1}{\sqrt{2\pi}\sigma} \mathrm{e}^{-\frac{(x-\mu)^2}{2\sigma^2}} \mathrm{d}x - \int_{-\infty}^{t_{p1}} \frac{1}{\sqrt{2\pi}\sigma} \mathrm{e}^{-\frac{(x-\mu)^2}{2\sigma^2}} \mathrm{d}x$$

$$= p_2 - p_1 \tag{2-54}$$

再将式(2-52)代入式(2-50)可得与 t_{p1} 相对应的 u_{p1}，即

$$u_{p_1} = \frac{t_{p1} - \mu}{\sigma} = \frac{\mu - \mu}{\sigma} = 0$$

将式(2-53)代入式(2-50)可得与 t_{p2} 相对应的 u_{p2}：

$$u_{p_2} = \frac{t_{p2} - \mu}{\sigma} = \frac{\mu + \sigma - \mu}{\sigma} = 1$$

根据 $u_{p1} = 0$ 及 $u_{p2} = 1$，在附录 3 中查得 $p_1 = 0.5$，$p_2 = 0.8413$，将其代入式(2-54)可得所求概率值，即

$$P(\mu \leqslant X \leqslant \mu + \sigma) = 0.8413 - 0.5 = 0.3413 = 34.13\%$$

用与上面类似的方法可求得

$$P(\mu + \sigma \leqslant X \leqslant \mu + 2\sigma) = 13.595\%$$

$$P(\mu + 2\sigma \leqslant X \leqslant \mu + 3\sigma) = 2.14\%$$

$$P(\mu + 3\sigma \leqslant X \leqslant \infty) = 0.135\%$$

再根据正态分布的密度曲线对称于直线 $x = \mu$ 的特点，可得出

$$P(\mu - \sigma \leqslant X \leqslant \mu) = 34.13\%$$

$$P(\mu - 2\sigma \leqslant X \leqslant \mu - \sigma) = 13.595\%$$

$$P(\mu - 3\sigma \leqslant X \leqslant \mu - 2\sigma) = 2.14\%$$

$$P(-\infty < X \leqslant \mu - 3\sigma) = 0.135\%$$

上述结果可用图 2-20 中各部分的面积来表示。

(5) 利用分位数求正态分布的可靠性特征量

下面研究怎样利用分位数的概念来求正态分布 $N(\mu, \sigma^2)$ 的各可靠性特征量。

1) 工作到给定时间（或操作次数）时的可靠度 $R(t_{gd})$

$$R(t_{gd}) = 1 - F(t_{gd}) = 1 - F(t_{p1}) = 1 - p_1 \tag{2-55}$$

将 $t_{gd} = t_{p1}$ 代入式(2-50)可得相应的 u_{p1}：

$$u_{p_1} = \frac{t_{p_1} - \mu}{\sigma} = \frac{t_{gd} - \mu}{\sigma} \tag{2-56}$$

因此，由给定的 t_{gd} 值代入式(2-56)可求得 u_{p1} 的值，再由 u_{p1} 值查附录 3 可得到 p_1 值，再将此 p_1 值代入式(2-55)，即可求得 $R(t_{gd})$。

2）工作到给定时间（或操作次数）t_{gd} 时的失效率 $\lambda(t_{gd})$。

由式（2-45）及式（2-32）可得

$$\lambda(t_{gd}) = \frac{f(t_{gd})}{R(t_{gd})} = \frac{\dfrac{1}{\sqrt{2\pi}\sigma} e^{-\frac{(t_{gd}-\mu)^2}{2\sigma^2}}}{R(t_{gd})} \tag{2-57}$$

先按照上述方法求得 $R(t_{gd})$，然后再将所求得的 $R(t_{gd})$ 值及给定的 t_{gd} 值代入式（2-57），即可求得 $\lambda(t_{gd})$。

3）可靠寿命 t_R。

由式（2-33）可得

$$F(t_R) = 1 - R(t_R) = 1 - R \tag{2-58}$$

再令 $1 - R = p$，代入式（2-47）可得

$$F(t_{1-R}) = p = 1 - R \tag{2-59}$$

将式（2-58）及式（2-59）进行比较，可得可靠寿命 t_R，即

$$t_R = t_{1-R} \tag{2-60}$$

式中 t_{1-R} 即 $p = 1 - R$ 时正态分布 $N(\mu, \sigma^2)$ 的下侧分位数。

再由式（2-50）可得

$$t_{1-R} = \mu + \sigma u_{1-R} \tag{2-61}$$

将上式代入式（2-60）可得

$$t_R = \mu + \sigma u_{1-R} \tag{2-62}$$

式中，u_{1-R} 即是 $p = 1 - R$ 时标准正态分布 $N(0,1)$ 的下侧分位数。

因此，可根据给定的可靠度 R 计算出 p 值（$p = 1 - R$），由该 p 值查附录 3 得到对应的 u_p（即 u_{1-R}）值，将此 u_{1-R} 值代入式（2-62），可得可靠寿命 t_R。

4）中位寿命 $t_{0.5}$。

以 $R = 0.5$ 代入式（2-62），可得中位寿命 $t_{0.5}$，即

$$t_{0.5} = \mu + \sigma u_{0.5}$$

由附录 3 可查得当 $p = 0.5$ 时的 u_p 值 $u_{0.5} = 0$，所以上式变为

$$t_{0.5} = \mu \tag{2-63}$$

这说明正态分布时中位寿命 $t_{0.5}$ 等于平均寿命 μ，这也是正态分布的一个特点。

例 2-1　有两种型号的继电器，设已知第一种型号继电器的寿命服从单参数指数分布，其平均寿命 $\theta = 10^6$ 次，而第二种型号继电器的寿命服从正态分布，其平均寿命 $\mu = 5 \times 10^5$ 次，寿命标准离差 $\sigma = 2 \times 10^5$ 次。根据使用的要求，希望在工作 10^5 次内继电器尽可能不发生故障，试问应选择哪一种型号的继电器？

解：第一种型号继电器的可靠度函数为

$$R_1(t) = e^{-\lambda_R} = e^{\frac{t}{\theta}}$$

工作到 10^5 次时该型号继电器的可靠度为

$$R_1(10^5 \text{ 次})=\mathrm{e}^{-\frac{10^5}{10^6}}=0.9048$$

　　对于第二种型号的继电器,由于寿命服从正态分布,将给定的 $t_{gd}=10^5$ 次代入式(2-56),可得

$$u_{p_1}=\frac{t_{p_1}-\mu}{\sigma}=\frac{t_{gd}-\mu}{\sigma}=\frac{10^5-5\times10^5}{2\times10^5}=-2$$

查附录 3 可得与 $u_{p1}=-2$ 相对应的 $p_1=0.0228$,再将此 p_1 值代入式(2-55),即可得到工作到 10^5 次时的可靠度为

$$R_2(10^5 \text{ 次})=1-p_1=1-0.0228=0.9772$$

　　由结果可以看出,虽然第一种型号继电器的平均寿命比第二种型号继电器的平均寿命高一倍,但当工作到 10^5 次时它的可靠度却比第二种型号的继电器的可靠度低。因此,应选择第二种型号的继电器。

　　现将上述几种分布类型的失效密度函数及可靠度函数图形归纳列于表 2-1。

表 2-1　常用的几种分布类型的失效密度曲线及可靠度曲线图形

分布类型	失效密度函数图形	可靠度函数图形
单参数指数分布		
双参数指数分布		
威布尔分布		

分布类型	失效密度函数图形	可靠度函数图形
正态分布		

2.1.2 失效分布类型的确定方法

1. 失效分布类型的估计方法

若产品有以往的经验资料,则可据此来假设其失效分布类型,若没有这方面的经验资料,则一般可抽取一定数量的样品进行寿命试验,从所得到的试验数据绘制失效频率直方图或可靠度函数图形,并将这些图形与表 2-2 中各种常用的失效分布类型的失效密度函数图形及可靠度函数图形进行比较,从而对其失效分布类型作出估计。

(1) 大子样时失效分布类型的估计方法

所谓大子样即寿命试验数据个数较多。这时寿命数据应按一定时间间隔(或操作次数)分组,其步骤如下:

1) 将寿命数据分成 k 组。

2) 计算各组频数 Δm_i 及频率 $f_i^*\left(f_i^* = \dfrac{\Delta m_i}{n}\right)$,并列表如表 2-2 所示。

表 2-2 寿命数据的分组统计

组号 i	寿命范围	频数 Δm_i	频率 f_i^*
1	$a_0 \sim a_1$	Δm_1	f_1^*
2	$a_1 \sim a_2$	Δm_2	f_2^*
$\vdots$	$\vdots$	$\vdots$	$\vdots$
k	$a_{k-1} \sim a_k$	Δm_k	f_k^*

3) 按表 2-2 数据绘制失效频率直方图。

4) 按失效频率直方图的形状大致绘出失效密度曲线。

5) 将绘出的失效密度曲线形状与表 2-2 中各种分布类型的失效密度曲线形状进行比较,并对产品的失效分布类型作出估计。

（2）小子样时失效分布类型的估计方法

小子样时寿命试验数据较少，可通过绘制可靠度曲线来估计失效分布类型，其具体步骤如下：

1）计算 $t=t_i$ 时的可靠度函数值 $R(t_i)$，当试验样品数 $n>20$ 时，

$$R(t_i)=1-\frac{i}{n} \tag{2-64}$$

当 $n\leqslant20$ 时：

$$R(t_i)=1-\frac{i-0.5}{n} \tag{2-65}$$

或

$$R(t_i)=1-\frac{i}{n+1} \tag{2-66}$$

或

$$R(t_i)=1-\frac{i-0.3}{n+0.4} \tag{2-67}$$

式中，t_i 表示第 i 个失效的产品寿命数据（$i=1,2,\cdots,r$）。

2）将 i、t_i、$R(t_i)$ 列表，如表 2-3 所示。

表 2-3　寿命试验数据及可靠度函数值

i	1	2	$\cdots$	r
t_i	t_1	t_2	$\cdots$	t_r
$R(t_i)$	$R(t_1)$	$R(t_2)$	$\cdots$	$R(t_r)$

3）根据 $[t_i,R(t_i)]$ 在直角坐标系中描点，并绘出可靠度函数图形。

4）将所绘出的可靠度函数图形与表 2-1 中各种失效分布类型的可靠度曲线形状进行比较，并对产品的失效分布类型作出估计。

2. 失效分布类型的检验方法

（1）失效分布类型的图检验方法

用上述方法已对产品的失效分布类型作出估计（假设），则可用图检验法来检验所作的假设是否正确。若假设失效分布类型为指数分布，则使用单边对数坐标纸进行检验；若假设失效分布类型为威布尔分布，则使用威布尔概率纸进行检验；若假设失效分布类型为正态分布，则使用正态概率纸进行检验。

1）用单边对数坐标纸检验失效分布类型是否为指数分布。

① 单边对数坐标纸。

当寿命服从单参数指数分布时，将式（2-3）两边取自然对数，得到 $\ln R(t)=-\lambda t$，因此 $\ln R(t)$ 与 t 之间为线性关系。即以 $\ln R(t)$ 为纵坐标、t 为横坐标所构成的均匀刻度的直角坐标系中 $\ln R(t)$ 与 t 的关系为一条直线。若在纵坐标上按 $R(t)=\mathrm{e}^{\ln R(t)}$ 的关系再刻上 $R(t)$ 坐标，则就构成了单边对数坐标纸。$R(t)$ 坐标是刻

度不均匀的对数坐标,而 $\ln R(t)$ 坐标及 t 坐标都是均匀刻度的。实际的单边对数坐标纸的纵坐标只有 $R(t)$ 坐标,而横坐标则为均匀刻度,如图 2-20 所示。

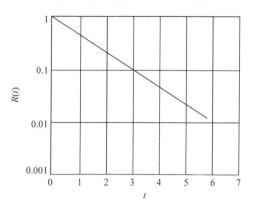

图 2-20 单边对数坐标纸

② 图检验方法。

若根据寿命试验数据,在单边对数坐标纸上按 $[t_i, R(t_i)]$ 在 $t-R(t)$ 坐标系中所描各点近似在通过 $[t=0, R(t)=1]$ 这一点的一条直线上,则可判断失效分布类型为单参数指数分布。

若根据寿命试验数据在单边对数坐标纸上按 $[t_i, R(t_i)]$ 在 $t-R(t)$ 坐标系中所描各点近似在一条直线{此直线不通过 $[t=0, R(t)=1]$ 这一点}上,则可判断失效分布类型为双参数指数分布。

2) 用威布尔概率纸检验失效分布类型是否为威布尔分布。

① 威布尔概率纸的结构原理。

当 $t > \nu$ 时,且 $\nu = 0$ 时,由式(2-20)可得

$$1 - F(t) = e^{-\frac{t^m}{t_0}} \tag{2-68}$$

将上式两边取自然对数后可得

$$\ln[1 - F(t)] = -\frac{t^m}{t_0} \tag{2-69}$$

或

$$\ln \frac{1}{1 - F(t)} = \frac{t^m}{t_0} \tag{2-70}$$

将上式两边再取一次自然对数后可得

$$\ln\ln \frac{1}{1 - F(t)} = m\ln t - \ln t_0 \tag{2-71}$$

令

$$
\left.\begin{array}{l}
\ln\ln\dfrac{1}{1-F(t)}=Y \\[2mm]
\ln t=X \\[2mm]
\ln t_0=B
\end{array}\right\} \qquad (2\text{-}72)
$$

则式(2-71)可写成

$$
Y=mX-B \qquad (2\text{-}73)
$$

式中 Y 及 X 就是所要找的两个中间变量,在 $X\text{-}Y$ 的均匀刻度普通直角坐标系中,式(2-73)的图形是一条直线。

由式(2-72)可得到

$$
\left.\begin{array}{l}
t=\mathrm{e}^{X} \\[2mm]
F(t)=1-\mathrm{e}^{-\mathrm{e}^{Y}} \\[2mm]
t_0=\mathrm{e}^{B}
\end{array}\right\} \qquad (2\text{-}74)
$$

在普通直角坐标系中以 X 为横坐标,Y 为纵坐标,同时按式(2-74)所示关系在横坐标上再标上 t 坐标,在纵坐标上再标上 $F(t)$ 坐标,就构成了威布尔概率纸的原理图,如图 2-21 所示。

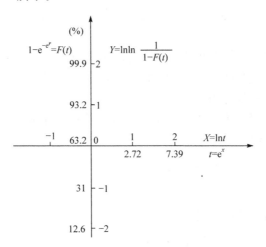

图 2-21　威布尔概率纸的原理图

在图 2-21 中,$F(t)$ 坐标和 t 坐标都是不均匀刻度的。为了实际使用方便,一般把图 2-21 中纵轴及横轴上的四个坐标尺($F(t)$ 尺、Y 尺、X 尺、t 尺)分别标在威布尔概率纸的左、右、上、下四边,就构成了通常所用的威布尔概率纸,如图 2-21 所示,图中 $X=1,Y=0$ 的这一点称为 m 的估计点。

② 失效分布类型为 $\nu=0$ 的威布尔分布(两参数威布尔分布)的图检验法步骤如下:

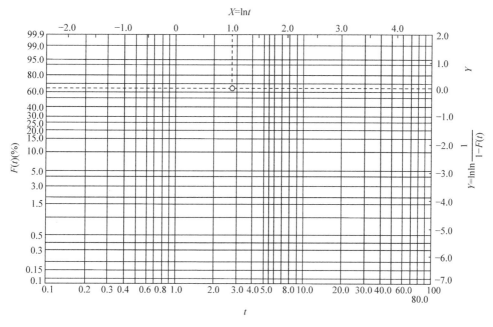

图 2-22　威布尔概率纸

i. 根据寿命试验数据$(t_1, t_2, \cdots, t_n)$及试品总数 n，用下列公式计算累积失效概率 $F(t_i)$。

当 $n > 20$ 时

$$F(t_i) = \frac{i}{n} \tag{2-75}$$

当 $n \leqslant 20$ 时

$$F(t_i) = \frac{i - 0.5}{n} \tag{2-76}$$

或

$$F(t_i) = \frac{i}{n+1} \tag{2-77}$$

或

$$F(t_i) = \frac{i - 0.3}{n + 0.4} \tag{2-78}$$

将计算出的 $F(t_i)$ 值与 t_i 值列表，如表 2-4 所示。

表 2-4　累积失效概率值

i	1	2	$\cdots$	r
t_i	t_1	t_2	$\cdots$	t_r
$F(t_i)$	$F(t_1)$	$F(t_2)$	$\cdots$	$F(t_r)$

ii. 根据表 2-4 的数据，按 $[t_i, F(t_i)]$ 在威布尔概率纸的 t-$F(t)$ 坐标系中描点。

iii. 若所描各点基本上在一条直线上，则可判定失效分布类型为 $\nu = 0$ 的威布尔分布。

③ 失效分布类型为 $\nu \neq 0$ 的威布尔分布(三参数威布尔分布)的图检验步骤：

按 $[t_i, F(t_i)]$ 在 $t-F(t)$ 坐标系中描点，所得的轨迹不是一条直线而是一条曲线时，可以肯定失效分布类型不是 $\nu = 0$ 的威布尔分布，但不能立即断定它根本不是威布尔分布，因为它有可能是 $\nu \neq 0$ 的威布尔分布。

i. 将按 $[t_i, F(t_i)]$ 在威布尔概率纸的 t-$F(t)$ 坐标系中描点所得曲线延长，并与 t 尺相交于 M 点，M 点的读数即为 ν 的估计值 $\hat{\nu}$。

ii. 按 $t_i' = t - \hat{\nu}$ 计算出 t_i' 并列表，如表 2-5 所示，然后，按 $[t_i', F(t_i)]$ 在威布尔概率纸的 t-$F(t)$ 坐标系中描点(也可不计算 t_i'，而将原有按照 $[t_i, F(t_i)]$ 所描的各点依 t 尺坐标向左平移 $\hat{\nu}$，而得一组新点，如图 2-23 所示)。

表 2-5　t_i' 及 $F(t_i)$ 值

i	1	2	...	r
t_i'	t_1'	t_2'	...	t_r'
$F(t_i)$	$F(t_1)$	$F(t_2)$	...	$F(t_r)$

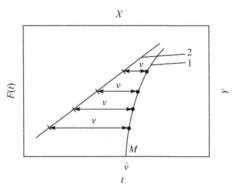

图 2-23　$\nu \neq 0$ 的威布尔分布

1——按 $[t_i, F(t_i)]$ 描点所得的曲线；2——按 $[t_i', F(t_i)]$ 描点所得的曲线

iii. 若按上一步骤所描得各点基本上在一条直线上，则可判定失效分布类型为 $\nu \neq 0$ 的威布尔分布。

例 2-2　设有某型号的接触器 20 只进行寿命试验，当试验到 10 只接触器失效时，试验停止，其寿命数据如表 2-6 所示。试估计该型号接触器的失效分布类型，并用图检验法进行检验。

表 2-6　某型号接触器的寿命数据(单位为 10^5 次)

6.6	7.7	8.5	9.8	10.6	11.2	12.7	13.4	14.1	14.9

解：先绘制可靠度曲线以估计失效分布类型，计算出 $R(t_i)$ 并列表，如表 2-7

所示。

表 2-7　某型号接触器的 $R(t_i)$、$F(t_i)$ 及 t_i' 值

i	1	2	3	4	5	6	7	8	9	10
$R(t_i)$	0.975	0.925	0.875	0.825	0.775	0.725	0.675	0.625	0.575	0.525
$F(t_i)$	0.025	0.075	0.125	0.175	0.225	0.275	0.325	0.375	0.425	0.475
t_i'	1.3	2.4	3.2	4.5	5.3	5.9	7.4	8.1	8.8	9.6

再按表 2-6 中的 t_i 及表 2-7 中的 $R(t_i)$ 的数据绘制可靠度曲线，如图 2-24 所示。

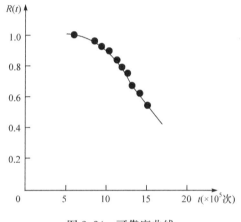

图 2-24　可靠度曲线

将上述可靠度曲线与表 2-1 中各种失效分布类型的可靠度曲线进行比较，可看出它的形状与 $m>1$ 的威布尔分布的可靠度曲线相近，所以可估计其失效分布类型为威布尔分布。

下面用威布尔概率纸来检验其失效分布类型。按 $F(t_i)=1-R(t_i)$ 计算 $F(t_i)$，所得结果亦列于表 2-7。根据表 2-6 中的 t_i 及表 2-7 中的 $F(t_i)$ 的数据，按 $[t_i,F(t_i)]$ 在威布尔概率纸的 t-$F(t)$ 坐标系中描点，其轨迹近似为一条曲线（如图 2-25 中曲线 1 所示），该曲线与 t 尺交于 M 点，由 M 点的读数可得 ν 的估计值 $\hat{\nu}=5.3\times10^5$ 次。

再按 $t_i'=t-\hat{\nu}$ 计算出 t_i'，亦列于表 2-7 中。并按 $[t_i',F(t_i)]$ 在威布尔概率纸的 t-$F(t)$ 坐标系中描点（如图 2-25）。由图 2-25 可以看出，这些点的轨迹近似为一条直线，所以该型号接触器的失效分布类型可认为是 $\nu\neq0$ 的威布尔分布。

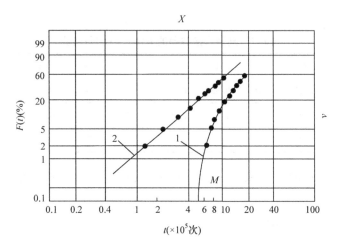

图 2-25　$\nu \neq 0$ 的威布尔分布的图检验

1——按$[t_i, F(t_i)]$描点所得的曲线；2——按$[t_i', F(t_i)]$描点所得的曲线

3) 用正态概率纸检验失效分布类型是否为正态分布。

① 正态概率纸的结构原理。

由式(2-33)可以看出，失效分布类型为正态分布时的累积失效分布函数 $F(t)$ 与时间 t 之间不是线性关系，所以进行图检验时也需要找中间变量。

式(2-33)可以写成

$$F(t) = \int_{-\infty}^{\frac{t-\mu}{\sigma}} \frac{1}{\sqrt{2\pi}} e^{-\frac{x^2}{2}} dx \tag{2-79}$$

将式(2-79)与式(2-38)比较，可得

$$F(t) = \Phi\left(\frac{t-\mu}{\sigma}\right) \tag{2-80}$$

令

$$u = \frac{t-\mu}{\sigma} \tag{2-81}$$

则可得

$$F(t) = \Phi(u) = \int_{-\infty}^{u} \frac{1}{\sqrt{2\pi}} e^{-\frac{x^2}{2}} dx \tag{2-82}$$

可以看出，u 就是所要找的中间变量，它既与时间 t 成线性关系，又与 $F(t)$ 具有一一对应关系。所以，在均匀刻度的普通直角坐标系中，以 t 为横坐标，以 u 为纵坐标，再在纵坐标上按照式(2-82)所示关系刻上 $F(t)$ 坐标，这样就构成了正态概率纸的原理图，如图 2-26 所示。

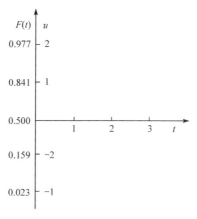

图 2-26　正态概率纸的原理图

为了使用方便,常把 $F(t)$ 坐标尺移至概率纸左边,t 坐标尺移至概率纸下面(u 坐标尺一般不标出),则构成了通常所用的正态概率纸,如图 2-27 所示。

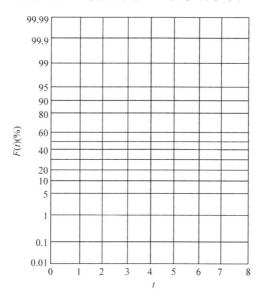

图 2-27　正态概率纸

② 失效类型为正态分布的图检验法。

如果按$[t_i,F(t_i)]$在正态概率纸上所描得的各点近似在一条直线上,则可判定其失效分布类型为正态分布。

(2) 失效分布类型的 χ^2 检验法(适合于子样容量 $n \geqslant 50$ 的情况)

1) 失效分布类型的 χ^2 检验法的基本概念。

设 $F_0(x)$ 是已知的分布函数(一般称为理论分布函数),$F(x)$ 为总体的分布函数,$x_1,x_2,\cdots,x_n$ 是分布函数为 $F(x)$ 的总体的一组子样观察值。所谓失效分布类型的 χ^2 检验法就是根据子样观察值 $x_1,x_2,\cdots,x_n$ 去检验关于总体分布的假设 H_0 是否成立的一种方法。其中所说的假设 H_0 为 $F(x)$ 等于 $F_0(x)$,即

$$H_0:F(x)=F_0(x) \tag{2-83}$$

在进行 χ^2 检验时,要求理论分布函数 $F_0(x)$ 的类型及其参数都是已知的。实际上 $F_0(x)$ 的类型一般可根据前面介绍的失效分布类型的估计方法来确定,而其参数值往往是未知的,这时需要先对其参数作出估计,然后进行 χ^2 检验。

首先,把区间 $(-\infty,\infty)$ 分为 k 个不相交的区间 (a_i,a_{i+1}),其中 $i=1,2,\cdots,k$,其分界点为 $a_2,a_3,\cdots,a_k$,其中 a_1 及 a_{k+1} 可分别取为 $-\infty$ 及 ∞,区间的宽度可以不等,其划分方法视具体情况而定。子样观察值 $x_1,x_2,\cdots,x_n$ 落在第 i 个区间 (a_i,a_{i+1}) 内的个数 m_i 称为第 i 个区间的实际频数。随机变量 X 落在第 i 个区间 (a_i,a_{i+1}) 内的概率 P_i 与子样容量 n 的乘积 nP_i 称为第 i 个区间的理论频数。其中 P_i 可根据已知的理论分布函数 $F_0(x)$ 由式(2-84)求得

$$P_i=P(a_i\leqslant X\leqslant a_{i+1})=F_0(a_{i+1})-F_0(a_i) \tag{2-84}$$

统计量 χ^2,如下式所示:

$$\chi^2 = \sum_{i=1}^{k} \frac{(m_i-nP_i)^2}{nP_i} \tag{2-85}$$

当统计量 $\chi^2>c_1$(c_1 是某一常数)时,可规定拒绝假设 H_0,一般将 $\chi^2>c_1$ 的范围称为否定域;当统计量 $\chi^2<c_1$ 时,接受假设 H_0。

2) 常数 c_1 值的确定方法(否定域的确定)。

然而,即使假设 H_0 实际上是正确的,但是由于作出判断的依据是一个子样,所以有可能拒绝假设 H_0,显然,这是一种错误。犯这种错误的概率记作 α,一般称之为显著性水平,即

$$P(拒绝 \; H_0 \,|\, H_0 \; 为真)=P(\chi^2>c_1 \,|\, H_0 \; 为真)=\alpha \tag{2-86}$$

我们当然希望把显著性水平限制在一定数值以下,一般取 $\alpha=0.05$,以减小犯错误的概率。其中

$$c_1=\chi^2_{1-\alpha}(k-r-1) \tag{2-87}$$

因此,否定域为

$$\chi^2>\chi^2_{1-\alpha}(k-r-1) \tag{2-88}$$

式中 $\chi^2_{1-\alpha}(k-r-1)$ 为自由度为 $k-r-1$ 的 χ^2 分布的下侧分位数,具体数据可由附录 2 中 χ^2 分布下侧分位数表查得。

3) 失效分布类型的 χ^2 检验法的检验步骤。

① 根据前面失效分布类型的估计,对理论分布函数 $F_0(x)$ 的函数类型作出假设,即对总体的失效分布类型作出假设;

② 求出理论分布函数 $F_0(x)$ 中各参数的估计值;

③ 对总体的分布函数 $F(x)$ 作出假设 H_0,即假设 H_0 为 $F(x) = F_0(x)$;

④ 将 $(-\infty, \infty)$ 划分为 k 个区间;

⑤ 统计各区间的实际频数 $m_i (i = 1, 2, \cdots, k)$;

⑥ 根据已知的理论分布函数 $F_0(x)$,求出随机变量 X 落在各区间内的概率 P_i;

⑦ 计算各区间的理论频数 nP_i(应注意任一个区间的理论频数不小于 5,最好在 10 以上。否则,应适当地将区间合并,以使 nP_i 值满足上述要求);

⑧ 列表表示 m_i、P_i、nP_i 以及 $\dfrac{(m_i - nP_i)^2}{nP_i}$;

⑨ 按式(2-85)计算统计量 χ^2;

⑩ 选定显著性水平 α 值;

⑪ 确定否定域 $\chi^2 > \chi^2_{1-\alpha}(k-r-1)$,式中 $\chi^2_{1-\alpha}(k-r-1)$ 可根据自由度 $(k-r-1)$ 及 $1-\alpha$ 由附录 2 查得;

⑫ 作出判断:当 $\chi^2 > \chi^2_{1-\alpha}(k-r-1)$ 时拒绝假设 H_0;当 $\chi^2 < \chi^2_{1-\alpha}(k-r-1)$ 时接受假设。

例 2-3　设有某型号继电器 50 只进行寿命试验,其寿命数据如表 2-8 所示。已估计该型号继电器的失效分布类型为正态分布,试用 χ^2 检验法检验该型号继电器寿命是否服从正态分布(取显著性水平 $\alpha = 0.05$)。

表 2-8　50 只继电器的寿命数据(单位为 10^5 次)

3.5	6	7.2	7.8	8.5	9	9.6	10.2	10.4	10.6
10.9	11.3	11.9	11.9	12.5	12.7	12.8	13	13.3	13.6
13.9	14.1	14.4	14.4	14.5	14.6	14.7	14.8	15	15.1
15.3	15.6	15.8	15.9	16.3	16.4	16.5	16.7	16.8	17
17.3	17.6	17.9	18.8	19.8	20.6	21.4	21.6	21.9	25.6

解:① 假设理论分布函数 $F_0(x)$ 的类型为正态分布 $N(\mu, \sigma^2)$。

② 对该型号继电器寿命数据进行分组统计,各组频数 Δm_i 及中值 t_{zi} 等值列于表 2-9。

表 2-9　该型号继电器寿命数据的分组统计

i	寿命范围(单位为 10^5 次)	$t_{zi}(10^5$ 次)	Δm_i	f_i^*	F_i
1	0～4	2	1	0.02	0.02
2	4～8	6	3	0.06	0.08
3	8～12	10	10	0.2	0.28
4	12～16	14	20	0.4	0.68
5	16～20	18	11	0.22	0.90
6	20～24	22	4	0.08	0.98
7	24～28	26	1	0.02	1

③ 计算子样的平均寿命 $\bar{t}$，并将它作为总体平均寿命 μ 的估计值 $\hat{\mu}$，即

$$\hat{\mu} = \bar{t} = \frac{1}{50}(2 \times 1 + 6 \times 3 + 10 \times 10 + 14 \times 20 + 18 \times 11 + 22 \times 4 + 26 \times 1) \times 10^5 \text{ 次}$$

$$= 14.24 \times 10^5 \text{ 次}$$

可计算出子样的寿命标准离差 $s = 4.79 \times 10^5$ 次，并将它作为总体的寿命标准离差的估计值 $\hat{\sigma}$。

④ 对总体的失效分布函数 $F(x)$ 作出假设 H_0，即假设 H_0 为

$$F(t) = F_0(t) = \int_{-\infty}^{t} \frac{1}{\sqrt{2\pi} \times 4.79 \times 10^5} e^{-\frac{(x-14.24 \times 10^5)^2}{45.89 \times 10^{10}}} dx$$

⑤ 将 $(-\infty, \infty)$ 划分为 5 个区间，即 $(-\infty, 10 \times 10^5$ 次)、$(10 \times 10^5$ 次, 12×10^5 次)、$(12 \times 10^5$ 次, 16×10^5 次)、$(16 \times 10^5$ 次, 18×10^5 次)、$(18 \times 10^5$ 次, $\infty)$。

⑥ 统计各区间的实际频数 m_i，将结果列于表 2-10。

表 2-10　χ^2 检验计算表

区间号 i	区间范围 (单位为 10^5 次)	m_i	P_i	nP_i	$\frac{(m_i - nP_i)^2}{nP_i}$
1	$-\infty$～10	7	0.1881	9.41	0.62
2	10～12	7	0.1318	6.59	0.03
3	12～16	20	0.3232	16.16	0.91
4	16～18	9	0.1406	7.03	0.55
5	18～∞	7	0.2163	10.82	1.35

⑦ 计算随机变量 X 落在各区间内的概率 P_i，将结果亦列于表 2-10。

下面以随机变量 X 在 $(10 \times 10^5$ 次, 12×10^5 次) 内的概率 P_2 的计算为例来说明 P_i 的计算方法：令 $t_{p1} = 10 \times 10^5$ 次，可得

$$u_{P1} = \frac{t_{p1} - \hat{\mu}}{\hat{\sigma}} = \frac{10 \times 10^5 - 14.24 \times 10^5}{4.79 \times 10^5} = -0.885$$

由附录 3 可查得与此 u_{P1} 值相对应的 $p_1=0.1881$，再令 $t_{p2}=12\times10^5$ 次，可得

$$u_{P2}=\frac{t_{p2}-\hat{\mu}}{\hat{\sigma}}=\frac{12\times10^5-14.24\times10^5}{4.79\times10^5}=-0.468$$

由附录 3 可查得与此 u_{p2} 值相对应的 $p_2=0.3199$，从而可求得

$$P_2=p_2-p_1=0.3199-0.1881=0.1318$$

⑧ 计算各区间的理论频数 nP_i，其结果亦列于表 2-10。

⑨ 计算各区间的 $\dfrac{(m_i-nP_i)^2}{nP_i}$，其结果亦列于表 2-10。

⑩ 根据表 2-10 中数据，按式(2-85)求得统计量 χ^2，即

$$\chi^2=\sum_{i=1}^{k}\frac{(m_i-nP_i)^2}{nP_i}=3.46$$

⑪ 选取显著性水平 $\alpha=0.05$。

⑫ 确定否定域。令 $k=5,r=2,\alpha=0.05$，所以 $\chi^2_{1-\alpha}(k-r-1)=\chi^2_{0.95}(2)$，由附录 2 可查得 $x^2_{0.95}(2)$ 等于 5.99，因此，否定域为

$$\chi^2>5.99$$

⑬ 作出判断。由于

$$\chi^2=3.46<5.99$$

所以不能拒绝假设 H_0 而接受该假设，亦即可认为在显著性水平 $\alpha=0.05$ 时该型号的继电器的寿命服从正态分布。

(3) 失效分布类型的 K-S 检验方法(子样容量 n 可小于 50)

1) K-S 检验法的基本概念。

K-S 检验法与 χ^2 检验法一样，也是根据子样观察值 $x_1,x_2,\cdots,x_n$ 去检验关于总体分布的假设 $H_0:F(x)=F_0(x)$ 是否成立的一种方法。

K-S 检验法也需要找一个统计量来描述经验分布函数 $F_n(x)$ 与理论分布函数 $F_0(x)$ 间的偏离程度。这个统计量用 λ 来表示，即

$$\lambda=\sqrt{n}D \tag{2-89}$$

式中，D 为理论分布函数与经验分布函数的差异度，它等于 $F_0(x)$ 与 $F_n(x)$ 的最大差值，即

$$D=\max|F_n(x)-F_0(x)| \tag{2-90}$$

当 $\lambda>c_2$(c_2 是某一个常数)时，拒绝假设 H_0；当 $\lambda<c_2$ 时，接受假设 H_0。

2) 常数 c_2 值的确定方法(否定域的确定)。

把错误拒绝实际上是正确的假设 H_0 的概率 α 称为显著性水平(也有资料把它称为风险率或危险率)。另外，把 $1-\alpha=\beta$ 称为置信度，则

$$P(\lambda>c_2)=\alpha \tag{2-91}$$

或　　　　　　　　　　$P(\lambda < c_2) = 1 - P(\lambda > c_2) = 1 - \alpha = \beta$　　　　　　　(2-92)

$$c_2 = \lambda_\beta \qquad\qquad (2\text{-}93)$$

λ_β 与 β 值的关系如表 2-11 所示。

表 2-11　不同 β 值时的 λ_β 值

β	0.01	0.05	0.1	0.2	0.3	0.4	0.6	0.7	0.8	0.9	0.95	0.99
λ_β	0.44	0.52	0.57	0.65	0.71	0.77	0.89	0.97	1.07	1.22	1.36	1.63

3）K-S 检验法的检验步骤。

① 根据前面失效分布类型的估计，对理论分布函数 $F_0(x)$ 的函数类型作出假设；

② 求出 $F_0(x)$ 中各参数的估计值；

③ 对总体的分布函数作出假设 $H_0 : F(x) = F_0(x)$；

④ 根据子样的容量用式(2-75)至式(2-78)计算 $F_n(t_i)$，其结果列于表 2-12；

表 2-12　寿命数据的统计

i	1	2	⋯	n
t_i	t_1	t_2	⋯	t_n
$F_n(t_i)$	$F_n(t_1)$	$F_n(t_2)$	⋯	$F_n(t_n)$
$F_0(t_i)$	$F_0(t_1)$	$F_0(t_2)$	⋯	$F_0(t_n)$
$|F_n(t_i) - F_0(t_i)|$	$|F_n(t_1) - F_0(t_1)|$	$|F_n(t_2) - F_0(t_2)|$	⋯	$|F_n(t_n) - F_0(t_n)|$

⑤ 根据已知的理论分布函数 $F_0(x)$ 计算 $F_0(t_i)$，其结果亦列于表 2-12；

⑥ 计算 $|F_n(t_i) - F_0(t_i)|$，其结果也列于表 2-12；

⑦ 根据式(2-90)可由表 2-12 查得 D 值，再按式(2-89)计算出统计量 λ；

⑧ 选定显著性水平 α（或置信度 β）；

⑨ 确定否定域 $\lambda > \lambda_\beta$，式中 λ_β 可根据置信度 β 由表 2-11 查得；

⑩ 作出判断。当 $\lambda > \lambda_\beta$ 时，拒绝假设 H_0；当 $\lambda < \lambda_\beta$ 时，不能拒绝假设 H_0 而接受该假设。

（4）K-S 检验的作图法

上述 K-S 检验是用分析、计算的方法进行检验，可把它称为 K-S 检验的分析法。在实际使用中，K-S 检验也有用作图的方法来检验的，所以也可把它称为 K-S 检验的作图法。

下面以检验指数分布为例，说明其具体步骤：

1）根据前面失效分布类型的估计，对理论分布函数 $F_0(x)$ 的函数类型作出假设；

2）求出 $F_0(x)$ 中各参数的估计值；

3）在单边对数坐标纸上画出表示理论分布的可靠度函数的直线（如图 2-28 中直线 L 所示）；

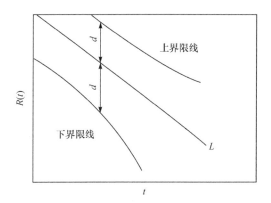

图 2-28　K-S 检验的作图法

4）选定显著性水平 α；

5）根据 α 值由表 2-13 查出 d 值；

6）在图 2-28 中表示理论分布的可靠度函数的直线 L 上下，画出与它的距离为 d 的上下界限线（图 2-28）；

7）根据寿命试验数据计算出 $R(t_i)$，并按照 $[t_i, R(t_i)]$ 在图 2-28 中描点；

8）若所描的各点中任意一点越出了图 2-28 中的上、下界限线所包围的范围，则拒绝关于总体失效分布类型的假设；若所描各点均未越出上、下界限所包围的范围，则不能拒绝关于总体失效分布类型的假设而予以接受。

表 2-13　K-S 检验的 d 值

显著性水平 α　　　子样容量	0.2	0.15	0.1	0.05	0.01
3	0.565	0.597	0.642	0.708	0.828
4	0.494	0.525	0.564	0.624	0.733
5	0.446	0.474	0.474	0.565	0.699
10	0.32	0.342	0.368	0.410	0.490
15	0.266	0.283	0.304	0.338	0.404
20	0.231	0.246	0.246	0.294	0.356
25	0.21	0.22	0.24	0.27	0.32
30	0.19	0.20	0.22	0.24	0.29
35	0.18	0.19	0.21	0.23	0.27
40	0.17	0.18	0.19	0.21	0.25

显著性水平 α 子样容量	0.2	0.15	0.1	0.05	0.01
45	0.16	0.17	0.18	0.20	0.24
50	0.15	0.16	0.17	0.19	0.23
>50	$1.07/\sqrt{n}$	$1.14/\sqrt{n}$	$1.22/\sqrt{n}$	$1.36/\sqrt{n}$	$1.63/\sqrt{n}$

2.2　电器产品可靠性特征量的估计

在实际工作中,一般都是抽一定数量的产品进行寿命试验,或者由现场使用中收集的失效数据获得产品寿命的子样观察值(对电器产品来说,大多数采用寿命试验获得子样观察值),然后根据子样观察值,求得与总体可靠性特征量比较接近的一个估计值(或估计区间)。

由子样观察值求总体可靠性特征量估计值(或估计区间)的方法常可分为两种,一种是在各种概率纸等特制的坐标纸上作图的方法,一般称为图估计法,这种方法的缺点是所得结果往往因人而异,精确性较差,但由于它具有使用方便、直观易懂、截尾寿命试验(不等到试样全部失效就停止的寿命试验)时也适用等优点,因而图估计法仍得到广泛应用,特别是在精确度要求不很高的场合,其优点尤为突出。另一种是用数理统计的方法来进行计算,一般称为数值分析法,其中又可分为点估计法及区间估计法两种。

2.2.1　大样本时电器产品可靠性特征量的估计

1. 电器产品可靠性特征量的点估计

(1) 点估计的概念

点估计法就是根据子样观察值求出可靠性特征量的一个估计值。

(2) 完全寿命试验时可靠性特征量的点估计

完全寿命试验是指试验到所有试品均失效时才停止的寿命试验,若抽 n 个样品进行试验,$t_1,t_2,\cdots,t_n$ 为寿命子样观察值,则可把寿命子样观察值的均值 $\bar{t}$ 看为总体平均寿命 μ 的点估计值 $\hat{\mu}$,即

$$\hat{\mu} = \bar{t} = \frac{1}{n}\sum_{i=1}^{n} t_i \tag{2-94}$$

同样,寿命子样的方差 s^2 及标准离差 s 也可看成总体寿命方差 σ^2 及寿命标准离差 σ 的点估计值,即

$$\hat{\sigma}^2 = s^2 = \frac{1}{n-1} \sum_{i=1}^{n} (t_i - \bar{t})^2 \tag{2-95}$$

$$\hat{\sigma} = s = \sqrt{\frac{1}{n-1} \sum_{i=1}^{n} (t_i - \bar{t})^2} \tag{2-96}$$

当产品寿命服从单参数指数分布时,失效率 λ 的点估计值为

$$\hat{\lambda} = \frac{1}{\hat{\theta}} = \frac{n}{\sum\limits_{i=1}^{n} t_i} \tag{2-97}$$

当产品寿命服从双参数指数分布时,其位置参数 ν 的点估计值为

$$\hat{\nu} = t_1 - \frac{1}{n(n-1)} \Big[\sum_{i=1}^{n} t_i - n t_i \Big] \tag{2-98}$$

失效率 λ 的点估计值为

$$\hat{\lambda} = \frac{1}{\dfrac{1}{n} \sum\limits_{i=1}^{n} t_i - \hat{\nu}} = \frac{n}{\sum\limits_{i=1}^{n} t_i - n\hat{\nu}} \tag{2-99}$$

(3) 截尾寿命试验时可靠性特征量的点估计

截尾寿命试验是指不等到试样全部失效就停止的寿命试验。按其停止试验的方式,分为定数截尾寿命试验与定时截尾寿命试验两种。定数截尾寿命试验是指寿命试验开始后试品的失效数达到规定的失效数就停止的寿命试验。定时截尾寿命试验是指寿命试验开始后到规定的试验截止时间(或操作次数)就停止的寿命试验。

定数或定时截尾寿命试验还分有替换及无替换两种情况。有替换寿命试验是为了保持装置或设备能正常工作,每当其中有一个元件失效时,立即用一个好的元件替换上去,所以在试验中无论发生多少次失效,该元件在装置或设备中的总数始终保持不变。无替换寿命试验是若试品失效后不再换上好的试品,而将剩下的未失效的试品继续进行寿命试验的情况。

综上所述,按试验截尾方式及有无替换,可将寿命试验分为四种:有替换定数截尾寿命试验、无替换定数截尾寿命试验、有替换定时截尾寿命试验、无替换定时截尾寿命试验。对电器产品来说,大多数采用无替换定数截尾寿命试验及无替换定时截尾寿命试验。

1) 寿命服从单参数指数分布,无替换定数截尾寿命试验时可靠性特征量的点估计。

若有 n 个试品进行寿命试验,试验到第 r 个试品失效时停止试验,其寿命数据为 $t_1, t_2, \cdots, t_r$,则可用极大似然法求产品平均寿命 θ 的点估计值 $\hat{\theta}$。

极大似然法的基本概念为:若待估计的特征量是平均寿命 θ,根据一组寿命子

样观察值可计算出一个平均寿命点估计值 $\hat{\theta}$，而根据另一组寿命子样观察值用同一计算公式可计算出另一个 $\hat{\theta}$ 值，由于子样的随机性，所计算出的两个 $\hat{\theta}$ 值一般是不相同的，所以平均寿命的点估计值 $\hat{\theta}$ 是一个随机变量，我们在 $\hat{\theta}$ 的一切可能值中选出一个使子样观察值出现的概率为最大的 $\hat{\theta}$ 值，此 $\hat{\theta}$ 值即为平均寿命的极大似然估计值。

由于一个产品 $[t,t+\Delta t]$ 内失效的概率为 $f(t)\mathrm{d}t$，而一个产品的寿命大于 t_r 的概率为 $R(t_r)$，所以在寿命服从单参数指数分布时，寿命子样观察值出现的概率近似为

$$X(\mathrm{d}t)^r \frac{1}{\theta^r}\left(\mathrm{e}^{-\frac{t_r}{\theta}}\right)^{n-r}\prod_{i=1}^{r}\mathrm{e}^{-\frac{t_i}{\theta}} \qquad (2\text{-}100)$$

式中 $X(\mathrm{d}t)^r$ 为常数，它不影响使上述概率为最大的 $\hat{\theta}$ 值，所以可选取似然函数为

$$L(\theta)=\frac{1}{\theta^r}\mathrm{e}^{\frac{(n-r)t_r+\sum\limits_{i=1}^{r}t_i}{\theta}} \qquad (2\text{-}101)$$

为使 $L(\theta)$ 取得最大值，可令

$$\frac{\mathrm{d}L(\theta)}{\mathrm{d}\theta}=0 \qquad (2\text{-}102)$$

或

$$\frac{\mathrm{d}[\ln L(\theta)]}{\mathrm{d}\theta}=0 \qquad (2\text{-}103)$$

将式(2-101)代入式(2-103)可得

$$\frac{\mathrm{d}\left\{r\ln\frac{1}{\theta}-\frac{1}{\theta}\left[\sum\limits_{i=1}^{r}t_i+(n-r)t_r\right]\right\}}{\mathrm{d}\theta}=0 \qquad (2\text{-}104)$$

所以根据极大似然估计法可得平均寿命的点估计为

$$\hat{\theta}=\frac{1}{r}\left[\sum_{i=1}^{r}t_i+(n-r)t_r\right]=\frac{T}{r} \qquad (2\text{-}105)$$

失效率的点估计值为

$$\hat{\lambda}=\frac{1}{\hat{\theta}}=\frac{r}{\left[\sum\limits_{i=1}^{r}t_i+(n-r)t_r\right]}=\frac{r}{T} \qquad (2\text{-}106)$$

式中，T 为总试验时间，对无替换定数截尾寿命试验，其值为

$$T=\sum_{i=1}^{r}t_i+(n-r)t_r \qquad (2\text{-}107)$$

2) 寿命服从单参数指数分布，无替换定时截尾寿命试验时可靠性特征量的点估计。

若有 n 个试品进行寿命试验,试验到规定的截止时间 t_c 时试验停止,其寿命数据为 $t_1, t_2, \cdots, t_r$,采用极大似然法来求产品平均寿命 θ 的点估计值 $\hat{\theta}$,其计算公式如下:

平均寿命的点估计值为

$$\hat{\theta} = \frac{1}{r}\Big[\sum_{i=1}^{r} t_i + (n-r)t_c\Big] = \frac{T}{r} \tag{2-108}$$

失效率的点估计值为

$$\hat{\lambda} = \frac{r}{\Big[\sum_{i=1}^{r} t_i + (n-r)t_c\Big]} = \frac{r}{T} \tag{2-109}$$

式中,T 为总试验时间,对无替换定时截尾寿命试验,其值为

$$T = \sum_{i=1}^{r} t_i + (n-r)t_c \tag{2-110}$$

3) 寿命服从双参数指数分布,无替换定时截尾寿命试验时平均寿命的点估计。

设有 n 个试品进行无替换寿命试验,试验到 $t = t_c$ 时试验停止,共失效 r 个试品,其寿命数据为 $t_1, t_2, \cdots, t_r$,考虑到数据变换关系,寿命服从双参数指数分布时平均寿命的点估计值可用式(2-111)求得,即

$$\hat{\theta} = \frac{T}{r} - \Big(\frac{n}{r} - 1\Big)\hat{\nu} \tag{2-111}$$

式中

$$\hat{\nu} = t_1 - \frac{1}{n(r-1)}\Big[\sum_{i=1}^{r} t_i + (n-r)t_r - nt_1\Big] \tag{2-112}$$

式中 T 应按式(2-110)求得。

4) 寿命服从双参数指数分布,无替换定数截尾寿命试验时平均寿命的点估计。

求平均寿命点估计值 $\hat{\theta}$ 的公式与式(2-111)相同,但式中 T 应按式(2-107)求得。

2. 可靠性特征量的区间估计

(1) 区间估计的概念

对总体的某一个可靠性特征量给出一个估计区间的方法就称为置信区间估计法,简称区间估计法。区间估计的具体方法如下:

若要对总体某一个可靠性特征量 Θ 作出估计,则通过一定的方法定出一个区间 (Θ_L, Θ_U)。该区间包含 Θ 的真实值的概率一般用 $1-\alpha$ 表示,其数学表达式为

$$P(\Theta_L \leqslant \Theta \leqslant \Theta_U) = 1 - \alpha \tag{2-113}$$

通常把 $1-\alpha$ 称为置信度或置信水平,α 称为显著性水平,区间 (Θ_L, Θ_U) 称为置信区

间,Θ_L 称为置信下限,Θ_U 称为置信上限。由于这种区间估计方法需要求出上、下两个置信限,所以这种区间估计法称为求双侧置信限的区间估计法。

在进行区间估计时,首先应规定置信度。一般取置信度 $1-\alpha$ 为 0.9 或 0.6。

(2) 指数分布时可靠性特征量的双侧置信限的区间估计

1) 无替换定数截尾寿命试验时平均寿命的区间估计。

对于平均寿命的区间估计,由式(2-113)可列出

$$P(\theta_L \leqslant \theta \leqslant \theta_U) = 1-\alpha \tag{2-114}$$

前面已指出,$\hat{\theta}$ 是一个随机变量,而 $T = \hat{\theta}r$,所以 T 也是一个随机变量,$2T/\theta$ 也是一个随机变量,可以证明,在产品寿命服从单参数指数分布的条件下,随机变量 $2T/\theta$ 服从自由度为 $2r$ 的 χ^2 分布,其密度函数为 $f(x)$,由密度函数的性质可知,随机变量 $2T/\theta$ 落在区间 $[a,b]$ 内的概率为

$$P\left(a \leqslant \frac{2T}{\theta} \leqslant b\right) = \int_a^b f(x)\mathrm{d}x \tag{2-115}$$

为了求 θ_L 及 θ_U,应适当选择 a 和 b 的值,使之满足下列公式:

$$\int_a^b f(x)\mathrm{d}x = 1-\alpha \tag{2-116}$$

一般 a 值的选取应满足 $\int_0^a f(x)\mathrm{d}x = \alpha/2$,如图 2-29 所示。$b$ 值的选取应满足 $\int_0^b f(x)\mathrm{d}x = 1-\alpha/2$,如图 2-30 所示。

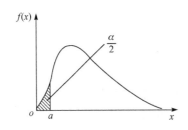 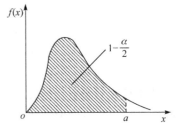

图 2-29　$p=\alpha/2$ 时 χ^2 分布的下侧分位数　　图 2-30　$p=1-\alpha/2$ 时 χ^2 分布的下侧分位数

根据分位数的定义可知,a 值和 b 值都是自由度为 $2r$ 的 χ^2 分布的下侧分位数

$$a = \chi_{\frac{\alpha}{2}}^2(2r) \quad b = \chi_{1-\frac{\alpha}{2}}^2(2r)$$

显然,$\int_a^b f(x)\mathrm{d}x = \int_0^b f(x)\mathrm{d}x - \int_0^a f(x)\mathrm{d}x = 1-\alpha/2-\alpha/2 = 1-\alpha$,说明按照图 2-29 和图 2-30 来选取 a 值及 b 值时,可以满足式(2-116)。

若在式(2-115)中以 $\chi_{\frac{\alpha}{2}}^2(2r)$ 代替 a,以 $\chi_{1-\frac{\alpha}{2}}^2(2r)$ 代替 b,则可得

$$P\left(\chi_{\frac{\alpha}{2}}^2(2r) \leqslant \frac{2T}{\theta} \leqslant \chi_{1-\frac{\alpha}{2}}^2(2r)\right) = \int_a^b f(x)\mathrm{d}x = 1-\alpha$$

或
$$P\left[\frac{2T}{\chi^2_{1-\frac{\alpha}{2}}(2r)} \leqslant \theta \leqslant \frac{2T}{\chi^2_{\frac{\alpha}{2}}(2r)}\right] = 1-\alpha \tag{2-117}$$

将式(2-114)与式(2-117)进行比较,可得无替换定数截尾寿命试验时平均寿命的置信下限 θ_L 及置信上限 θ_U 分别为

$$\theta_L = \frac{2T}{\chi^2_{1-\frac{\alpha}{2}}(2r)} \tag{2-118}$$

$$\theta_U = \frac{2T}{\chi^2_{\frac{\alpha}{2}}(2r)} \tag{2-119}$$

式中,$\chi^2_{1-\frac{\alpha}{2}}(2r)$ 和 $\chi^2_{\frac{\alpha}{2}}(2r)$ 为自由度等于 $2r$ 的 χ^2 分布的下侧分位数。

2) 无替换定时截尾寿命试验时平均寿命的区间估计。

可以证明,定时截尾寿命试验时平均寿命的置信下限 θ_L 及置信上限 θ_U 分别为

$$\theta_L = \frac{2T}{\chi^2_{1-\frac{\alpha}{2}}(2r+2)} \tag{2-120}$$

$$\theta_U = \frac{2T}{\chi^2_{\frac{\alpha}{2}}(2r)} \tag{2-121}$$

式中,$\chi^2_{1-\frac{\alpha}{2}}(2r+2)$ 为自由度等于 $2r+2$ 的 χ^2 分布的下侧分位数。

3) 寿命服从单参数指数分布时平均寿命的下限估计。

对使用者来说,一般并不关心平均寿命的置信上限,仅关心平均寿命的置信下限,即要求以置信度 $1-\alpha$ 保证平均寿命的真实值 θ 大于某一值 θ'_L,亦即要求

$$P(\theta'_L \leqslant \theta < \infty) = 1-\alpha \tag{2-122}$$

由于这种区间估计方法只求平均寿命的一个置信限,所以这种区间估计方法常称为求平均寿命单侧置信限的区间估计法。

若取 $a = 0$,而 b 值的选取满足 $\int_0^b f(x)\mathrm{d}x = 1-\alpha$,如图 2-31,则

$$P\left(a \leqslant \frac{2T}{\theta} \leqslant b\right) = P\left(0 \leqslant \frac{2T}{\theta} \leqslant b\right) = \int_a^b f(x)\mathrm{d}x = \int_0^b f(x)\mathrm{d}x = 1-\alpha \tag{2-123}$$

对于无替换定数截尾寿命试验,根据分位数的定义,b 值是自由度为 $2r$ 的 χ^2 分布的下侧分位数,即 $b = \chi^2_{1-\alpha}(2r)$。

若式(2-123)中的 b 用 $\chi^2_{1-\alpha}(2r)$ 替代,则可得

$$P\left[0 \leqslant \frac{2T}{\theta} \leqslant \chi^2_{1-\alpha}(2r)\right] = 1-\alpha$$

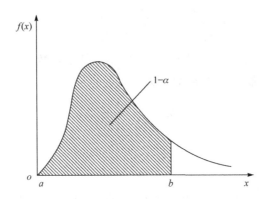

图 2-31 χ^2 分布密度函数图形上取 $a=0, b=\chi^2_{1-\alpha}(2r)$

或
$$P\left[\frac{2T}{\chi^2_{1-\alpha}(2r)} \leqslant \theta < \infty\right] = 1-\alpha \tag{2-124}$$

对于寿命服从单参数分布、无替换定数截尾寿命试验平均寿命下限估计法的置信下限 θ'_L 为

$$\theta'_L = \frac{2T}{\chi^2_{1-\alpha}(2r)} \tag{2-125}$$

对于无替换定时截尾寿命试验,平均寿命下限估计法的置信下限 θ'_L 为

$$\theta'_L = \frac{2T}{\chi^2_{1-\alpha}(2r+2)} \tag{2-126}$$

例 2-4 从一批某一型号的继电器中,任抽 30 只进行无替换寿命试验,当试品失效数 r 达到 5 时试验停止,其寿命数据如表 2-14 所示。若已知该型号继电器的寿命服从单参数指数分布,试求其平均寿命的点估计值,置信度 $1-\alpha$ 等于 0.9 时的平均寿命双侧置信限 θ_L、θ_U 及单侧置信限 θ'_L。

表 2-14 某型号继电器的寿命数据

i	1	2	3	4	5
$t_i(10^6$ 次)	0.7	1.4	2.2	3	4

解:此试验为无替换定数截尾寿命试验,其 $n=30, r=5, t_r=4\times10^6$ 次,按式(2-107)可求得其总试验时间

$$T = [(0.7+1.4+2.2+3+4) + (30-5)\times4]\times10^6 \text{次} = 111.3\times10^6 \text{次}$$

所以平均寿命的点估计值

$$\hat{\theta} = \frac{T}{r} = \frac{111.3\times10^6}{5} \text{次} = 22.26\times10^6 \text{次}$$

置信度为 0.9 时的平均寿命双侧置信限 θ_L、θ_U 及单侧置信限 θ'_L 分别为

$$\theta_L = \frac{2T}{\chi_{1-\frac{\alpha}{2}}^2(2r)} = \frac{2 \times 111.3 \times 10^6}{\chi_{0.95}^2(10)} 次 = \frac{222.6 \times 10^6}{18.3} 次 = 12.16 \times 10^6 \ 次$$

$$\theta_U = \frac{2T}{\chi_{\frac{\alpha}{2}}^2(2r)} = \frac{2 \times 111.3 \times 10^6}{\chi_{0.05}^2(10)} 次 = \frac{222.6 \times 10^6}{3.94} 次 = 56.50 \times 10^6 \ 次$$

$$\theta_L' = \frac{2T}{\chi_{1-\alpha}^2(2r)} = \frac{2 \times 111.3 \times 10^6}{\chi_{0.90}^2(10)} 次 = \frac{222.6 \times 10^6}{16} 次 = 13.91 \times 10^6 \ 次$$

3. 可靠性特征量的图估计

(1) 指数分布时可靠性特征量的图估计

1) 单参数指数分布的图估计。

① 参数 λ 的图估计:在单边对数坐标纸的 $R(t)$ 尺上找到读数为 0.368 的 A 点向右作水平线,该水平线交回归直线 L 于 B 点,交点 B 的 t 坐标即为平均寿命 θ 的估计值 $\hat{\theta}$,如图 2-32 所示。

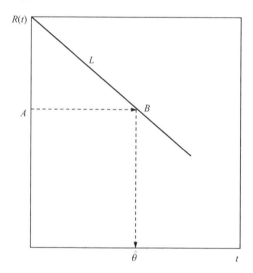

图 2-32 参数 λ 的图估计

分布参数 λ 的图估计为 $\qquad \hat{\lambda} = \frac{1}{\hat{\theta}}$

② 可靠度函数 $R(t)$ 的图估计:在图 2-32 的 t 坐标尺上找到给定的工作时间,向回归直线 L 上作垂线,此垂线和回归直线 L 的交点的 $R(t)$ 坐标就是可靠度函数 $R(t)$ 的图估计值 $\hat{R}(t)$。

③ 累积失效概率 $F(t)$ 图估计值为 $\hat{F}(t) = 1 - \hat{R}(t)$。

④ 可靠寿命 t_R 的图估计:在 $R(t)$ 坐标尺上找到读数为 R 的点,作水平线和回归直线 L 相交的点的 t 坐标即为可靠寿命 t_R 的估计值 $\hat{t}_R$。

　　2) 双参数指数分布的图估计。

　　① 位置参数 ν 的图估计:在单边对数坐标纸上的 $R(t)$ 尺上找到读数为 1 的 D 点作水平线,该水平线交回归直线 L 于 E 点,交点 E 的 t 坐标即为位置参数 ν 的估计值 $\hat{\nu}$,如图 2-33 所示。

　　② 参数 λ 的图估计:在单边对数坐标纸上的 $R(t)$ 尺上找到读数为 0.368 的 A 点作水平线,该水平线交回归直线 L 于 B 点,交点 B 的 t 坐标即为平均寿命 θ 的估计值 $\hat{\theta}$,如图 2-33 所示。

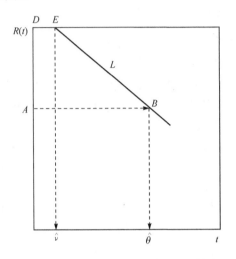

图 2-33　位置参数 ν 和参数 λ 的图估计

　　分布参数 λ 的图估计: $\hat{\lambda} = \dfrac{1}{\hat{\theta} - \hat{\nu}}$

　　③ 可靠度函数 $R(t)$ 的图估计:在图 2-33 的 t 坐标尺上找到给定的工作时间,向回归直线 L 上作垂线,此垂线和回归直线 L 的交点的 $R(t)$ 坐标就是可靠度函数 $R(t)$ 的图估计值 $\hat{R}(t)$。

　　④ 累积失效概率 $F(t)$ 图估计值为 $\hat{F}(t) = 1 - \hat{R}(t)$。

　　⑤ 寿命标准离差的图估计值 $\hat{\sigma} = \hat{\theta} - \hat{\nu}$。

　　⑥ 在 $R(t)$ 坐标尺上找到读数为 R 的点做水平线,和回归直线 L 相交的点的 t 坐标即为可靠寿命 t_R 的估计值 $\hat{t}_R$。

　　(2) 威布尔分布时可靠性特征量的图估计

　　1) $\nu = 0$ 时威布尔分布的图估计。

　　① 威布尔分布的参数 m、η 的图估计。

　　i. 形状参数 m 的估计。

过 m 的估计点 $(X = 1, Y = 0)$ 作回归直线 $Y = mX - B$ 的平行线,该直线与 Y

坐标轴交点 A 的纵坐标等于 $-m$。因此，形状参数 m 的估计值 $\hat{m}$ 即为图 2-34 所示 B 点的读数的绝对值。

ii. 真尺度参数 η 的估计。

η 的估计值 $\hat{\eta}$ 可由威布尔概率纸直接读出：由回归直线与 X 坐标轴的交点 P 向下作垂线，该垂线与 t 尺交于 Q 点，此 Q 点的读数即为 $\hat{\eta}$，如图 2-35 所示。

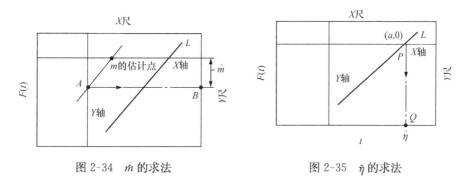

图 2-34　$\hat{m}$ 的求法　　　　　　　　图 2-35　$\hat{\eta}$ 的求法

② 可靠性特征量的图估计。

i. 平均寿命的图估计。

根据已求出的 $\hat{m}$ 值，在 μ/η 尺上查得 $\hat{\mu}/\eta$，则由式(2-127)求得平均寿命 μ 的估计值 $\hat{\mu}$ 为

$$\hat{\mu}=\hat{\eta}\,\frac{\hat{\mu}}{\eta} \tag{2-127}$$

也可根据已求出的 $\hat{m}$ 值，在 $F(\mu)$ 尺上查得相应的 $F(\hat{\mu})$，再在 $F(t)$ 尺上找到读数等于 $F(\hat{\mu})$ 的 E 点，由 E 点向右作水平线交回归直线 L 于 F 点，再由 F 点作垂线与 t 尺交点 G 的读数为 $\hat{\mu}$(图 2-36)。

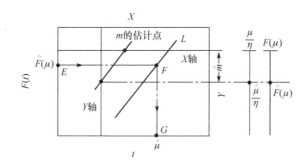

图 2-36　$\hat{\mu}$ 的求法

ii. 寿命标准离差 σ 的图估计。

根据已求出的 $\hat{m}$ 值，在 σ/η 尺上查得相应的 $\hat{\sigma}/\eta$，则由式(2-128)可求得寿命

标准离差的估计值,即

$$\hat{\sigma}=\hat{\eta}\,\frac{\hat{\sigma}}{\eta} \tag{2-128}$$

也可根据 $\hat{m}$ 值在 $F(\sigma)$ 尺上查得相应的 $F(\hat{\sigma})$,再在 $F(t)$ 尺上找到读数等于$F(\hat{\sigma})$的 R 点,由 R 点向右作水平线交回归直线 L 于 S 点,再由 S 点向下作垂线与 t 尺交于 T 点,则 T 点的读数即为σ 的估计值$\hat{\sigma}$(图 2-37)。

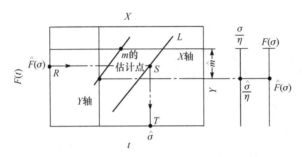

图 2-37 $\hat{\sigma}$ 的求法

当形状参数 $m<1.5$ 时,威布尔概率纸右侧的 μ/η、σ/η 尺及 m 尺的精度较差,所以在威布尔概率纸的上侧还刻有放大了的 μ/η、σ/η 尺及 m 尺。因此一张完整的威布尔概率纸的右侧有 μ/η、σ/η、$F(\mu)$ 尺及 $F(\sigma)$ 尺,而威布尔概率纸的上侧有放大了的 μ/η、σ/η 及 m 尺,如图 2-38 所示。

iii. 给定工作时间 t_{gd} 时的可靠度 $R(t_{gd})$ 的图估计。

在 t 尺上找到读数等于 t_{gd} 的 A 点,由 A 点向上作垂线交回归直线 L 于 B 点,再由 B 点向左作水平线,此水平线与 $F(t)$ 尺交点的读数应等于 $F(t_{gd})$ 的估计值 $\hat{F}(t_{gd})$,如图 2-39 所示,则可由下式求得 $R(t_{gd})$ 的估计值 $\hat{R}(t_{gd})$。

$$\hat{R}(t_{gd})=1-\hat{F}(t_{gd})$$

iv. 给定可靠度 R 时可靠寿命 t_R 的图估计。

在 $F(t)$ 尺上取读数等于 $1-R$ 的 C 点,由 C 点向右作水平线交回归直线 L 于 D 点,再由 D 点向下作垂线,此垂线与 t 尺交点 E 的读数即为 t_R 的估计值$\hat{t}_R$,如图 2-40 所示。

2)$\nu\neq0$ 的威布尔分布时的图估计。

① 威布尔分布的参数 m、η 及 ν 的图估计。

当产品寿命服从 $\nu\neq0$ 的威布尔分布时,按$[t_i,F(t_i)]$在威布尔概率纸的t-$F(t)$坐标系中描点,其轨迹为一曲线,此曲线与 t 尺交点的读数即为位置参数 ν 的估计值$\hat{\nu}$,此曲线经直线化后所得的直线也称回归直线,根据此回归直线,用与 $\nu=0$ 的威布尔分布时相同的方法,可求得其参数 m 及 η 的估计值。

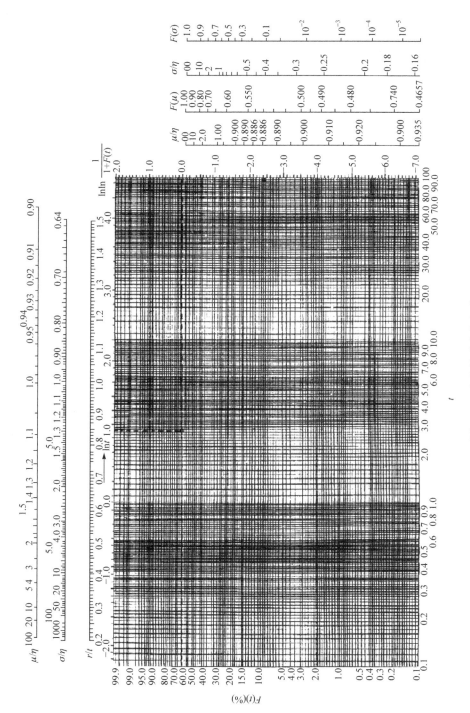

图 2-38　完整的威布尔概率纸

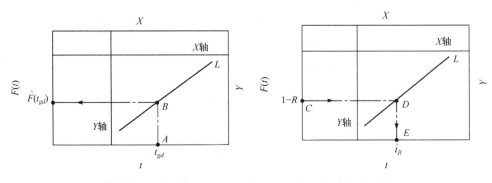

图 2-39　$\hat{F}(t_{gd})$ 的求法　　　　　　　图 2-40　$\hat{t}_R$ 的求法

② 可靠性特征量的图估计。

i. 平均寿命 μ 的图估计。

用 $\nu=0$ 时相同的方法,利用 μ/η 尺或 $F(\mu)$ 尺求得 $\hat{\mu}'$(图 2-41)。

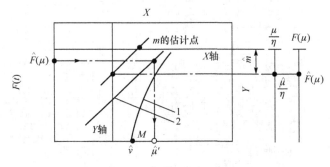

图 2-41　$\nu\neq0$ 时 $\hat{\mu}$ 的求法

1——按 $(t_i,F(t_i))$ 所描各点的轨迹;2——直线化后所得的回归直线

所求的平均寿命估计值 $\hat{\mu}$ 应按下式计算。

$$\hat{\mu}=\hat{\mu}'+\hat{\nu} \tag{2-129}$$

ii. 寿命标准离差 σ 的图估计。

其方法与 $\nu=0$ 时完全相同。

iii. 工作到给定时间 t_{gd} 时可靠度 $R(t_{gd})$ 的图估计。

其方法与 $\nu=0$ 时相似,仅有的差别是,由 t 尺上读数等于 t_{gd} 的 A 点向上作垂线时,应取该垂线与 $[t_i,F(t_i)]$ 所描各点的轨迹(如图 2-42 中的曲线 1)的交点 B,然后再由 B 点向左作水平线,它与 $F(t)$ 尺交点的读数即为 $\hat{F}(t_{gd})$,如图 2-42 所示。所求的 $R(t_{gd})$ 的估计值 $\hat{R}(t_{gd})$ 可由 $\hat{R}(t_{gd})=1-\hat{F}(t_{gd})$ 求得。

iv. 给定可靠度 R 时可靠寿命 t_R 的图估计。

由 $F(t)$ 上读数等于 $1-R$ 的 C 点向右作水平线,与按 $[t_i,F(t_i)]$ 所描各点的轨

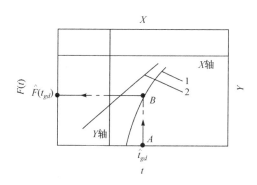

图 2-42　$\nu \neq 0$ 时 $\hat{F}(t_{gd})$ 的求法

1——按 $(t_i, F(t_i))$ 所描各点的轨迹；2——直线化后所得的回归直线

迹(如图 2-43 中曲线 1)的交点为 D，然后再由 D 点向下作垂线，该垂线与 t 尺交点 E 的读数即为可靠寿命 t_R 的估计值 $\hat{t}_R$，如图 2-43 所示。

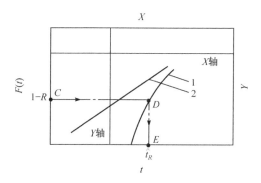

图 2-43　$\nu \neq 0$ 时 $\hat{t}_R$ 的求法

1——按 $(t_i, F(t_i))$ 所描各点的轨迹；2——直线化后所得的回归直线

2.2.2　小样本时电器产品可靠性特征量的估计

所谓小样本是指失效试品个数较少的情况。随着电器产品可靠性的提高，电器产品的可靠性试验一般采用定数及定时截尾寿命试验，为了减少试验费用，对价格昂贵的产品，试验的样品数一般较少，在定时截尾寿命试验中，若产品的可靠性很高，则可能会出现试品失效个数很少即小样本情况。

通常在小样本时可靠性特征量的估计也采用极大似然估计（MLE）方法，但 MLE 在样本容量较小或截尾程度较高时会出现较大的估计误差，为此提出一个 MLE 修正模型（MMLE），以减小采用 MLE 在小样本情况下可靠性特征量的估计误差。

1. MLE 的修正模型

设有 n 个产品进行定时截尾试验,到时间 t_c 时停止试验。设观察到 r 个产品失效,其失效数据为:$t_1 \leqslant t_2 \leqslant \cdots \leqslant t_r \ (t_r \leqslant t_c)$。设产品的寿命服从单参数指数分布,则

$$F(t) = 1 - \mathrm{e}^{-\frac{t}{\theta}} \quad (t \geqslant 0) \tag{2-130}$$

式中 θ 为平均寿命。这时 θ 的 MLE 为

$$\hat{\theta} = \frac{t_1 + t_2 + \cdots + t_r + (n-r)t_c}{r} \tag{2-131}$$

这种估计方法在样本容量 n 比较小或截尾程度比较高时有一个缺点,它影响估计的精度。

如不巧所选择的截尾时间 t_c 比 t_r 稍小或稍大,在 t_c 比 t_r 稍小情形下,实际观察到的失效时间为:$t_1 \leqslant t_2 \leqslant \cdots \leqslant t_{r-1} \ (t_{r-1} < t_c)$,失效个数为 $r-1$ 个,若 t_c 比 t_r 稍大时,实际观察到的失效时间为:$t_1 \leqslant t_2 \leqslant \cdots \leqslant t_r \ (t_r < t_c)$,失效个数为 r 个。即如果预先选择的截尾时间不巧的话,失效个数可能相差 1。从理论上和实际上都希望利用这两组寿命试验数据得到的估计值相差很小。但从式(2-132)看,分子即总试验时间相差不大,但分母相差 1。所以当 r 较小时,从式(2-131)中得出的估计量误差较大。产生这个结果的原因是式(2-131)缺少一个能反映最后一个失效时间 t_r 和 t_c 之间的长短的量。针对式(2-131)这一缺点,我们提出如下修正模型:

$$\hat{\theta}_M = \frac{\sum\limits_{i=1}^{r} t_i + (n-r)t_c}{r + L} \tag{2-132}$$

式中 L 用下列公式计算:

$$L = \begin{cases} 0 & (r = n) \\ \min\left\{1, \dfrac{\ln t_c - \ln t_r}{EZ_{n,r+1} - EZ_{n,r}}\right\} & (r < n) \end{cases} \tag{2-133}$$

式中 $EZ_{n,k}$ 的值用下列公式来计算。即

$$EZ_{n,k} = \ln\left[-\ln\left(1 - \frac{k - 0.5}{n + 0.25}\right)\right] \tag{2-134}$$

上述修正的实质就是把似然函数修正为

$$L_M(\theta) \propto \left[\prod_{i=1}^{r} \frac{1}{\theta} \mathrm{e}^{-\frac{t_i}{\theta}}\right] \cdot \left(\frac{1}{\theta} \mathrm{e}^{-\frac{t_c}{\theta}}\right)^L \cdot \left(\mathrm{e}^{-\frac{t_c}{\theta}}\right)^{n-r-L} = \frac{1}{\theta^{r+L}} \mathrm{e}^{\frac{\sum\limits_{i=1}^{r} t_i + (n-r)t_c}{\theta}} \tag{2-135}$$

此函数称为修正似然函数,由此得到的估计称为修正 MLE,记作 MMLE。

例 2-5　设对某型号的继电器 30 个进行完全寿命试验,其寿命数据如下(单位为次):

6 700,14 000,21 000,29 000,36 000,45 000,52 000,61 000,72 000,82 000, 93 000,101 000,113 000,127 000,140 000,153 000,169 000,184 000,202 000, 220 000,237 000,260 000,286 000,315 000,349 000,391 000,443 000,512 000, 617 000,844 000

解:根据失效分布类型的确定方法,可确定此型号继电器的失效分布类型为单参数指数分布,利用完全寿命试验时可靠性特征量的估计方法得到其平均寿命为 205923 次,将它作为该型号继电器的平均寿命 θ 的真值。

若对此 30 个继电器进行定时截尾寿命试验:

1) 当规定试验截止时间 $t_c = 28\ 000$ 次时,共失效 3 个样品,即 $r = 3$,其寿命数据为(单位为次):6 700,14 000,21 000。

按式(2-131)可算出其 θ 的 MLE 为 $\hat{\theta} = 265\ 889$ 次,相对误差 $\dfrac{|\hat{\theta} - \theta|}{\theta} = 29.05\%$。

按式(2-132)可算出其 θ 的 MMLE 为 $\hat{\theta}_M = 209\ 287$ 次,相对误差 $\dfrac{|\hat{\theta}_M - \theta|}{\theta} = 1.63\%$。

2) 当规定试验截止时间 $t_c = 31\ 000$ 次时,共失效 4 个样品,即 $r = 4$,其寿命数据为(单位为次):6 700,14 000,21 000,29 000。

按式(2-131)可算出其 θ 的 MLE 为 $\hat{\theta} = 219\ 175$ 次,相对误差 $\dfrac{|\hat{\theta} - \theta|}{\theta} = 6.43\%$。

按式(2-132)可算出其 θ 的 MMLE 为 $\hat{\theta}_M = 206\ 423$ 次,相对误差 $\dfrac{|\hat{\theta}_M - \theta|}{\theta} = 0.24\%$。

3) 当规定试验截止时间 $t_c = 70\ 000$ 次时,共失效 8 个样品,即 $r = 8$,其寿命数据为(单位为次):6 700,14 000,21 000,29 000,36 000,45 000,52 000,61 000。

按式(2-131)可算出其 θ 的 MLE 为 $\hat{\theta} = 225\ 338$ 次,相对误差 $\dfrac{|\hat{\theta} - \theta|}{\theta} = 9.43\%$。

按式(2-132)可算出其 θ 的 MMLE 为 $\hat{\theta}_M = 201\ 656$ 次,相对误差 $\dfrac{|\hat{\theta}_M - \theta|}{\theta} = 2.07\%$。

4) 当规定试验截止时间 $t_c = 73\ 000$ 次时,共失效 9 个样品,即 $r = 9$,其寿命数据据为(单位为次):6 700,14 000,21 000,29 000,36 000,45 000,52 000,61 000,72 000

按式(2-131)可算出其 θ 的 MLE 为 $\hat{\theta}=207\ 500$ 次,相对误差 $\dfrac{|\hat{\theta}-\theta|}{\theta}=0.76\%$。

按式(2-132)可算出其 θ 的 MMLE 为 $\hat{\theta}_M=205\ 165$ 次,相对误差 $\dfrac{|\hat{\theta}_M-\theta|}{\theta}=0.37\%$。

下面对修正后的估计值 $\hat{\theta}_M$ 和 $\hat{\theta}$ 及相应估计量的相对偏差 $\dfrac{|\hat{\theta}-\theta|}{\theta}$、$\dfrac{|\hat{\theta}_M-\theta|}{\theta}$ 进行比较,其结果见表 2-15。

表 2-15　计算结果

t_c(次)	t_r(次)	r	估计方法	θ 的估计值(次)	相对误差(%)
28 000	21 000	3	MLE	265 889	29.05
			MMLE	209 287	1.63
31 000	29 000	4	MLE	219 175	6.43
			MMLE	206 423	0.24
70 000	61 000	8	MLE	225 338	9.43
			MMLE	201 656	2.07
73 000	72 000	9	MLE	207 500	0.76
			MMLE	205 165	0.37

计算结果表明:

1) 修正后的平均寿命估计量 $\hat{\theta}_M$ 的相对误差有了明显减小。

2) 截尾程度越高,即 r 值越小,修正效果越明显。

2.2.3　无失效数据时电器产品可靠性特征量的估计

有关继电器与小容量接触器产品的可靠性试验方法及可靠性指标考核方法已成熟,对于价格比较贵重、寿命很长及检查项目较多的电器产品,如断路器、成套装置等电器,如何进行可靠性试验及考核其可靠性指标还未深入研究,对于这些电器产品,由于检查的项目较多,在考核其可靠性时必须逐项进行检查,若每台定期进行检查,其试验费用很大,为减少试验成本,当考核其可靠性指标时,可采用截尾时间不同的寿命试验方法,即试品同时投入,不定时地检查其中的某几台,检查后不论试品是否失效,即退出试验,这样可降低试验成本。

由于产品可靠性很高,按照上述试验方法进行试验,可能会出现每次检查时,均未发现试品失效的情况,即出现无失效数据。即在时刻 t_i 有 m_i 个产品不失效,即 $i=1,2,3,\cdots,k,t_1\leqslant t_2\leqslant\cdots\leqslant t_k,n=m_1+m_2+\cdots+m_k,n_i=m_i+m_{i+1}+\cdots+m_k$,本文将这类数据称为无失效数据。对于这类数据若采用经典方法进行估计会带来较大的误差,可采用 Bayes 方法进行可靠性特征量的估计。

1. Bayes 统计推断的基本观点

目前在数理统计学中存在两大学派,其一是频率学派(有时也称经典学派),其二是 Bayes 学派。频率学派在进行统计推断时,依据两类信息,一是模型信息,即总体服从何种概率分布,另一种是样本信息,即进行观察或试验所得的结果。而 Bayes 学派除以上两种信息以外,尚需利用一种信息,即有关总体分布的未知参数的信息,由于这种信息是试验以前就有的,故一般称为先验信息,应用 Bayes 方法的关键是使用先验信息确定先验分布,文献的研究结果表明,Bayes 方法是处理无失效数据的一种首选方法。为此本节将研究采用分级 Bayes 方法在电器无失效数据时进行可靠性特征量的估计。

由于威布尔分布是电器产品失效分布类型中的一种常见的、对各种数据拟合能力很强的分布类型,它包含了指数分布及正态分布,因此仅以威布尔分布为例加以讨论。这种分析方法同样适用于其它寿命分布类型。

2. Bayes 方法对可靠性特征量进行估计的基本思想

对应于无失效数据中的 t_i,由于 $t_1\leqslant t_2\leqslant\cdots\leqslant t_k$,所以对应于每一个时刻 t_i 的累积失效概率 p_i 必须满足:$p_1\leqslant p_2\leqslant\cdots\leqslant p_k$,则要求其估计值 $\hat{p}_i$ 也必须满足:$\hat{p}_1\leqslant\hat{p}_2\leqslant\cdots\leqslant\hat{p}_k$。以不完全 Beta 分布做为 p_i 的一级先验分布,由 $(t_i,\hat{p}_i),i=1,2,\cdots,k$ 用加权最小二乘法拟合分布曲线,其中的权取为 $\omega_i=m_it_i/\sum\limits_{i=1}^{k}m_it_i,i=1,2,\cdots,k$,确定出分布参数,然后对可靠性特征量进行估计。

3. 累积失效概率 p_i 的 Bayes 估计

(θ_1,θ_2) 上的不完全 Beta 分布可表示为 $\mathrm{Beta}(\theta_1,\theta_2,a,b)$,其密度函数为

$$f(x)=\frac{(x-\theta_1)^{a-1}(\theta_2-x)^{b-1}}{B(a,b)(\theta_2-\theta_1)^{a+b-1}}\quad(\theta_1<x<\theta_2)\qquad(2\text{-}136)$$

其中 $\theta_1<\theta_2,a>0,b>0,B(a,b)$ 是 Beta 函数。

设无失效数据为 $(t_i,m_i),t_1\leqslant t_2\leqslant\cdots\leqslant t_k,n=m_1+m_2+\cdots+m_k,n_i=m_i+m_{i+1}+\cdots+m_k,i=1,2,\cdots,k$,由于定时截尾试验是依次获得数据 (t_1,m_1),$(t_2,m_2),\cdots,(t_k,m_k)$,下面依次估计时刻 $t_1,t_2,\cdots,t_k$ 的累积失效概率 p_1,

$p_2, \cdots, p_k$。

（1）p_1 的估计

假设 t_i 时的累积失效概率为 p_i，则 n_i 各产品中有 r_i 个失效的概率为

$$L(r_i \mid p_i) = C_{n_i}^{r_i} p_i^{r_i} (1-p_i)^{n_i - r_i} \tag{2-137}$$

当 $r_i = 0$ 时：

$$L(0 \mid p_i) = (1-p_i)^{n_i} \tag{2-138}$$

对于 Beta 分布，取 $a=1, b>1$，这时 Beta 分布的密度函数是 p_i 的单调减函数，这符合各失效概率 p_i 较小的可能性大、而 p_i 较大的可能性小的先验信息，因此取 $a=1, b>1$。但当没有足够的信息确定 b 而只能粗略地给定一个 b 值时，这会带来较大估计误差，使 P_1 的估计过小或过大而失真。按照 Bayes 估计方法，若能给出 b 的一个上限，比给出一个 b 值更保险。为此这里取超参数 b 为服从 $(1,c)$ 上的均匀分布，上限 c 的取值将根据产品的先验信息确定。则 p_1 的综合先验分布为

$$\begin{aligned}
f(p_1 \mid c) &= \int_1^c \frac{(1-p_1)^{b-1}}{B(1,b)} \cdot \frac{1}{c-1} \mathrm{d}b \\
&= \frac{1}{c-1} \left[\frac{c(1-p_1)^{c-1}}{\ln(1-p_1)} - \frac{(1-p_1)^{c-1}}{(\ln(1-p_1))^2} \right. \\
&\quad \left. - \frac{1}{\ln(1-p_1)} + \frac{1}{(\ln(1-p_1))^2} \right]
\end{aligned} \tag{2-139}$$

以式（2-139）为先验分布的 p_1 的 Bayes 估计为

$$\begin{aligned}
\hat{p}_1 &= \left(\int_0^1 \int_1^c \frac{p_1(1-p_1)^{b+n_1-1}}{(c-1)B(1,b)} \mathrm{d}b \mathrm{d}p_1 \right) \Big/ \int_0^1 \int_1^c \frac{(1-p_1)^{b+n_1-1}}{(c-1)B(1,b)} \mathrm{d}b \mathrm{d}p_1 \\
&= \left[(1+n_1)\ln\frac{n_1+c+1}{n_1+2} - n_1\ln\frac{n_1+c}{n_1+1} \right] \Big/ \left[c-1-n_1\ln\frac{n_1+c}{n_1+1} \right]
\end{aligned} \tag{2-140}$$

（2）$p_i(i>1)$ 的估计

由于 $\hat{p}_1 \leqslant \hat{p}_2 \leqslant \cdots \leqslant \hat{p}_k$，为此我们取 p_2 的一级先验分布为 $(\hat{p}_1, 1)$ 上的不完全 Beta 分布 $\mathrm{Beta}(\hat{p}_1, 1, 1, b)$，超参数 b 仍为 $(1,c)$ 上的均匀分布。则 p_2 的综合先验分布为

$$\begin{aligned}
f(p_2 \mid c, \hat{p}_1) &= \int_1^c \frac{(1-p_2)^{b-1}}{B(1,b)(1-\hat{p}_1)^b} \cdot \frac{1}{c-1} \mathrm{d}b \\
&= \frac{1}{c-1} \left[\frac{c \cdot \alpha_2^{c-1}}{\ln\alpha_2} - \frac{\alpha_2^{c-1}}{\ln^2\alpha_2} - \frac{1}{\ln\alpha_2} + \frac{1}{\ln^2\alpha_2} \right]
\end{aligned} \tag{2-141}$$

其中 $\alpha_2 = \dfrac{1-p_2}{1-p_1}$，则 p_2 的 Bayes 估计为

$$\hat{p}_2 = \frac{\displaystyle\int_{\hat{p}_1}^1 \int_1^c \frac{p_2\,(1-p_2)^{b+n_2-1}}{B(1,b)(c-1)\,(1-\hat{p}_1)^b}\mathrm{d}b\mathrm{d}p_2}{\displaystyle\int_{\hat{p}_1}^1 \int_1^c \frac{(1-p_2)^{b+n_2-1}}{B(1,b)(c-1)\,(1-\hat{p}_1)^b}\mathrm{d}b\mathrm{d}p_2}$$

$$= \hat{p}_1 + (1-\hat{p}_1)\left[(1+n_2)\ln\frac{n_2+c+1}{n_2+2} - n_2\ln\frac{n_2+c}{n_2+1}\right]\Big/\left[c-1-n_2\ln\frac{n_2+c}{n_2+1}\right]$$

$$(2\text{-}142)$$

一般地,取 p_i 的一级先验分布为 $(\hat{p}_{i-1},1)$ 上的不完全 Beta$(\hat{p}_{i-1},1,1,b)$ 分布,参数 b 仍取为 $(1,c)$ 上的均匀分布,则 p_i 的综合先验分布为

$$f(p_i \mid c,\hat{p}_{i-1}) = \int_1^c \frac{(1-\hat{p}_i)^{b-1}}{B(1,b)\,(1-\hat{p}_{i-1})^b}\cdot\frac{1}{c-1}\mathrm{d}b$$

$$= \frac{1}{c-1}\left[\frac{c\alpha_i^{c-1}}{\ln\alpha_i} - \frac{\alpha_i^{c-1}}{\ln^2\alpha_i} - \frac{1}{\ln\alpha_i} + \frac{1}{\ln^2\alpha_i}\right] \qquad (2\text{-}143)$$

其中 $\alpha_i = \dfrac{1-p_i}{1-p_{i-1}}$,则由式(2-138)、式(2-143),$p_i$ 的分级 Bayes 估计为

$$\hat{p}_i = \frac{\displaystyle\int_{\hat{p}_{i-1}}^1 \int_1^c \frac{p_i\,(1-p_i)^{b+n_i-1}}{B(1,b)(c-1)\,(1-\hat{p}_{i-1})^b}\mathrm{d}b\mathrm{d}p_i}{\displaystyle\int_{\hat{p}_{i-1}}^1 \int_1^c \frac{(1-p_i)^{b+n_i-1}}{B(1,b)(c-1)\,(1-\hat{p}_{i-1})^b}\mathrm{d}b\mathrm{d}p_i}$$

$$= \hat{p}_{i-1} + (1-\hat{p}_{i-1})\left[(1+n_i)\ln\frac{n_i+c+1}{n_i+2} - n_i\ln\frac{n_i+c}{n_i+1}\right]\Big/\left[c-1-n_i\ln\frac{n_i+c}{n_i+1}\right]$$

$$i=2,3,\cdots,k \qquad (2\text{-}144)$$

可见 p_i 的 Bayes 估计具有简便而统一的计算公式,$\hat{p}_i$ 是在 $\hat{p}_{i-1}$ 基础上的修正。其修正值不仅与 $\hat{p}_{i-1}$ 有关,还与 c 和 $m_1,m_2,\cdots,m_i$ 有关,故该估计方法充分提取了已经获得的无失效数据的信息。

4. 可靠性特征量的估计

设产品寿命服从两参数威布尔分布,其累积失效分布函数为 $F(t) = 1-\mathrm{e}^{-\left(\frac{t}{\eta}\right)^m}$,其中 η 和 m 为未知参数。设 $t=t_i$ 时的累积失效概率为 p_i,则 $p_i = 1-\mathrm{e}^{-\left(\frac{t_i}{\eta}\right)^m}$,$i=1,2,\cdots,k$。由 $\hat{p}_i$ 代替 p_i,用加权最小二乘法,取权为 $\omega_i = m_i t_i \big/ \sum_{i=1}^k m_i t_i$,得到参数 η 和 m 的估计为

$$\hat{\eta} = \mathrm{e}^{(BC-AD)/(B-A^2)} \qquad (2\text{-}145)$$

$$\hat{m} = (B-A^2)/(D-AC) \qquad (2\text{-}146)$$

式中,

$$A = \sum_{i=1}^{k} \omega_i \text{lnln}\,(1 - \hat{p}_i)^{-1} \tag{2-147}$$

$$B = \sum_{i=1}^{k} \omega_i \,(\text{lnln}\,(1 - \hat{p}_i)^{-1})^2 \tag{2-148}$$

$$C = \sum_{i=1}^{k} \omega_i \text{ln}t_i \tag{2-149}$$

$$D = \sum_{i=1}^{k} \omega_i \text{ln}t_i \cdot \text{lnln}\,(1 - \hat{p}_i)^{-1} \tag{2-150}$$

则在 $t = \tau$ 时,产品的可靠度估计为

$$R(\tau) = \text{e}^{-\left(\frac{\tau}{\hat{\eta}}\right)^{\hat{m}}} \tag{2-151}$$

其他的可靠性特征量可由可靠性特征量与分布参数的关系得到。

例 2-6　对于某电器产品,其寿命服从两参数 Weibull 分布,为考核其可靠性指标,共抽取 10 台进行试验。当操作次数到达 0.8×10^5 次时对其中的两台进行检查,两台试品没有失效,此试品退出试验;到达 1×10^5 次时对剩余试品中的 3 台进行检查,也无失效发生,此 3 台试品退出试验,当到达 1.8×10^5 次对剩余试品中的 3 台试品进行检查,结果无失效发生,当到达 1.2×10^6 次停止试验,检查最后 2 台试品,也未发生失效,其数据如表 2-16 所示。试求此电器产品的平均寿命的估计值 $\hat{\mu}$。

表 2-16　试验数据

i	t_i(次)	m_i	n_i
1	80 000	2	10
2	100 000	3	8
3	180 000	3	5
4	1 200 000	2	2

1) 确定先验信息:

假定过去对该型号共有 N 台产品进行了试验,其寿命试验数据为 $t_1, t_2, \cdots, t_N$,采用经典方法,可对过去该型号产品的可靠度进行点估计,给定产品寿命 t_L,可求得该产品在 t_L 时的可靠度

$$R(t_L) = \frac{\sum\limits_{i=1}^{N} V_i}{N} \tag{2-152}$$

式中

$$V_i = \begin{cases} 1 & (t_i \geqslant t_L) \\ 0 & (t_i < t_L) \end{cases} \tag{2-153}$$

可估计出产品的寿命为 $t_L = 10^6$ 次时的可靠度为 0.9，即 $R(10^6 次) = 0.9$。

可将此经验数据 $R(10^6 次) = 0.9$ 作为估计该批产品可靠性特征量的先验信息。

2）确定参数 c：

根据上述的先验信息，利用公式（2-99）～（2-104）可计算出 c 取为 80～89 时，$\hat{m}$、$\hat{\eta}$、寿命等于 10^6 次时产品的可靠度估计值 $\hat{R}(1 \times 10^6 次)$ 以及平均寿命 μ 的估计值 $\hat{\mu}\left(\hat{\mu} = \eta \Gamma\left(1 + \dfrac{1}{m}\right)\right)$，如表 2-17 所示，与可靠度 $R(10^6 次)$ 等于 0.9 先验信息最为接近的 c 等于 83，故确定超参数 b 的均匀分布上限 c 取 83。

表 2-17　计算结果

c	$\hat{m}$	$\hat{\eta}(10^8 次)$	$\hat{\mu}(10^8 次)$	$\hat{R}(10^6 次)$
80	0.441	1.57	3.98	0.8978
81	0.440	1.60	4.06	0.8986
82	0.440	1.64	4.14	0.8994
83	0.440	1.67	4.22	0.9001
84	0.440	1.70	4.30	0.9009
85	0.439	1.74	4.39	0.9016
86	0.439	1.77	4.47	0.9023
87	0.439	1.81	4.55	0.9031
88	0.439	1.84	4.64	0.9038
89	0.439	1.88	4.72	0.9045

3）估计产品的平均寿命 $\hat{\mu}$：

因此，该产品的寿命服从形状参数 $m = 0.44$、真尺度参数 $\eta = 1.67 \times 10^8$ 次的两参数威布尔分布。其平均寿命点估计值 $\hat{\mu} = 4.22 \times 10^8$ 次。

习　题

1. 设已知某型号继电器的寿命服从正态分布 $N(\mu, \sigma^2)$，其平均寿命 $\mu = 4 \times 10^5$ 次，寿命标准离差 $\sigma = 2 \times 10^5$ 次。求该型号继电器工作到 6×10^5 次时的可靠度 $R(6 \times 10^5 次)$ 及失效率 $\lambda(6 \times 10^5 次)$ 以及可靠度 $R = 0.8$ 时的可靠寿命 $t_{0.8}$。

2. 设某型号继电器的寿命服从参数为 μ 及 σ 的正态分布 $N(\mu, \sigma^2)$，求随机变量 X（X 表示该型号继电器的寿命）落在区间 $(\mu - 1.5\sigma, \mu + 2.5\sigma)$ 内的概率。

3. 设有某型号的继电器 30 只进行寿命试验,当试验到有 10 只继电器失效试验停止。其寿命数据如下:

i	1	2	3	4	5	6	7	8	9	10
$t_i(10^5$ 次$)$	3.68	4.4	5.1	5.9	6.6	7.5	8.3	9.1	10.1	11.2

试估计该型号继电器的失效分布类型,并用图检验法进行检验。

4. 设有某型号继电器 15 只进行寿命试验,当试到有 10 只继电器失效时试验停止。其寿命数据如下:

i	1	2	3	4	5	6	7	8	9	10
$t_i(10^6$次$)$	1.2	1.43	1.69	1.9	2.05	2.3	2.6	2.67	2.95	3.24

试用图检验法检验其寿命是否服从威布尔分布。

5. 设有某型号继电器 15 只进行寿命试验,其寿命数据如下:

i	1	2	3	4	5	6	7	8	9	10	11	12	13	14	15
$t_i(10^6$次$)$	2.6	2.82	2.88	2.93	2.97	2.99	3.0	3.02	3.03	3.04	3.08	3.12	3.18	3.24	3.36

试估计该型号继电器的失效分布类型,并用图检验法及 $K-S$ 检验法进行检验。

6. 设有某型号继电器 20 只进行无替换寿命试验,进行到有 6 只继电器失效试验停止,其寿命数据如下:

i	1	2	3	4	5	6
$t_i(10^5$次$)$	4.8	10.2	16	21.5	27.2	34

若已知该型号继电器寿命服从单参数指数分布,试求其平均寿命的点估计值、置信度为 0.9 时的双侧置信限及单侧置信限。

7. 设有某型号的接触器 30 只进行无替换寿命试验,进行到 2×10^6 次时试验停止,共有 4 只接触器失效,其寿命数据如下:

i	1	2	3	4
$t_i(10^5$ 次$)$	4.2	9.2	13.8	18.6

若已知该型号接触器的寿命服从单参数指数分布,试求其平均寿命的点估计值、置信度为 0.9 时的双侧置信限以及单侧置信限。

8. 根据上面习题 4 中某型号继电器 10 只的寿命数据,试用图估计法求其平均寿命 μ、寿命标准离差 σ、$t=3.5 \times 10^6$ 次时的可靠度 R(3.5×10^6 次)、$R=0.8$ 时的可靠寿命 $t_{0.8}$ 以及中位寿命 $t_{0.5}$ 的估计值。

第3章 电器产品的可靠性抽样检查

3.1 概　述

　　为了保证电器产品的质量,理想的方法是对电器产品的各项指标逐个进行检查(也称全数检查),但对于电器产品来说,如果都逐个检查,不仅工作量太大,而且由于某些检查项目(如产品的寿命试验等)是破坏性的,也不可能逐个进行检查。因此电器产品的试验常采用抽样检查的方法,所谓抽样检查是指从一批产品中抽取少量产品(称为样品)进行测试,并将其测试结果与判定标准相比较,以判定该批产品是否合格的检查方法。由于抽样检查的样品仅是整批产品中的很少的一部分,因而它只能在一定程度上反映整批产品的质量,经抽样检查被判为合格的一批产品中难免会有一些不合格品,而被判定为不合格品的一批产品中也会有一些合格品。同时,抽样检查还可能犯下列两类错误,即把质量较好的一批产品误判为不合格或把质量较差的一批产品误判为合格。尽管抽样检查有上述缺点,但由于它能在一定程度上反映整批产品的质量,又能减少检查工作量。因此,抽样检查是检验电器产品质量的一种经济而有效的方法。不仅电器产品的出厂试验采用抽样检查,而且有可靠性要求的电器产品可靠性指标(或等级)的鉴定试验也采用抽样检查,在电器产品的可靠性标准中也都规定了可靠性抽样检查方案。所以抽样检查是电器产品试验中的一个重要问题。

　　本章主要阐述电器产品抽样检查中的一些基本问题,即

　　1) 抽样检查方案的分类;

　　2) 抽样检查的基本理论;

　　3) 指数分布时电器产品的可靠性抽样;

　　4) 威布尔分布时电器产品的可靠性抽样。

3.2　抽样检查方案的分类

　　抽样检查方案可按其性质、用途、抽样次数以及进行方式等分类。

3.2.1　按性质分类

　　抽样检查按其性质可以分为计数抽样及计量抽样两类。

1. 计数抽样

从一批产品中抽取一定数量的样品进行检查,根据检查结果将样品分为合格品和不合格品两类,然后将检查出的不合格品数与事先规定的"合格判定数"进行比较,以判断该批产品是否合格。

2. 计量抽样

从一批产品中抽取一定数量的样品,测量每一个样品的某一特征量,并用统计方法计算出此特征量的数值,然后与规定的标准值进行比较,以判断该批产品是否合格。

3.2.2　按用途分类

抽样检查按其用途可以分为质量抽样检查和可靠性抽样检查两类。

1. 质量抽样检查

为了检查产品质量而进行的抽样检查。例如,对生产过程中的零部件进行的抽样检查、对产品进行的定期试验及出厂试验所采用的抽样检查。

2. 可靠性抽样检查

为了检查产品的可靠性而进行的抽样检查。例如,产品的失效率抽样检查、平均寿命抽样检查、可靠寿命抽样检查。

3.2.3　按抽样次数分类

抽样检查按其抽样次数可以分为一次抽样检查、二次抽样检查、多次抽样检查及逐次抽样检查四类。

1. 一次抽样检查

只从被检查的一批产品中抽取一次样品,根据样品的检查结果即可判断该批产品是否合格。

2. 二次抽样检查

第一次从被检查的一批产品中抽取样品后,根据样品检查的结果来判断该批产品合格、不合格或还不能做出判断,而需要抽取第二次样品,再根据第二次样品的检查结果与第一次样品的检查结果来判断该批产品是否合格。

3. 多次抽样检查

抽取第一次和第二次样品后,其检查结果还不能作出是否合格的判断时,应继续抽取样品进行检查,直到根据最后一次所抽取样品的检查结果与以前各次样品的检查结果作出该批产品是否合格的判断为止。

4. 逐次抽样检查

根据抽样检查所得数据的逐次积累来判断该批产品是否合格。

下面以计数序贯抽样检查为例作一简要说明:以积累所抽样品数 n 为横坐标,以样品中所检查出的不合格品数 r 为纵坐标,并在坐标纸上用一定方法画出两条直线,如图 3-1 所示,图中直线 1 称为不合格判定线,直线 2 称为合格判定线,直线 1 以上的区域称为不合格区,直线 2 以下的区域称为合格区,直线 1 与直线 2 之间的区域称为继续抽检区。

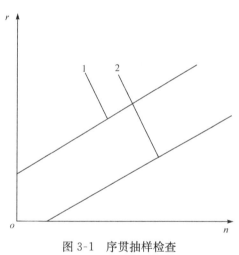

图 3-1　序贯抽样检查
1——不合格判定线;2——合格判定线

当根据抽样检查结果在图 3-1 中所描出的数据点 (n,r) 落在合格判定线上或合格区域内时,即判断为该批产品合格,当数据点 (n,r) 落在不合格判定线上或不合格区域内时,即判断为该批产品不合格,当数据点 (n,r) 落在继续抽检区时,应继续进行抽样检查,直到能作出是否合格的判断为止。

序贯抽样检查的特点是可以使平均样本大小 ASN(平均所抽的样品数)最小。因此,它对于检查费用高的场合尤为适用。

3.2.4　按进行方式分类

抽样检查按其进行方式主要分为标准型抽样检查及调整型抽样检查两类。

1. 标准型抽样检查

不需要利用产品以前几次抽样检查结果的资料,仅对该批产品制订出抽样检查方案的方法称为标准型抽样检查。

2. 调整型抽样检查

根据产品质量好坏的变化,亦即根据以往若干批产品抽样检查的结果,随时调整抽样检查严格程度的方法称为调整型抽样检查。它一般由正常检查、加严检查、从宽检查三种严格程度不同的抽样检查组成。从一种检查转为另一种检查需要遵循预先规定的转移规则。例如,当产品质量比较正常时可采用正常检查;当产品质量变坏(即发生在连续若干批产品中有一定批不合格等情况)时应从正常检查转为加严检查;当产品质量恢复正常时又可由加严检查回至正常检查;当产品质量较好(即当满足连续若干批均合格等条件)时应从正常检查转为从宽检查;当产品质量又下降(即出现一批不合格等情况)时应由从宽检查回至正常检查。

3.3　抽样检查的基本理论

3.3.1　抽样检查方案的接收概率

一批产品按某一抽样检查方案进行检查而被判为合格的概率称为该抽样方案的接收概率。显然,接收概率与该批产品的实际不合格品率 p 有关,所以记作 $L(p)$。

1. 一次计数抽样检查方案的接收概率

所谓一次计数抽样检查方案是指在总数为 N 的一批产品中任抽 n 个样品,如果检查出的不合格品数 $r \leqslant A_C$(A_C 为合格判定数),则可判断该批产品为合格;如果 $r > A_C$,则判断该批产品为不合格。一次计数抽样检查方案的框图如图 3-2所示。

接收概率等于任抽 n 个样品中所包含的不合格品数 r 分别为 $0,1,\cdots,A_C$ 时的概率之和。当 N 较大($N > 10n$)时,此概率可用二项概率公式来计算,即

$$L(p) = \sum_{r=0}^{A_C} P(r,n \mid p) = \sum_{r=0}^{A_C} C_n^r p^r q^{n-r} \tag{3-1}$$

式中,q 为产品的合格品率。

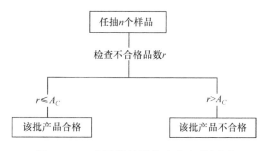

图 3-2　一次计数抽样检查方案的框图

2. 二次计数抽样检查方案的接收概率

典型的二次计数抽样方案的框图如图 3-3 所示。

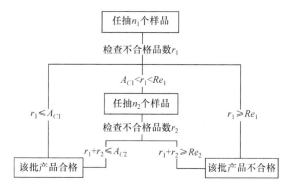

图 3-3　二次计数抽样检查方案的框图

图中 A_{C1} 为第一合格判定数，Re_1 为第一不合格判定数，A_{C2} 为第二合格判定数，Re_2 为第二不合格判定数。

二次抽样检查方案的程序是：从一批产品中任抽 n_1 个样品，如果其中的不合格品数 r_1 等于或小于第一合格判定数 A_{C1}，则可判断该批产品为合格；如果 r_1 等于或大于第一不合格判定数 Re_1，则可判断该批产品为不合格；如果 r_1 大于 A_{C1} 但小于 Re_1，则不能作出判断，这时应抽第二次样品 n_2 个进行检查，若其中的不合格品数 r_2 与第一次样品中的不合格品数 r_1 之和小于或等于第二合格判定数 A_{C2}，则可判断该批产品为合格；若 r_1+r_2 等于或大于第二不合格判定数 Re_2，则可判断该批产品为不合格。

二次计数抽样检查方案的接收概率可用下式计算：

$$L(p)=P(r_1{\leqslant}A_{C1})+P(A_{C1}{<}r_1{<}Re_1,r_1+r_2{\leqslant}A_{C2}) \tag{3-2}$$

当该批产品总数 N 较大（满足 $N{>}10n$ 时），式(3-2)可写为

$$L(p) = \sum_{r_1=0}^{A_{C1}} P(r_1, n_1 \mid p) + \sum_{r_1=A_{C1}+1}^{Re_1-1} P(r_1, n_1 \mid p) \sum_{r_2=0}^{A_{C2}-r_1} P(r_2, n_2 \mid p)$$

$$= \sum_{r_1=0}^{A_{C1}} C_{n_1}^{r_1} p^{r_1} q^{n_1-r_1} + \sum_{r_1=A_{C1}+1}^{Re_1-1} C_{n_1}^{r_1} p^{r_1} q^{n_1-r_1} \sum_{r_2=0}^{A_{C2}-r_1} C_{n_2}^{r_2} p^{r_2} q^{n_2-r_2} \qquad (3\text{-}3)$$

3.3.2　抽样检查方案的抽检特性曲线及参数 p_0、p_1、α、β

某一个抽样检查方案的接收概率 $L(p)$ 与产品不合格品率 p 间的关系曲线称为该抽样检查方案的抽检特性曲线,一般简称 OC 曲线。

1. 理想的抽检特性曲线

理想的抽样检查方案应该是先规定一个允许不合格品率 p_y,当产品实际不合格品率 p 小于或等于 p_y 时,应判产品为合格,即其接收概率 $L(p)$ 应等于 1;当产品实际不合格品率 p 大于 p_y 时,产品应被判为不合格,即其接收概率 $L(p)$ 应等于零。所以理想的抽样检查方案的 OC 曲线应是阶跃形,如图 3-4 所示。但是这种理想的抽样检查方案实际上是不存在的,典型的 OC 曲线如图 3-5 所示。

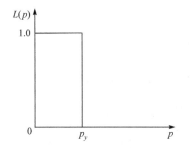
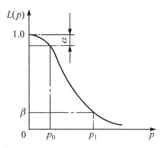

图 3-4　理想的抽样检查方案的 OC 曲线　　　　图 3-5　典型的 OC 曲线

2. 实际的抽检特性曲线及参数 p_0、p_1、α、β

通常规定两个不合格品率(p_0 及 p_1),当产品实际不合格品率 p 小于或等于 p_0 时,应认为该批产品是合格的,所以 p_0 称为可接受的质量水平(acceptable quality level),简称 AQL,在有些资料(例如我国国家标准 GB2828)中将 p_0 称为合格质量水平。由图 3-5 可以看出,当 $p=p_0$ 时的接收概率 $L(p_0)=1-\alpha$,拒收概率为 α,α 称为生产者风险率;当产品实际不合格品率 p 大于 p_1 时,应认为该批产品是不合格的,所以将 p_1 称为批不合格品率容限(lot tolerance percent deffect),简称 LTPD,在有些资料(例如我国国家标准 GB2829)中将 p_1 称为不合格质量水平。由图 3-5 可以看出,当 $p=p_1$ 时的接收概率 $L(p_1)=\beta$,β 称为使用者风险率。

$p=p_1$ 时本应判为不合格而拒收,因此,一般把 $p=p_1$ 时拒收的概率 $1-\beta$ 称为抽样方案的置信度。显然,α 及 β 应尽量取得小些,一般取 $\alpha=0.05$、$\beta=0.1$,在使用要求高的场合,β 可取为 0.05。

p_0 与 p_1 的数值应由生产厂与用户协商确定,p_1 的数值一般由用户根据可允许的批最大不合格品率来确定。p_0 及 p_1 值最好应满足 $p_1 \geqslant 3p_0$。

3.3.3　抽样检查方案的确定方法

下面以一次计数抽样检查方案为例进行阐述。

1. 根据参数 p_0、p_1、α、β 来确定抽样检查方案

由图 3-5 可列出下列关系:

$$L(p_0)=1-\alpha \tag{3-4}$$

$$L(p_1)=\beta \tag{3-5}$$

对于一次计数抽样检查方案,当产品总数 $N>10n$ 时,式(3-4)及式(3-5)可写为

$$\sum_{r=0}^{A_C} p(r,n \mid p_0) = \sum_{r=0}^{A_C} C_n^r p_0^r q_0^{n-r} = 1-\alpha \tag{3-6}$$

$$\sum_{r=0}^{A_C} p(r,n \mid p_1) = \sum_{r=0}^{A_C} C_n^r p_1^r q_1^{n-1} = \beta \tag{3-7}$$

由式(3-6)及式(3-7)可见,参数 p_0、p_1、α、β 与一次计数抽样检查方案间存在一一对应关系。为了便于使用,统计工作者已经计算出了一些一次计数抽样检查表,使用者只需根据已确定的参数 p_0、p_1、α、β 的数值,从这些表上可以直接查出相应的一次计数抽样检查方案的 n 及 A_C 值。表 3-1 及表 3-2 是最常用的一次计数抽样检查表。

2. 根据参数 p_1、β 来确定抽样检查方案

即仅根据式(3-7)来确定抽样检查方案。显然,仅有一个方程也是无法解出 n 及 A_C 两个未知数的,这时也需要按其他的原则先确定这两个参数中的一个(其确定方法同上),然后再由式(3-7)来解出另一个参数。

显然,根据 p_1、β 值来确定抽样检查方案的方法(这种方法也称 LTPD 法)是重视了使用者利益,而未考虑生产者风险。

表 3-1　计数型一次抽样检查表（$\alpha=0.05,\beta=0.1$）

$p_1(\%)$ / $p_0(\%)$	28.1~35.5	22.5~28.0	18.1~22.4	14.1~18.0	11.3~14.0	9.01~11.2	7.11~9.00	5.61~7.10	4.51~5.60	3.56~4.50	2.81~3.55	2.25~2.80	1.81~2.24	1.41~1.80	1.13~1.40	0.90~1.12	0.71~0.90
0.090~0.112	10 0	15 0	15 0	20 0	25 0	30 0	30 0	40 0	50 0	50 0	60 0	60 0	250 1	300 1	300 1	400 1	·
0.113~0.140	10 0	15 0	15 0	20 0	25 0	30 0	30 0	40 0	50 0	50 0	50 0	200 1	250 1	250 1	300 1	500 2	·
0.141~0.180	10 0	15 0	15 0	20 0	20 0	25 0	30 0	30 0	40 0	40 0	150 1	200 1	200 1	250 1	400 2	500 2	·
0.181~0.224	10 0	15 0	15 0	15 0	20 0	25 0	25 0	30 0	40 0	120 1	150 1	150 1	200 1	300 2	400 2	·	·
0.225~0.280	10 0	15 0	15 0	15 0	20 0	20 0	25 0	25 0	100 1	120 1	120 1	150 1	150 1	300 2	500 3	·	·
0.281~0.355	10 0	15 0	15 0	15 0	15 0	20 0	20 0	80 1	100 1	100 1	120 1	200 2	200 2	400 3	·	·	·
0.356~0.450	7 0	10 0	15 0	15 0	15 0	15 0	60 1	80 1	80 1	100 1	150 2	200 2	200 2	500 4	·	·	·
0.451~0.560	7 0	10 0	10 0	15 0	15 0	50 1	60 1	60 1	80 1	120 2	150 2	250 3	300 3	·	·	·	·
0.561~0.710	7 0	7 0	10 0	10 0	10 0	50 1	50 1	60 1	100 2	120 2	200 3	300 4	400 4	·	·	·	·
0.711~0.900	5 0	7 0	7 0	40 1	40 1	40 1	50 1	80 2	100 2	250 3	250 4	400 6	500 6	·	·	·	·
0.901~1.12	5 0	7 0	25 1	40 1	40 1	40 1	60 2	80 2	120 3	200 4	300 6	·	·	·	·	·	·

续表

$p_0(\%)$ \ $p_1(\%)$	0.71~0.90	0.90~1.12	1.13~1.40	1.41~1.80	1.81~2.24	2.25~2.80	2.81~3.55	3.56~4.50	4.51~5.60	5.61~7.10	7.11~9.00	9.01~11.2	11.3~14.0	14.1~18.0	18.1~22.4	22.5~28.0	28.1~35.5
1.13~1.40	•	•	•	•	•	•	500 10	250 6	150 4	100 3	60 2	50 2	30 1	25 1	25 1	20 1	5 0
1.41~1.80		•	•	•	•	•	•	400 10	200 6	120 4	80 3	50 2	40 2	25 1	20 1	20 1	15 1
1.81~2.24			•	•	•	•	•	•	300 10	150 6	100 4	60 3	40 2	30 2	20 1	15 1	15 1
2.25~2.80					•	•	•	•	•	250 10	120 6	70 4	50 3	30 2	25 2	15 1	10 1
2.81~3.55						•	•	•	•	•	200 10	100 6	60 4	40 3	25 2	20 2	10 1
3.56~4.50							•	•	•	•	•	150 10	80 6	50 4	30 3	20 2	15 2
4.51~5.60								•	•	•	•	•	120 10	60 6	40 4	25 3	15 2
5.61~7.10									•	•	•	•	•	100 10	50 6	30 4	20 3
7.11~9.00										•	•	•	•	•	70 10	40 6	25 4
9.01~11.2											•	•	•	•	•	60 10	30 6

注：1. 表中印有 • 的地方可查表 3-2。

2. 表中有数字 • 的每小格中，左边的数字表示相应的一次抽样方案的 n 值，右边的数字表示 A_c 值。

表 3-2　计数型一次抽样检查辅助表

$\dfrac{p_1}{p_0}$	A_C	n
1.86~1.99	20	$\dfrac{7.04}{p_0}+\dfrac{13.50}{p_1}$
2.0~2.2	15	$\dfrac{5.02}{p_0}+\dfrac{10.65}{p_1}$
2.3~2.7	10	$\dfrac{3.08}{p_0}+\dfrac{7.70}{p_1}$
2.8~3.5	6	$\dfrac{1.64}{p_0}+\dfrac{5.27}{p_1}$
3.6~4.3	4	$\dfrac{0.985}{p_0}+\dfrac{4.00}{p_1}$
4.4~5.5	3	$\dfrac{0.683}{p_0}+\dfrac{3.34}{p_1}$
5.6~7.8	2	$\dfrac{0.409}{p_0}+\dfrac{2.66}{p_1}$
7.9~16	1	$\dfrac{0.178}{p_0}+\dfrac{1.94}{p_1}$

3.4　指数分布时电器产品的可靠性抽样

对电器产品的可靠性要求主要是对产品的失效率、平均寿命或可靠寿命进行考核,为考核失效率而进行的可靠性抽样检查称为失效率抽样检查,为考核平均寿命而进行的可靠性抽样检查称为平均寿命抽样检查,为考核可靠寿命所进行的可靠性抽样检查称为可靠寿命抽样检查。

3.4.1　失效率抽样

1. 失效率抽样检查方案的抽检特性曲线

对于有可靠性指标的电器产品来说,其可靠性高低大多用失效率表示,并用抽样检查来鉴定失效率等级,这时,抽样方案的 OC 曲线表示接收概率与产品真实失效率之间的关系。为了有所区别,有的资料在 OC 曲线前加 R(reliability),即叫做 ROC 曲线。理想的 ROC 曲线应为阶跃形,但这种理想的 ROC 曲线是实现不了的,实际的 ROC 曲线如图 3-6 所示。

图中 λ_0 称为合格失效率水平,一般简写为 AFR(acceptable failure rate),也有的资料把 λ_0 称为合格可靠性水平,简写为 ARL(acceptable reliability level)。当产品真实失效率 $\lambda \leqslant \lambda_0$ 时,应认为这批产品是合格的,$\lambda = \lambda_0$ 时被误判为不合格而

拒收的概率为 α，α 称为生产者风险率。

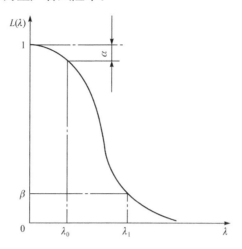

图 3-6　失效率抽样方案的 *ROC* 曲线

图中 λ_1 称为批失效率容限，一般简写为 LTFR(lot tolerance failure rate)；当产品真实失效率 $\lambda > \lambda_1$ 时，应认为这批产品是不合格的，$\lambda = \lambda_1$ 时，被误判为合格而接收的概率为 β，β 称为使用者风险率。

2. 失效率抽样检查方案的确定方法

一般 α 取为 0.05 或 0.1，β 取为 0.1，λ_0 根据制造厂家的生产能力及用户的质量要求等各方面因素协商确定，λ_1/λ_0 值一般取 1.5~5。失效率抽样检查需要根据给定的 λ_0、λ_1、α、β 值来制订一个抽样检查方案，一般失效率抽样检查大多采用一次计数抽样检查方案，因而，制订失效率抽样方案就是根据给定的 λ_0、λ_1、α、β 值来确定抽样数 n 及允许失效数（合格判定数）A_C。

当产品寿命服从单参数指数分布时，可得

$$1 - \sum_{r=0}^{A_C} C_n^r (\lambda_1 t_g)^r (1 - \lambda_0 t_g)^{n-r} = \alpha \tag{3-8}$$

$$\sum_{r=0}^{A_C} C_n^r (\lambda_1 t_g)^r (1 - \lambda_1 t_g)^{n-r} = \beta \tag{3-9}$$

当满足 $n\lambda t_g < 5$ 及 $\lambda t_g < 0.1$ 时，式(3-8)、式(3-9)可用下式表示：

$$1 - \sum_{r=0}^{A_C} \frac{e^{-n\lambda_0 t_g} (n\lambda_0 t_g)^r}{r!} = \alpha \tag{3-10}$$

$$\sum_{r=0}^{A_C} \frac{e^{-n\lambda_1 t_g} (n\lambda_1 t_g)^r}{r!} = \beta \tag{3-11}$$

由给定的 λ_0、λ_1、α、β 值就可确定失效率抽样方案的 n 及 A_C。

但在失效率抽样检查中常常采用所谓 λ_1 方案或 LTFR 方案,即只根据给定的 λ_1、β 值来确定抽样方案,在实际计算中,统计工作者已算出了 LTFR 方案抽样表供使用者查用,表 3-3 就是美国军用标准 MIL-S-19500 所采用的一个 LTFR 方案抽样表。它在 $\beta=0.1$,$t_g=10^3 \mathrm{h}$ 时对不同 λ_1 值及 A_C 值计算了相应的 n 值。

如给定的 t_g 值不等于 $10^3 \mathrm{h}$,可按 $\lambda_1'=\dfrac{\lambda_1 t_g}{10^3}$ 折算后所得的 λ_1' 值去查表 3-3。

表 3-3　LTFR 方案抽样表($\beta=0.1$,$t_g=10^3 \mathrm{h}$)

合格判定数 A_C λ_1(%/kh)	0	1	2	3	4	5	6	7	8	9	10
20	11	18	25	32	38	45	51	57	63	69	75
15	15	25	34	43	52	60	68	77	85	93	100
10	22	38	52	65	78	91	104	116	128	140	152
7	32	55	75	94	113	131	149	166	184	201	218
5	45	77	105	132	158	184	209	234	258	282	306
3	76	129	176	221	265	308	349	390	431	471	511
2	116	195	266	333	398	462	528	589	648	709	770
1.5	153	258	354	444	531	617	700	783	864	945	1025
1	231	390	533	668	798	927	1054	1178	1300	1421	1541
0.7	328	555	759	953	1140	1323	1503	1680	1854	2027	2199
0.5	461	778	1065	1337	1599	1855	2107	2355	2599	2842	3082
0.3	767	1296	1773	2226	2663	3090	3509	3922	4329	4733	5133
0.2	1152	1946	2662	3341	3997	4638	5267	5886	6498	7103	7704
0.15	1534	2592	3547	4452	5327	6181	7019	7845	8660	9468	10268
0.1	2303	3891	5323	6681	7994	9275	10533	11771	12995	14206	15407

3.4.2　平均寿命抽样

平均寿命抽样检查时,抽样检查的 ROC 曲线表示接收概率与产品真实平均寿命间的关系,如图 3-7 所示。图中 θ_0 称为合格平均寿命水平,θ_1 称为批平均寿命容限。

平均寿命抽样检查时经常根据给定的 θ_1、β 值来确定抽样方案。当产品寿命服从单参数指数分布时,其失效率与平均寿命互为倒数,所以 λ_1 与 θ_1 间存在下列关系。

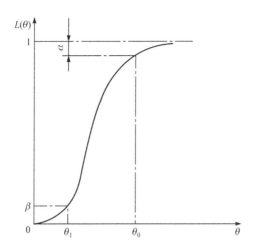

图 3-7　平均寿命抽样检查方案的 ROC 曲线

$$\lambda_1 = \frac{1}{\theta_1} \tag{3-12}$$

只要将给定的 θ_1 值代入式(3-12)，求出相应的 λ_1 值，由表 3-3 即可确定抽样方案。

3.4.3　可靠寿命抽样

如要求电器产品应达到的可靠寿命值为 t_{Rg}，则电器产品的最大失效率 λ_{max} 可用下式求出。

$$\lambda_{max} = \frac{1}{t_{Rg}}(-\ln R) \tag{3-13}$$

按此 λ_{max} 值及给定的置信度值以及试验时间 t_g，由表 3-3 可查出相应的可靠寿命抽样检查方案，亦即可以把可靠寿命抽样检查转换为失效率抽样检查。

3.4.4　平均寿命序贯抽样

对于批量较小、价格较高的电器产品来说，可考虑采用序贯抽样检查。序贯抽样检查的核心思想为观察故障(或失效)出现时对应的累积相关试验时间，如此时间足够长，则可判为接收，如相当短，则判为拒收，如介于二者之间，则不能作出判断，需继续试验，所以序贯试验可充分利用每一次失效发生时所提供的信息，从而有可能减少试品数及试验时间。

n 个试品试验到 t 时出现 r 次失效(可等效看为 n 个样品中包含 r 个不合格品)的概率 p_r 为 $e^{-np}(np)^r/r$，在产品寿命服从单参数指数分布的条件下，经过数学推导可得

$$-h_1+sr<T<h_0+sr \tag{3-14}$$

判断规则为:当出现第 r 个故障(或失效)时,

$$T>h_0+sr, \qquad 则判为接收$$

$$T<-h_1+sr, \qquad 则判为拒收$$

合格判定线方程为

$$T=h_0+sr \tag{3-15}$$

不合格判定线方程为

$$T=-h_1+sr \tag{3-16}$$

式中,　　　$$\frac{-\ln B}{\dfrac{1}{\theta_1}-\dfrac{1}{\theta_0}}=h_0; \quad \frac{\ln A}{\dfrac{1}{\theta_1}-\dfrac{1}{\theta_0}}=h_1; \quad \frac{\ln\dfrac{\theta_0}{\theta_1}}{\dfrac{1}{\theta_1}-\dfrac{1}{\theta_0}}=s \tag{3-17}$$

常数 A、B 由下式确定:

$$A=\frac{1-\beta}{\alpha}, \quad B=\frac{\beta}{1-\alpha} \tag{3-18}$$

因此,当给定 θ_0、θ_1、α、β 后,由式(3-15)及式(3-16)即可作出合格判定线与不合格判定线,从而确定了序贯抽样方案,如图 3-8 所示。

为了避免试验时间过长,可规定适当的截尾数 r_0,过原点 o 作与合格判定线平行的直线 $T=sr$,与直线 $r=r_0$ 相交于点 (sr_0, r_0),再过该点作直线 $T=sr_0$ 与合格判定线相交,此线即为截尾合格判定线,$r=r_0$ 即为截尾不合格判定线(图 3-8)。

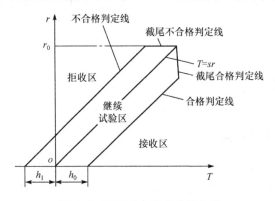

图 3-8　平均寿命序贯抽样方案

在图 3-8 中,当 $t=t_1$ 发生第一次故障(失效)时,按 $(T_1,1)$ 在图 3-8 上描点,看其落在何处作出判断,以后每发生一次故障(失效),即作一次判断,当 $t=t_i$ 时,按 (T_i,i) 描点,再作判断。

对不可修复产品来说,$T_i(i=1,2,3,\cdots)$ 可按下式计算。

$$T_i = \sum_{j=1}^{i} t_j + (n-i)t_i \tag{3-19}$$

3.5　威布尔分布时电器产品的可靠性抽样

威布尔分布时产品的可靠性抽样主要包括平均寿命抽样及可靠寿命抽样。所谓平均寿命抽样是指考核产品平均寿命是否满足规定要求的抽样检查,可靠寿命抽样是指考核产品的可靠寿命是否满足规定要求的抽样检查。

可靠性抽样的试验方式一般为无替换定时截尾试验(试验截止时间为 t_C),并采用一次抽样检查方案,接收概率是 $F(t)$ 的函数,故可用 $L[F(t)]$ 表示:

$$L[F(t)] = \sum_{r=0}^{A_C} C_n^r F(t)^r [1-F(t)]^{n-r} \tag{3-20}$$

式(3-20)即为确定产品可靠性抽样方案的基本关系式,并大多采用与 LTPD 相对应的方法来确定抽样方案。

在很多情况下,威布尔分布的位置参数 ν 等于零,下面仅讨论 $\nu=0$ 时的平均寿命抽样及可靠寿命抽样。

3.5.1　平均寿命抽样

平均寿命抽样就是根据规定的平均寿命值来确定一次抽样方案的样本大小 n、合格判定数 A_C 及试验截止时间 t_C。

当 $\nu=0$ 时,接收概率为

$$L(\mu) = \sum_{r=0}^{A_C} C_n^r \left\{ 1 - e^{-\left[\frac{t_C}{\mu}\Gamma\left(1+\frac{1}{m}\right)\right]^m} \right\}^r \left\{ e^{-\left[\frac{t_C}{\mu}\Gamma\left(1+\frac{1}{m}\right)\right]^m} \right\}^{n-r} \tag{3-21}$$

$L(\mu)$ 与 μ 的关系曲线如图 3-9 所示。

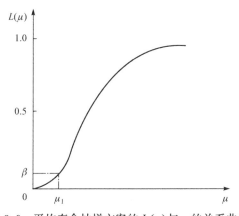

图 3-9　平均寿命抽样方案的 $L(\mu)$ 与 μ 的关系曲线

图中 μ_1 为批平均寿命容限,即要求的最低平均寿命值,β 为使用者风险率。常把 $1-\beta$ 称为抽样方案的置信度。

由图 3-9 可见,$\mu=\mu_1$ 时的 $L(\mu_1)=\beta$,可得

$$\sum_{r=0}^{A_C} C_n^r \left\{ 1-\mathrm{e}^{-\left[\frac{t_C}{\mu_1}\Gamma\left(1+\frac{1}{m}\right)\right]^m} \right\}^r \left\{ \mathrm{e}^{-\left[\frac{t_C}{\mu_1}\Gamma\left(1+\frac{1}{m}\right)\right]^m} \right\}^{n-r} = \beta \tag{3-22}$$

样本大小 n 应根据批量 N 的大小(N 大时 n 也应选大些)、产品价格(价高者 n 应小些)、试验周期及试验设备容量等因素来选择,一般可参照国家标准 GB2828《逐批检查计数抽样程序及抽样表》来确定。

当 n 确定后,若选定 t_C,则可由式(3-22)确定 A_C,从而确定了抽样方案;反之,若选定了 A_C(A_C 不宜选得过小,因为在产品实际平均寿命一定时,A_C 越小抽样方案的接收概率也越小),则由式(3-22)可确定 t_C,从而也确定了抽样方案。

根据式(3-22)可计算出置信度 $1-\beta$ 为不同值、威布尔分布的形状参数 m 为不同值时的平均寿命抽样表。置信度 $1-\beta=0.9$,形状参数 m 等于 0.5、1.0、1.5、2.0 时,产品平均寿命抽样表如表 3-4、表 3-5、表 3-6 及表 3-7 所示。

表 3-4　$m=0.5$ 时的平均寿命抽样表

t_C/μ_1　A_C　　n	0	1	2	3	4	5
2	0.6627	4.4097				
3	0.2945	1.3295	5.6666			
5	0.1060	0.3844	0.9799	2.3918	7.4897	
8	0.0414	0.1359	0.2985	0.5674	1.0203	1.8940
13	0.0157	0.0486	0.0994	0.1726	0.2746	0.4158
20	0.0066	0.0199	0.0394	0.0658	0.1000	0.1436
32	0.0026	0.0076	0.0148	0.0241	0.0357	0.0498
50	0.0011	0.0031	0.0059	0.0095	0.0139	0.0191
80	0.00041	0.0021	0.0023	0.0036	0.0053	0.0072

表 3-5　$m=1$ 时的平均寿命抽样表

t_C/μ_1　A_C　　n	0	1	2	3	4	5
2	1.1513	2.9697				
3	0.7675	1.6307	3.3665			
5	0.4605	0.8768	1.3998	2.1872	3.8703	

t_C/μ_1＼A_C ＼ n	0	1	2	3	4	5
8	0.2878	0.5213	0.7727	1.0653	1.4286	1.9183
13	0.1151	0.3118	0.4459	0.5875	0.7411	0.9119
20	0.1771	0.1996	0.2807	0.3627	0.4473	0.5360
32	0.0720	0.1235	0.1718	0.2194	0.2671	0.3156
50	0.0461	0.0786	0.1087	0.1378	0.1667	0.1956
80	0.0288	0.0489	0.0674	0.0851	0.1025	0.1197

表 3-6　$m＝1.5$ 时的平均寿命抽样表

t_C/μ_1＼A_C ＼ n	0	1	2	3	4	5
2	1.2168	2.2887				
3	0.9286	1.5347	2.4882			
5	0.6606	1.0148	1.3862	1.8665	2.7307	
8	0.4829	0.7175	0.9327	1.1554	1.4051	1.7102
13	0.3494	0.5093	0.6466	0.7770	0.9072	1.0417
20	0.2622	0.3784	0.4749	0.5634	0.6479	0.7309
32	0.1916	0.2747	0.3424	0.4029	0.4595	0.5135
50	0.1423	0.2032	0.2522	0.2956	0.3355	0.3732
80	0.1040	0.1482	0.1834	0.2144	0.2426	0.2691

表 3-7　$m＝2$ 时的平均寿命抽样表

t_C/μ_1＼A_C ＼ n	0	1	2	3	4	5
2	1.2107	1.9445				
3	0.9886	1.4409	2.0703			
5	0.7657	1.0566	1.3350	1.6688	2.2199	
8	0.6054	0.8147	0.9919	1.1646	1.3486	1.5628
13	0.4749	0.6300	0.7535	0.8649	0.9714	1.0775

续表

t_C/μ_1 ＼ A_C n	0	1	2	3	4	5
20	0.3829	0.5042	0.5979	0.6795	0.7547	0.8261
32	0.3027	0.3966	0.4677	0.5285	0.5832	0.6339
50	0.2421	0.3163	0.3719	0.4189	0.4607	0.4990
80	0.1914	0.2496	0.2929	0.3292	0.3613	0.3905

3.5.2　可靠寿命抽样

可靠寿命抽样就是根据给定的可靠寿命值确定一次抽样方案的样本大小 n、合格判定数 A_C 及试验截止时间 t_C。

当 $\nu=0$ 时,可得

$$L(t_R) = \sum_{r=0}^{A_C} C_n^r \left\{ 1 - e^{\left(\frac{t_C}{t_R}\right)^m \ln R} \right\}^r \left\{ e^{\left(\frac{t_C}{t_R}\right)^m \ln R} \right\}^{n-r} \tag{3-23}$$

由式(3-23)可见,当 t_R 增大时,$L(t_R)$ 与 t_R 的关系曲线如图 3-10 所示。

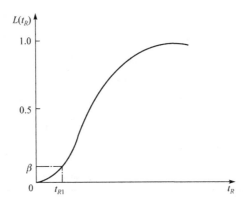

图 3-10　可靠寿命抽样方案的 $L(t_R)$ 与 t_R 的关系曲线

图 3-10 中的 t_{R1} 为批可靠寿命容限。与平均寿命抽样时一样,$1-\beta$ 称为可靠寿命抽样方案的置信度。

由图 3-10 可见,$t_R=t_{R1}$ 时 $L(t_{R1})=\beta$,将此关系式代入式(3-23)可得

$$\sum_{r=0}^{A_C} C_n^r \left\{ 1 - e^{\left(\frac{t_C}{t_{R1}}\right)^m \ln R} \right\}^r \left\{ e^{\left(\frac{t_C}{t_{R1}}\right)^m \ln R} \right\}^{n-r} = \beta \tag{3-24}$$

可靠寿命抽样时,样本大小 n 的确定方法与平均寿命抽样时相同。在 n 确定

后,根据给定的 t_C 值可由式(3-24)确定 A_C,从而确定了抽样方案;反之,若选定了 A_C,则由式(3-24)可确定试验截止时间 t_C。

根据式(3-24)可计算出可靠度为 0.9,形状参数 m 等于 0.5、1.0、1.5、2.0 时,产品的可靠寿命抽样表如表 3-8、表 3-9、表 3-10 及表 3-11 所示。

表 3-8　$m=0.5$ 时的可靠寿命抽样表

t_C/μ_1　A_C　n	0	1	2	3	4	5
2	119.40	794.48				
3	53.080	239.54	1020.9			
5	19.104	69.255	176.52	430.93	1349.4	
8	7.4627	24.479	53.780	102.23	183.83	331.50
13	2.8261	8.7550	17.914	31.089	49.481	74.909
20	1.1940	3.5898	7.0992	11.849	18.025	25.876
32	0.4664	1.3744	2.6597	4.3358	6.4290	8.9742
50	0.1910	0.5594	1.0635	1.7114	2.5034	3.4448
80	0.0746	0.2157	0.4090	0.6528	0.9468	1.2916

表 3-9　$m=1$ 时的可靠寿命抽样表

t_C/μ_1　A_C　n	0	1	2	3	4	5
2	10.9272	28.1846				
3	7.2848	15.4770	31.9521			
5	4.3709	8.3220	13.2862	20.7588	36.7341	
8	2.7318	4.9477	7.3335	10.1110	13.5585	18.2071
13	1.6811	2.9589	4.2325	5.5757	7.0343	8.6550
20	1.0927	1.8947	2.6644	3.4422	4.2456	5.0869
32	0.6829	1.1723	1.6308	2.0822	2.5355	2.9957
50	0.4371	0.7459	1.0313	1.3082	1.5822	1.8560
80	0.2732	0.4644	0.6395	0.8079	0.9731	1.1365

表 3-10 $m=1.5$ 时的可靠寿命抽样表

t_C/μ_1 \ A_C \ n	0	1	2	3	4	5
2	4.9242	9.2618				
3	3.7579	6.2105	10.0693			
5	2.6733	4.1066	5.6096	7.5533	11.0504	
8	1.9542	2.9036	3.7746	4.6759	5.5860	6.9209
13	1.4138	2.0610	2.6166	3.1444	3.6713	4.2155
20	1.0609	1.5312	1.9219	2.2798	2.6220	2.9578
32	0.7755	1.1118	1.3855	1.6306	1.8594	2.0761
50	0.5759	0.8225	1.0207	1.1961	1.3578	1.5103
80	0.4210	0.5997	0.7423	0.8675	0.9820	1.0890

表 3-11 $m=2$ 时的可靠寿命抽样表

t_C/μ_1 \ A_C \ n	0	1	2	3	4	5
2	2.2131	3.0433				
3	1.9385	2.4921	3.1732			
5	1.6350	2.0265	2.3685	2.7483	3.3242	
8	1.3979	1.7040	1.9428	2.1624	2.3845	2.6308
13	1.1890	1.4356	1.6176	1.7732	1.9161	2.0532
20	1.0300	1.2374	1.3863	1.5099	1.6193	1.7198
32	0.8806	1.0544	1.1771	1.2770	1.3636	1.4416
50	0.7589	0.9069	1.0103	1.0937	1.1653	1.2289
80	0.6489	0.7744	0.8616	0.9314	0.9909	1.0436

第4章　电器可靠性试验

4.1　概　　述

为了测定、验证或提高产品可靠性而进行的试验称为可靠性试验,它是产品可靠性工作的一个重要环节。

通常,对产品进行可靠性试验的目的如下:

1) 在研制阶段使产品达到预定的可靠性指标。

为了使产品能达到预定的可靠性指标,在研制阶段需要对样品进行可靠性试验,以便找出产品在原材料、结构、工艺、环境适应性等方面所存在的问题而加以改进,经过反复试验与改进,就能不断地提高产品的各项可靠性指标,达到预定的要求。

2) 在产品研制定型时进行可靠性鉴定。

新产品研制定型时,要根据产品标准(或产品技术条件)进行鉴定试验,以便全面考核产品是否达到规定的可靠性指标。

3) 在生产过程中控制产品的质量。

为了稳定地生产产品,有时需要对每个产品都要按产品技术条件规定的项目进行可靠性试验。此外还需要逐批或按一定期限进行可靠性抽样试验。通过对产品的可靠性试验可以了解产品质量的稳定程度。若因原材料质量较差或工艺流程失控等原因造成产品质量下降,在产品的可靠性试验中就能反映出来,从而可及时采取纠正措施使产品质量恢复正常。

4) 对产品进行筛选以提高整批产品的可靠性水平。

合理的筛选可以将各种原因(如原材料有缺陷、工艺措施不当、操作人员疏忽、生产设备发生故障和质量检验不严格等)造成的早期失效的产品剔除掉,从而提高整批产品的可靠性水平。

5) 研究产品的失效机理。

通过产品的可靠性试验(包括模拟试验及现场使用试验)可以了解产品在不同环境以及不同应力条件下的失效模式与失效规律。通过对失效产品所进行的分析可找出引起产品失效的内在原因(即失效机理)及产品的薄弱环节,从而可以采取相应的措施来提高产品的可靠性水平。

4.2　可靠性试验的种类

根据试验的地点、试验的项目、可靠性工作的阶段、施加的应力强度、对可靠性的影响、试品破坏情况、试验规模及抽样方案的类型等,可将可靠性试验分成很多种类。

1. 按试验地点分类

1) 实验室试验。
2) 现场试验。

2. 按试验项目分类

1) 环境试验。
2) 筛选试验。
3) 寿命试验。

3. 按可靠性工作阶段分类

1) 研制试验。
2) 鉴定试验。
3) 验收试验。

4. 按施加应力的强度分类

1) 正常工作试验。
2) 过负荷试验。
3) 加速寿命试验。

5. 按对可靠性的影响分类

1) 可靠性测定试验。
2) 可靠性验证试验。
3) 可靠性增长试验。

6. 按试品破坏情况分类

1) 破坏性试验。
2) 非破坏性试验。

7. 按试验规模分类

1）全数试验。
2）抽样试验。

8. 按抽样方案类型分类

1）定时或定数截尾试验。
2）序贯截尾试验。

4.3　可靠性筛选试验

所谓可靠性筛选试验一般是指为剔除早期失效产品而进行的试验。通常说的筛选就是指将坏的、不符合规定要求的产品通过各种方法予以淘汰和剔除；而将好的、合格的产品选出留下。

4.3.1　特点

可靠性筛选的效果可用筛选效率、筛选损耗率和筛选淘汰率这三个参数来衡量，它们的定义如下：

$$筛选效率\ \omega = \frac{剔除次品数}{实际次品数}$$

$$筛选损耗率\ L = \frac{好品损坏数}{实际好品数}$$

$$筛选淘汰率\ Q = \frac{剔除次品数}{进行筛选的产品总数}$$

理想的可靠性筛选应使 $\omega \approx 1, L \approx 0$，这样才能达到可靠性筛选的目的。$Q$ 值的大小反映了这些产品在生产过程中存在问题的大小。Q 值越大，表示这批产品筛选前的可靠性越差，亦即生产过程中所存在的问题越大，产品的成品率越低。

4.3.2　筛选试验项目、筛选应力以及筛选试验时间（或操作次数）的确定

通过长时期的可靠性试验与筛选试验，并对失效产品进行失效分析，可以总结出产品的失效机理以及筛选试验项目与产品失效机理间的关系，从而确定筛选试验项目。在确定筛选项目时，应注意尽可能采用非破坏性筛选。

筛选试验项目确定后，还要通过摸底试验获得产品失效分布规律，从而确定筛选试验的应力水平和筛选试验时间（或操作次数）。

4.4　可靠性环境试验

环境条件对产品内部潜在的故障因素起着刺激作用,它是导致产品形成故障的一种因子。为了分析评价环境条件对产品性能的影响而进行的试验称为环境试验。电工产品在贮存、运输和使用过程中可能遇到的常见的环境条件,如表 4-1 所示。

表 4-1　常见的环境条件

气候条件	温度、湿度、气压、风、雨、冰、雪、霜、露、沙尘、盐雾、游离气体、腐蚀性气体等
机械条件	振动、冲击、碰撞、离心加速度、跌落、摇摆、静力负荷、失重、爆炸、冲击波等
生物条件	霉菌、昆虫、齿类动物等
辐射条件	太阳辐射、核辐射、紫外线辐射、宇宙射线等
电磁条件	电场、磁场、闪电、雷击、电晕放电等

环境试验可分为现场试验、模拟试验两大类。在使用现场进行的试验称为现场试验,通过现场试验可以真实地反映产品在实际使用条件下的可靠性。在实验室里进行的试验称为模拟试验。

由表 4-1 可以看出,影响产品性能的环境条件很多,但并不是所有的环境条件都要进行模拟试验,有些环境条件对产品的可靠性影响很小,所以仅需对产品可靠性影响大的一些环境条件(主要是气候条件和机械条件)进行模拟试验。国际电工委员会(IEC)于 1960 年成立了“电子元件和设备的环境试验规程”技术委员会(TC50),到目前为止已在环境试验方面制订了不少标准。IEC 还于 1972 年成立了“环境条件分类”技术委员会(TC75),并颁布了一些标准。美国、日本等工业发达国家还制定了许多关于电子设备和电气设备的环境试验方法的标准。

20 世纪 50 年代中后期开始,我国开展了环境条件与环境试验的标准化工作。1980 年成立了全国电工、电子产品环境条件与试验标准化技术委员会,并制订了环境条件与试验的国家标准。已制订并颁布了 GB2423《电工电子产品基本环境试验规程》总则等几十项环境试验标准。

4.5　可靠性测定试验与可靠性验证试验

按 GB5080.1《设备可靠性试验总要求》中的规定,设备(指电子、电工及机械产品,既可指元件也可指装置)可靠性试验分为可靠性测定试验及可靠性验证试验。

4.5.1　可靠性测定试验

可靠性测定试验是指测定设备可靠性特征值的试验,可靠性测定试验通常是用来提供可靠性数据的,它适用于还没有定量地规定可靠性要求的产品,通过可靠性测定试验可以评定产品所达到的可靠性水平。

4.5.2　可靠性验证试验

可靠性验证试验是指验证设备可靠性特征值是否符合规定的可靠性要求的试验,可靠性验证试验通常是订货方接收产品的条件之一。

（1）产品的可靠性要求

某一产品的可靠性要求,应采用从整个系统考虑而确定的并便于应用的指标（失效率值、平均寿命值、可靠寿命值等）来表示。

（2）试验条件的选择与确定

1）确定工作及环境试验条件,包括负载条件、电源条件及操作方法等。

2）确定试验期间对产品应采取的预防性维护措施。

3）确定试验前的试品准备,包括受试产品的测试、调整及校准等。

在试验过程中,如果必须考虑多种工作条件、环境条件和维修条件,则在详细的可靠性试验方案中应该有一个试验周期图,用以表明试验周期中工作环境和预防性维护条件的持续时间、时间间隔以及它们之间的相互关系。

（3）试验地点的确定

实验室试验的优点是,试验条件可以限定和控制,试验结果具有可比性。此外,实验室试验能更好地监测受试产品的性能和显示受试产品的失效。在很多情况下,实验室的试验条件可以准确地按使用的极限条件来设计。

现场试验的优点是,可以提供更现实的试验结果且只要较少的试验设施,其试验费用也比相应的实验室试验费用低,受试产品可以按正常条件工作。现场试验的缺点是不可能在严格控制的条件下进行试验。

（4）试验方案的确定

在恒定失效率的情况下可采用下列两种类型的试验方案。

1）截尾序贯试验方案。在试验期间,对受试产品进行连续的或短间隔的监测,并将累积的试验时间和失效数与规定的判据进行比较,以确定是否接收、拒收还是应继续进行试验。

2）定时或定数截尾试验方案。在试验期间,对受试产品进行连续的或短间隔的监测,若累积的试验时间达到了预定的试验时间,而失效数未达到预定的失效数,则判为接收;若累积的试验时间未达到预定的试验时间,而失效数达到了预定的失效数,则判为拒收。

上述两种类型的试验方案在经济性及管理方面的优缺点如下：

截尾序贯试验方案的优点是：

① 作出判决所需要的平均失效数最少。

② 作出判决所要求的平均累积试验时间最少。

截尾序贯试验的缺点是：

① 失效数及与之有关的试品费用的变动幅度比类似的定时或定数截尾试验方案大，从而带来安排试品、试验设备和人力等管理方面的问题。

② 最大累积试验时间及失效数可能会超过相应的定时或定数截尾试验方案。

定时或定数截尾试验方案的优点是：

① 最大累积试验时间是固定的，因此在试验之前就可以确定试验设备及人力的最大需要量。

② 试验之前能确定试品的最大数量。

定时或定数截尾试验方案的缺点是：

① 平均失效数和平均累积试验时间都会超过相应的截尾序贯试验方案。

② 无论产品好坏，都要达到预定的累积试验时间或失效数才能作出判决，而相应的截尾序贯试验方案作出这种判决一般要快些。

(5) 试品的失效及分类

对于需要监测的每个参数，均应规定可接受的极限范围，当被测的任何一个参数永久地或间断地超出这种极限范围时，就应认为试品失效。

由于测量错误或外部测试设备失效而产生的试品失效现象不应认为是试品的失效，而其他所有的失效都应认为是试品的失效。

试品的失效可分为非相关失效及相关失效两类，非相关失效包含以下几种失效。

1) 从属失效。若一个产品的失效是由于另一个产品失效直接或间接地引起的，则这种失效称为从属失效。

2) 误用失效。指对试品施加的应力超过其规定应力而造成的失效，例如试验的严酷程度超过了对试品所规定的应力，这可能是因试验或维修人员的粗心操作所造成。

3) 修改设计可以清除的失效。指在试验中早期发现的可通过采取更改设计或采取其他矫正措施即可清除的一类失效。

除了上述属于非相关失效范畴的失效，均应认为是试品的相关失效。在对可靠性验证试验进行判决时，应把试验期间或试验结束时观测到的试品的所有相关失效均计算在内。

在可靠性验证试验的某些情况下应规定"需要立即作出拒收判决的失效"，即当这种失效一旦发生，无论其失效数是多少都不再考虑正常的接收或拒收判据而立即作出拒收的判决。产品可靠性试验方案中应规定这类失效的定义。例如,对产品的使用、维修人员或有关人员会造成危险或不安全条件的试品失效或可能造成巨大物资损失的失效均属这类失效。

4.5.3 可靠性寿命试验(正常寿命试验)

若按施加的应力水平的高低来划分,寿命试验可分为正常寿命试验(简称寿命试验)和加速寿命试验。正常寿命试验是指对产品施加正常应力(产品标准中规定的额定应力)水平的寿命试验。加速寿命试验是指对产品施加的应力超过正常应力水平的寿命试验。

本节主要讨论正常寿命试验。

为了以下目的,在下列场合需要进行可靠性寿命试验。

1) 为了了解和确定产品的失效分布类型。

2) 为了确定产品的各项可靠性特征量值(例如,失效率、平均寿命、可靠寿命及中位寿命等)。

3) 对于已投入生产的产品或新研制的产品,为了了解其可靠性水平而进行的所谓可靠性摸底试验。

4) 新产品研制和定型时所进行的失效率(可靠性)等级的定级试验。

5) 产品的失效率(可靠性)等级的升级试验和维持试验。

1. 样品数量的确定和抽样方法

对于失效率等级定级试验、失效率等级的升级试验以及失效率等级的维持试验,其样品数量应根据产品标准中所规定的抽样表来确定。对于可靠性摸底试验以及为了确定产品的失效分布类型和各项可靠性特征量值而进行的寿命试验,其样品数量没有明确的规定,当样品数较多时,对失效分布类型及各项可靠性特征量所作的估计也比较精确,但试验费用及试验工作量较大。而当样品数较少时,虽可减少试验费用及工作量,但所作估计的精确性将降低,所以样品数量的多少既要保证统计分析的正确性,又要考虑到寿命试验的代价不能太大。一般来说,当产品的成本及试验费用较低时,样品数量应多些(最好不低于 30 个)。若产品的成本或试验费用很高,则样品数量可以适当减少。

样品必须在筛选试验和出厂试验合格的一批产品中随机地抽取。

2. 失效判据与试验中应监测的参数

失效判据是判断产品是否失效的依据,所以在产品标准中应予以明确规定,严格地说,产品在寿命试验过程中,各项技术指标都应符合产品标准的规定,所以对产品的各项技术指标(或参数)都应进行监测,但这会使试验设备太复杂,试验工作量太大,所以一般只对一些关键的参数进行监测,而对其他技术参数仅在寿命试验结束后进行测量。

3. 试验截止时间的确定

寿命试验可分为完全寿命试验、定数截尾寿命试验以及定时截尾寿命试验。对于鉴定试验中的失效率等级定级试验、失效率等级升级试验、失效率等级的维持试验,一般采用截尾寿命试验;对于为确定产品的失效分布类型所进行的寿命试验,最好做完全寿命试验;对于可靠性摸底试验以及为确定产品可靠性特征量值所进行的寿命试验,可采用截尾寿命试验,但失效数 r 最好达到样品总数的 60% 左右为宜。

4.6　加速寿命试验

所谓加速寿命试验就是在不改变产品失效机理的条件下,用加大应力的方法所进行的寿命试验。由于加大了应力,使产品加速失效,从而缩短了试验时间。采用加速寿命试验可以用较少的样品在较短的时间内结束试验,根据试验所得结果可推算出产品在正常(额定)应力水平下的可靠性特征量值。

1. 加速寿命试验的分类

加速寿命试验按施加应力的方法大致可分为三种类型,即恒定应力加速寿命试验、步进应力加速寿命试验以及序进应力加速寿命试验,恒定应力加速寿命试验是把投试样品分成若干组,在高于正常应力水平的几个恒定应力水平下,分别对各组样品进行寿命试验。步进应力加速寿命试验是指样品所加的应力水平随时间按阶梯形逐步提高的寿命试验。序进应力加速寿命试验是指所加应力水平随时间等速连续增高的寿命试验。

恒定应力加速寿命试验是最常用的加速寿命试验方法。下面主要介绍这种试验方法的基本原理及其试验结果的图分析法。

2. 恒定应力加速寿命试验的基本原理

一台交流接触器分断的电流值越大时,电弧能量越大;触头的电磨损量也越大,接触器的电寿命就越低;反之,当这台交流接触器分断的电流值较小时,接触器的电寿命就较长。若该交流接触器分断电流 I 采用 I_1、I_2、I_3 及 I_4(均比额定分断电流 I_N 高)四种不同水平时,其电寿命分别为 t_1、t_2、t_3 及 t_4,则可画出分断电流 I 与电寿命间的关系曲线,如图 4-1 所示。

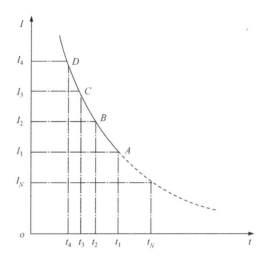

图 4-1　交流接触器的加速寿命曲线

图 4-1 中，A、B、C、D 四点所代表的数据 $(t_1、I_1)$、$(t_2、I_2)$、$(t_3、I_3)$、$(t_4、I_4)$ 显然不能通过同一台交流接触器的寿命试验获得，而且由于产品寿命的随机性也不能用一台产品进行一个应力水平下的寿命试验，一般应在每个应力水平下各取若干个样品进行寿命试验，并根据其试验结果来确定其失效分布类型，然后确定该应力水平下的可靠性寿命参数值。

3. 恒定应力加速寿命试验方法

（1）加速变量的选择

在选择加速变量时，首先要考虑对主要失效机理有明显影响的那种应力条件。半导体器件的加速寿命试验常选择温度作为加速变量。对于交流接触器而言，可以考虑选择触头的分断电流作为电寿命加速试验的加速变量。

（2）加速变量的应力水平个数的选择

为了通过加速寿命试验能准确地推算出正常应力水平下的产品寿命，一般要对加速变量选取 k 个应力水平分别进行寿命试验。一般 k 不得小于 3，最好 $k \geqslant 4$。

（3）加速变量的应力水平的选择

为叙述方便，用符号 S 表示加速变量，各个应力水平下的加速变量值分别记作 $S_1,S_2,\cdots,S_k (S_1 < S_2 < \cdots < S_k)$。例如，选择分断电流作为电寿命加速试验的加速变量，并选择其应力水平分别为额定电流 I_N 的 1.5 倍、3 倍、4.5 倍及 6 倍，则 $S_1 = 1.5 I_N, S_2 = 3 I_N, S_3 = 4.5 I_N, S_4 = 6 I_N$。

最低应力水平下的加速变量值 S_1 应尽可能接近正常应力水平下的加速变量值，这样可使由试验结果所推算出的正常应力水平下的产品寿命具有较高的准确度。S_k 应尽可能比正常应力水平下的加速变量值高得多些,以缩短试验时间,但是必须保证产品在 $S=S_k$ 时的失效机理与在正常应力水平下的失效机理相同,即必须保证应力水平提高后失效机理不变。

其他应力水平下的加速变量值可按以下原则确定,当产品寿命与加速变量间满足阿伦尼斯方程时,

$$\frac{1}{S_1}-\frac{1}{S_2}=\frac{1}{S_2}-\frac{1}{S_3}=\cdots=\frac{1}{S_{k-1}}-\frac{1}{S_k}=\frac{\left(\dfrac{1}{S_1}-\dfrac{1}{S_k}\right)}{(k-1)} \tag{4-1}$$

当产品寿命与加速变量间满足逆幂律方程时,

$$\lg S_k-\lg S_{k-1}=\lg S_{k-1}-\lg S_{k-2}=\cdots=\lg S_2-\lg S_1=\frac{(\lg S_k-\lg S_1)}{(k-1)} \tag{4-2}$$

（4）确定投试样品的数量

整个加速寿命试验由 $S=S_1,S_2,\cdots,S_k$ 时的各个寿命试验组成。设 $S=S_1$ 时寿命试验的样品数为 n_1,$S=S_2$ 时寿命试验的样品数为 n_2,$S=S_k$ 时寿命试验的样品数为 n_k,则整个加速寿命试验总共投试样品数 $n=n_1+n_2+\cdots+n_k$。通常,可取 $n=n_1=n_2=\cdots=n_k$,各个应力水平下寿命试验的样品数也可以不相等,但要保证 n_1 和 n_k 是其中最多的样品数。

（5）投试样品的抽取方法

投试样品必须在同一批产品中随机地抽取,一般在一批产品中先随机抽取 n 个样品,然后将这 n 个样品再随机地分成 k 组,各组的样品数分别为 $n_1,n_2,\cdots,n_k$。

（6）寿命试验的停止时间

应力水平较高（如 $S=S_k$ 等）时的寿命试验,费时较少,一般都采用完全寿命试验;而在应力水平较低（$S=S_1$ 及 $S=S_2$）时的寿命试验,试验时间较长,有时采用截尾寿命试验。通常,$S=S_1$（或 $S=S_2$）时,寿命试验的试品失效个数 r_1（或 r_2）与试品 n_1（或 n_2）之比 r_1/n_1（或 r_2/n_2）最低也要达到 30%。

4. 恒定应力加速寿命试验的图分析法

根据不同应力水平下的寿命试验结果,应用失效分布类型的图检验法,可以确定其失效分布类型,从而可求得产品在不同应力水平下的可靠性寿命参数。然后在单边对数坐标纸（当选择温度作为加速变量时）或双边对数坐标纸（当选择电流或电压作为加速变量时）上描点,如果能用一条直线（即加速寿命直线）拟合,则可推算出正常应力水平下的可靠性寿命参数,这种方法称为加速寿命试验的图分析法。下面以温度作为加速变量、寿命服从威布尔分布为例,介绍加速寿命试验的图分析法。

为叙述方便,假设应力水平个数 $k=4$,此时,图分析法的步骤如下:

(1) 在威布尔概率纸上画出各温度水平下的寿命分布直线

根据温度 $T=T_1$ 时的寿命试验数据 $(t_1)_1,(t_2)_1,\cdots,(t_{n1})_1$；$T=T_2$ 时的寿命试验数据 $(t_1)_2,(t_2)_2,\cdots,(t_{n2})_2$；$T=T_3$ 时的寿命试验数据 $(t_1)_3,(t_2)_3,\cdots,(t_{n3})_3$；$T=T_4$ 时的寿命试验数据 $(t_1)_4,(t_2)_4,\cdots,(t_{n4})_4$；求得与上述寿命数据相对应的累积失效概率值,在威布尔概率纸上描点并分别用直线拟合,可得到回归直线 L_1、L_2、L_3、L_4,这些直线即为各温度水平下的寿命分布直线,如图 4-2 所示。

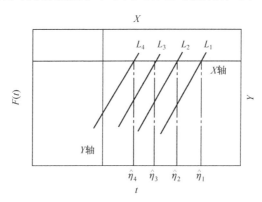

图 4-2　不同温度水平 (T_1,T_2,T_3,T_4) 下的寿命分布直线

(2) 估计各温度水平下的特征寿命

在图 4-2 中,$T=T_1$ 时的寿命分布直线 L_1 与 X 坐标轴的交点向下引垂线,该垂线与 t 尺交点的读数即为 $T=T_1$ 时的特征寿命的估计值 $\hat{\eta}_1$,与此相似,可求得其他各温度水平 (T_2,T_3,T_4) 下的特征寿命的估计值 $\hat{\eta}_2$、$\hat{\eta}_3$、$\hat{\eta}_4$ (图 4-2)。

(3) 在单边对数坐标纸上绘制加速寿命直线

在单边对数坐标纸上以 $1/T$ 为横坐标,寿命 t 为纵坐标,按 $(1/T_1,\hat{\eta}_1)$、$(1/T_2,\hat{\eta}_2)$、$(1/T_3,\hat{\eta}_3)$、$(1/T_4,\hat{\eta}_4)$ 描点,并用直线拟合,得加速寿命直线 L_J,如图 4-3 所示。

(4) 推算正常温度水平 (T_0) 下的特征寿命 $\hat{\eta}_0$

将图 4-3 中的加速寿命直线延长,并在横坐标轴上取读数等于 $1/T_0$ 的一点向上作垂线,该垂线与加速寿命直线相交,由交点向左作水平线,该水平线与 t 坐标轴交点的读数即为 $\hat{\eta}_0$。

(5) 推算正常温度水平 (T_0) 下的寿命分布

求出图 4-2 中各温度水平下寿命分布(即威布尔分布)的形状参数的估计值 $\hat{m}_1$、$\hat{m}_2$、$\hat{m}_3$、$\hat{m}_4$,再按下式求出正常温度水平 (T_0) 下寿命分布的形状参数的估计值 $\hat{m}_0$：

$$\hat{m}_0=\frac{1}{n}(n_1\hat{m}_1+n_2\hat{m}_2+n_3\hat{m}_3+n_4\hat{m}_4) \tag{4-3}$$

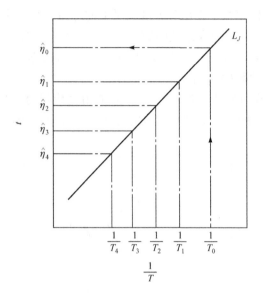

图 4-3　单边对数坐标纸上配置加速寿命直线

式中，n 为总试品数，$n=n_1+n_2+n_3+n_4$。

在威布尔概率纸的 Y 尺上取读数等于 $\hat{m}_0$ 的 A 点，由 A 点向左作水平线，交 Y 坐标轴于 B 点，过 B 点和 m 的估计点作直线 L，再在 t 尺上取读数等于 $\hat{\eta}_0$ 的一点 C，由 C 点向上作垂线交 X 坐标轴于 D 点，过 D 点作直线 L_0 平行于直线 L，则直线 L_0 即为所求的正常温度水平 (T_0) 下的寿命分布直线，如图 4-4 所示。

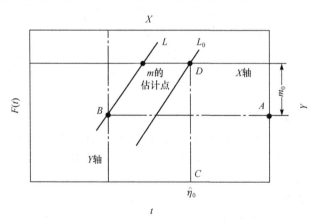

图 4-4　正常温度水平 (T_0) 下的寿命分布直线

（6）推算正常温度水平下的各可靠性特征量的估计值

根据正常温度水平 (T_0) 下寿命分布直线（图 4-4 中的 L_0），推算出正常温度水平下的各可靠性特征量(如平均寿命、寿命标准离差、可靠寿命、中位寿命等)的估计值。

(7) 推算加速系数

产品寿命服从威布尔分布、温度作为加速变量和温度水平为 T_i 时的加速系数 τ_i 是指正常温度水平 (T_0) 下的特征寿命 η_0 与该温度水平 T_i 下的特征寿命 η_i 的比值,即

$$\tau_i = 10^{\left(\frac{b}{T_0} - \frac{b}{T_i}\right)} = 10^{b\left(\frac{1}{T_0} - \frac{1}{T_i}\right)} \tag{4-4}$$

式(4-4)中的系数 b 的确定方法如下:

先由 $1/T_1$ 及 $1/T_4$ 在加速寿命直线(图 4-3)上查出相应的特征寿命 η_1 及 η_4,再根据下式即可求得

$$b = \frac{T_1 T_4}{T_4 - T_1}(\lg \eta_1 - \lg \eta_4) = \frac{T_1 T_4}{T_4 - T_1} \lg \frac{\eta_1}{\eta_4} \tag{4-5}$$

将 T_0、T_i 以及由式(4-5)所求得的 b 值代入式(4-4)即可求得某一温度水平 T_i 下的加速系数 τ_i。应该指出,T_i 不应超过加速寿命试验中的最高温度水平,因为温度水平 T_i 太高时,可能使失效机理发生改变,而使所推得的加速系数值不正确。

第5章 电器产品的可靠性评价

5.1 控制继电器的可靠性

控制继电器是一种量大面广的基础电器元件,广泛用于机械、电子、航天航空、铁道、邮电及电力等各个部门。一个大型设备或系统中一般都使用不少继电器,为了保证设备或系统具有较高的可靠性,作为设备或系统中主要基础元件之一的控制继电器必须有很高的可靠性,所以控制继电器的可靠性已受到国际上普遍重视,不少国家(如美国、日本等国)均已制订了有可靠性指标的继电器标准。IEC 于 2011 年发布了 IEC61810-2"*Electromechanical Elementary Relays-Part 2:Reliability*"。

5.1.1 控制继电器的可靠性指标

为了统一继电器的可靠性考核方法,进一步推动中国继电器可靠性工作的开展,根据国家技术监督局下达的国家标准制订计划,由原中国机械工业部北京电工综合技术经济研究所和河北工业大学负责,制订了国家标准 GB/T 15510－1995《控制用电磁继电器可靠性试验通则》,并于 2008 年进行了修订。在这份国家标准中,规定控制继电器以其失效率高低来划分其可靠性等级,其失效率等级的名称、符号及每个等级的最大失效率如表 5-1 所示。

表 5-1 控制继电器失效率等级名称符号及其最大失效率

失效率等级名称	失效率等级符号	最大失效率 $\lambda_{max}(1/10$ 次$)$
亚五级	YW	3×10^{-5}
五级	W	1×10^{-5}
六级	L	1×10^{-6}
七级	Q	1×10^{-7}

IEC 61810-2 将继电器触点负载类型分为 cc1(指没有电弧的低负载)与 cc2(指能产生电弧的高负载)。对于触点负载类型为 cc1 的继电器,其失效模式可认为是随机失效。寿命分布可认为服从指数分布,所以可采用失效率 λ 作为其可靠性特征量,按最大失效率 λ_{max} 的数值划分继电器的可靠性等级,其方法与表 5-1 类似;对于触点负载类型为 cc2 的继电器,其失效模式为磨损失效,寿命分布可认为服从威布尔分布,所以采用可靠度作为其可靠性特征量,可按额定寿命时的可靠度

数值划分继电器的可靠性等级。可靠性等级的名称及额定寿命时的可靠度见表 5-2。

表 5-2　触点负载类型为 cc2 的继电器可靠性等级

可靠性等级名称	额定寿命 T_e 时的可靠度 $R(T_e)$
一级	0.95
二级	0.9
三级	0.85

5.1.2　控制继电器的可靠性试验要求

1. 环境条件

1）一般情况下,试验应在 GB 2423《电工电子产品基本环境试验规程》规定的标准大气条件下进行,即

温度:15～35℃;

相对湿度:45%～75%;

大气压力:86～106kPa。

试验应在标准大气条件中放置足够的时间(不少于 8h),以使试品达到热平衡。

2）试验环境应注意避免灰尘和其他污染。

2. 安装条件

1）试品应安装在正常使用位置。

2）试品应安装在无显著冲击和振动的地方。

3）试品安装面与垂直面的倾斜度应符合产品标准的规定。

3. 电源条件

1）交流电源应为频率等于 50Hz 的正弦波电源,其容许偏差为:

① 波形畸变因数不大于 5%;

② 频率偏差为±5%。

2）直流电源可采用发电机、蓄电池或稳压电源,若试验时不会影响产品性能,则可以采用三相全波整流电源,但其纹波分量应满足规定:即峰值与谷值之差和直流分量之比值不大于 6%。

3）试验过程中,当触点接通负载时,试验电源电压的波动相对于空载电压而言应不大于 5%。

4. 负载条件

(1) 触点负载类型为 cc1 的继电器

1) 负载电源可为直流电源或交流电源，一般情况下，推荐采用直流电源。

2) 负载可为阻性负载、感性负载、容性负载或非线性负载，一般情况下，推荐采用阻性负载(交流时 $\cos\varphi=0.9\sim1.0$，直流时 $L/R\leqslant1\text{ms}$)。

3) 一般情况下，试验时触点电路电源电压 U_N 应采用 10V 或产品标准中规定的触点最低直流额定电压值。

4) 一般情况下，试验时触点电路负载电流 I_C 的数值优先采用 10mA 或 100mA。

(2) 触点负载类型为 cc2 的继电器

触点电路电源电压为产品额定电压，触点电路负载电流应为额定电流。

5. 激励条件

1) 试验时，试品应以输入激励量的额定值进行激励。

2) 每小时的循环次数：试验时试品每小时的循环次数应不低于产品标准中规定的额定值，为缩短试验时间，在不影响试品正常动作与释放的条件下，试品每小时的循环次数可以高于产品标准中规定的额定值，其数值可从 6，30，600，1200，1800，3600，7200，12000，18000，36000 中选取。

3) 负载比(负载因数)应从下列推荐数值中选取，即 15%，25%，33%，40%，50%，60%。

5.1.3　控制继电器的可靠性试验方法

1. 可靠性试验的一般规定

(1) 可靠性试验的类型

可靠性试验可分为可靠性测定试验和可靠性验证试验。

1) 可靠性测定试验。

可靠性测定试验是指测定产品可靠性特征值的试验，可靠性测定试验通常是用来提供可靠性数据的，它适用于还没有定量地规定可靠性要求的产品，通过可靠性测定试验可以评定产品所达到的可靠性水平。

2) 可靠性验证试验。

可靠性验证试验是指验证产品可靠性特征值是否符合规定的可靠性要求的试验，可靠性验证试验通常是订货方接收产品的条件之一。

（2）试验地点的确定

实验室试验的优点是试验条件可以限定和控制，试验结果具有可比性。此外，实验室试验能更好地监测受试产品的性能和显示受试产品的失效。在很多情况下，实验室的试验条件可以准确地按使用的极限条件来设计。

现场试验的优点是可以提供更现实的试验结果且只要较少的试验设施，其试验费用也比相应的实验室试验费用低，受试产品可以按正常条件工作。现场试验的缺点是不可能在严格控制的条件下进行试验。

（3）试验方案的确定

在恒定失效率的情况下可采用下列两种类型的试验方案。

1）截尾序贯试验方案。在试验期间，对受试产品进行连续的或短间隔的监测，并将累积的试验时间和失效数与规定的判据进行比较，以确定是否接收、拒收还是应继续进行试验。

2）定时或定数截尾试验方案。在试验期间，对受试产品进行连续的或短间隔的监测，若累积的试验时间达到了预定的试验时间，而失效数未达到预定的失效数，则判为接收；若累积的试验时间未达到预定的试验时间，而失效数达到了预定的失效数，则判为拒收。

上述两种类型的试验方案在经济性及管理方面的优缺点如下：

截尾序贯试验方案的优点是：

1）作出判决所需要的平均失效数最少。

2）作出判决所要求的平均累积试验时间最少。

截尾序贯试验方案的缺点是：

1）失效数及与之有关的试品费用的变动幅度比类似的定时或定数截尾试验方案大，从而带来安排试品、试验设备和人力等管理方面的问题。

2）最大累积试验时间及失效数可能会超过相应的定时或定数截尾试验方案。

定时或定数截尾试验方案的优点是：

1）最大累积试验时间是固定的，因此在试验之前就可以确定试验设备及人力的最大需要量。

2）试验之前能确定试品的最大数量。

定时或定数截尾试验方案的缺点是：

1）平均失效数和平均累积试验时间都会超过相应的截尾序贯试验方案。

2）无论产品好坏，都要达到预定的累积试验时间或失效数才能作出判决，而相应的截尾序贯试验方案作出这种判决一般要快些。

2. 试品的准备

对于触点负载类型为 ccl 的继电器，为满足产品寿命服从指数分布的假设，应采用筛选的方法来剔除早期失效的产品,所以试品应从稳定的工艺条件下批量生产并经过筛选的合格产品中随机抽取。为了避免试验过分复杂,推荐采用常温(15~35℃)下运行筛选。筛选条件是运行次数为 5000 次;激励条件、触点电路电源电压 U_N 及触点电路负载电流与前面试验要求所述的相同。

3. 试品的检测

(1) 试验前检测

试验前先对试品进行开箱检测,检查试品的零部件有无运输引起的损坏、断裂,剔除零部件损坏的试品,并按规定补足试品数。剔除掉的试品不计入相关失效数 r 内。

(2) 试验过程中检测

一般情况下,在试品每次循环的"接通"期的 40% 时间内与"断开"期的 40% 时间内,应监测试品的所有触点,监测闭合触点的接触压降及断开触点间的电压。试验过程中不允许对试品进行清理和调整。

(3) 试验后检测

一般情况下,试验后应对所有未失效试品的下列项目进行检查。

1) 外观检查。

2) 动作电压。

3) 释放电压。

4) 接触电阻。

5) 绝缘电阻。

6) 介质耐压。

7) 吸合时间。

8) 释放时间。

9) 回跳时间。

10) 线圈电阻。

4. 失效判据

当出现下列任意一种情况时,即认为该试品失效。

1) 闭合触点的接触压降 U_j 超过下列极限值 U_{jm}。

① 负载电流为额定电流时,接触压降的极限值 U_{jm} 为触点电路电源电压 U_N 的 5% 或 10%。

② 负载电流为 10mA 或 100mA 时,接触压降的极限值 U_{jm} 见表 5-3。

表 5-3　触点接触压降的极限值 U_{jm}

触点电路负载电流 I_c(mA)	触点接触压降的极限值 U_{jm}(V)
10	0.1
100	0.5

2）断开触点间的电压 U_c 低于极限值 U_{cx}，一般情况下，U_{cx} 应为触点电路电源电压的 90%。

3）触点发生熔接或其他形式的粘接。

4）触点燃弧时间超过 0.1s。

5）继电器线圈通电时不动作。

6）继电器线圈断电时不返回。

7）试品零部件有破坏性损坏，连接导线及零部件松动。

8）试品在试验后检测中，任一项目的检测结果不符合产品标准的规定。

5.1.4　触点负载类型为 cc1 的继电器可靠性试验

负载类型为 cc1 的继电器，一般采用可靠性验证试验。

1. 可靠性验证试验的抽样方案

继电器的可靠性验证试验应在实验室进行，一般情况下，继电器的可靠性验证试验推荐采用定时或定数截尾试验。

继电器的可靠性验证试验分为定级试验、维持试验与升级试验。

定级试验是指为首次确定产品的失效率等级而进行的试验，或在某一失效率等级的维持试验或升级试验失败后，对产品重新确定其失效率等级而进行的试验。

维持试验是指为证明产品的失效率等级仍不低于定级试验或升级试验后所确定的失效率等级而进行的试验。

升级试验是指为证明产品的失效率等级比原定的失效率等级更高而进行的试验。

寿命服从单参数指数分布时，可靠性验证试验方案中的截尾时间 T_c 为

$$T_c = \frac{\chi_{1-\beta}^2(2A_c+2)}{2\lambda_1} \qquad (5-1)$$

其中，$2\lambda_1 T_c$ 与 β 的关系可用图 5-1 表示。$2\lambda_1 T_c$ 就等于自由度为 $2A_c+2$ 的 χ^2 分布的 $1-\beta$ 下侧分位数 $\chi_{1-\beta}^2(2A_c+2)$。

对于不同的 A_c 值，可求得相应的 T_c 值，从而可确定抽样方案。定级试验和升级试验的置信度取为 0.9，其抽样方案见表 5-4。维持试验的置信度取为 0.6，其抽样方案见表 5-5。

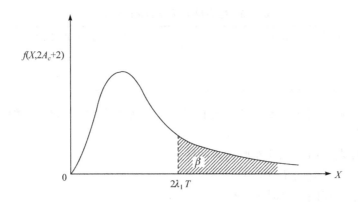

图 5-1　$2\lambda_1 T$ 与 β 间的关系

表 5-4　定级试验和升级试验的抽样方案

截尾时间 $T_c(10^6$ 次) ＼ 允许失效数 A_c ＼ 失效率等级	0	1	2	3	4	5	6	7	8	9
YW	0.768	1.30	1.77	2.23	2.66	3.09	3.51	3.92	4.33	4.74
W	2.30	3.89	5.32	6.68	7.99	9.27	10.53	11.77	13.0	14.21
L	23.0	38.9	53.2	66.8	79.9	92.7	105.3	117.7	130.0	142.1
Q	230	389	532	668	799	927	1053	1177	1300	1421

表 5-5　维持试验的抽样方案

失效率等级	最大的维持周期(月)	截尾时间 $T_c(10^6$ 次)									
		$A_c=0$	$A_c=1$	$A_c=2$	$A_c=3$	$A_c=4$	$A_c=5$	$A_c=6$	$A_c=7$	$A_c=8$	$A_c=9$
YW	6	0.308	0.673	1.03	1.39	1.75	2.10	2.45	2.80	3.15	3.50
W	6	0.916	2.02	3.10	4.18	5.25	6.30	7.35	8.40	9.44	10.5
L	12	9.16	20.2	31.0	41.8	52.5	63.0	73.5	84.0	94.4	105
Q	24	91.6	202	310	418	525	630	735	840	944	1050

2. 可靠性验证试验的程序

(1) 定级试验

定级试验的程序如下：

1) 选定失效率等级，首次定级试验一般应选失效率等级为 YW 或 W 级。

2) 选定允许失效数 A_c 和截尾失效数 $r_c(r_c=A_c+1)$，推荐在 2~5 的范围内

选择 A_c，不推荐选择 $A_c=0$。

3）根据选定的失效率等级和 A_c，由表 5-4 查出截尾时间 T_c。

4）选定试品的试验截止时间 t_z，t_z 应不超过产品标准中规定的电寿命次数，但不得低于 10^5 次。

5）根据 T_c、A_c 及 t_z 由式(5-2)确定试品数 n，即

$$n=\frac{T_c}{t_z}+A_c \tag{5-2}$$

应注意，试品数 n 一般不得小于 10。

6）从批量生产并经过筛选的合格产品中随机抽取 n 个试品，供抽样的产品数量应不小于试品数 n 的 10 倍。

7）按本章试验方法中的规定进行试验与检测。

8）统计相关失效数 r 及各失效试品的相关试验时间（失效发生时间），对试验后检测出的相关失效试品，其相关试验时间按试验结束时的时间计算。

9）统计累积相关试验时间 T。

10）试验结果判定。当相关失效数 r 未达到截尾失效数 r_c（即 $r \leqslant A_c$），而累积相关试验时间 T 达到或超过了截尾时间 T_c，则判为试验合格（接收）；当累积相关试验时间 T 未达到截尾时间 T_c，而相关失效数 r 达到或超过了截尾失效数 r_c（$r>A_c$），则判为试验不合格（拒收）。

（2）维持试验

定级试验合格的产品，一般情况下，应按表 5-5 中规定的维持周期进行该等级的维持试验，维持试验按下列程序进行。

1）选定允许失效数 A_c。

2）根据产品已试验合格的失效率等级及选定的允许失效数，由表 5-5 查出截尾时间 T_c。

3）选定试品的试验截止时间 t_z（其方法与定级试验时相同）。

4）确定试品数 n（其方法与定级试验时相同）。

5）抽取试品（其方法与定级试验时相同）。

6）按本章试验方法中的规定进行试验与检测。

7）统计相关失效数 r 及各失效试品的相关试验时间（其方法与定级试验时相同）。

8）统计累积相关试验时间 T。

9）试验结果判定（其方法与定级试验时相同）。

10）若维持试验合格，则应继续按规定的维持周期进行下一次维持试验；若维持试验不合格，则应重新进行定级试验，以确定其失效率等级。

11）重新确定失效率等级时，应将该产品从首次定级试验起的全部试验数据

(包括维持试验不合格的数据)进行累计,根据累计的相关失效数及累积的相关试验时间,由表 5-4 确定产品的失效率等级。

（3）升级试验

定级试验合格的产品可继续进行升级试验。升级试验的数据可从定级试验和维持试验的试品进行延长试验以及为升级试验投入的试品进行试验得出。升级试验按下列程序进行。

1）选定待升的失效率等级（一般比原定的等级高一级）。

2）选定允许失效数 A_c。

3）根据选定的失效率等级及允许失效数由表 5-4 查出截尾时间 T_c。

4）根据 T_c 确定延长试验的时间以及为升级试验投入的试品数和试验时间。

5）抽取试品（其方法与定级试验时相同）。

6）按规定进行试验与检测。

7）统计相关失效数 r 及累积相关试验时间 T。

8）试验结果判定（其方法与定级试验时相同）。

9）若升级试验合格,则应按规定的维持周期进行该等级的维持试验;若升级试验不合格,则应重新进行定级试验,以确定其失效率等级。

10）重新确定失效率等级时,应将该产品的全部试验数据进行累计,根据累计的相关失效数及累积的相关试验时间由表 5-4 确定产品的失效率等级。

5.1.5　触点负载类型为 cc2 的继电器可靠性试验

触点负载类型 cc2 的继电器的可靠性试验应采用可靠性测定试验,并在实验室进行。

继电器的可靠性测定试验推荐采用定数截尾试验。

1. 可靠性测定试验的程序

1）确定试品数 n,n 一般可在 10～20 的范围内选择;

2）从批量生产的合格产品中随机抽取 n 个试品;供抽样的产品数量应不小于试品数 n 的 10 倍;

3）按本章试验方法中的规定对试品进行试验与检测,并根据本章中的规定来判断试品是否失效;

4）当试验到 7～10 只以上的试品失效时,试验停止;

5）根据可靠性测定试验的结果对可靠性等级进行评定。

2. 触点负载类型为 cc2 的继电器可靠性等级的确定方法

1）统计各失效试品的相关试验时间（失效发生时间）t_i,对试验后检测出的相

关失效试品,其相关试验次数按试验结束时的次数计算;

2) 当 $n>20$ 时,$F(t_i)=i/n$;当 $n\leqslant20$ 时,$F(t_i)=(i-0.3)/(n+0.4)$,计算各失效试品的累积失效概率 $F(t_i)$;

3) 根据各失效试品的试验数据 t_i 和 $F(t_i)$,在威布尔概率纸的 t-$F(t)$ 坐标系中描点;

4) 根据威布尔概率纸上所描各点来确定回归直线,如所描各点不在一条直线上,需"直线化",具体方法为:①将按 $[t_i,F(t_i)]$ 在威布尔概率纸的 t-$F(t)$ 坐标系中描点所得曲线延长,并与 t 尺相交于一点,此点的读数即为位置参数 ν 的估计值 $\hat{\nu}$;②按 $t_i'=t_i-\hat{\nu}$ 计算出 t_i',然后,按 $[t_i',F(t_i)]$ 在威布尔概率纸的 t-$F(t)$ 坐标系中描点,确定回归直线;

5) 根据额定寿命 T_e 在威布尔概率纸上确定对应的可靠度 $R(T_e)$;

6) 根据 $R(T_e)$ 按表 5-2 确定产品相应的可靠性等级。

5.1.6 控制继电器的可靠性试验装置

继电器可靠性试验装置通常采用微机进行控制与检测。

1. 试验装置的技术性能

对于控制继电器的可靠性试验来说,其总试验时间是相当长的。因此,要采用多台试品多触点同时进行试验的方法,试验装置具有多路输出与多路输入。试验进行时,可以对试品每次动作均监测其所有闭合触点的接触压降及所有断开触点间的电压,以鉴别触点是否发生接触压降过大或触点间发生桥接、粘接、绝缘电阻过低等故障。另外,考虑到某些标准中规定的考核方法,试验装置在试品的每次动作时,还可以考核其吸合时间和释放时间是否超过规定值。对接触压降、断开触点间的电压、吸合时间、释放时间进行连续性监测。此外,试验装置在试验过程中应能对电磁继电器的吸合电压、释放电压自动地进行定期测量,每次测量的时间间隔是可以任意调节的,对于接触电阻的具体数值也可以定期测量。

试验结束后,检测试品的绝缘电阻、介质耐压等,可利用常规试验设备一次性测试。

发生失效时,装置可以记录失效的试品编号、失效发生的时间和失效模式并整理数据输出报警。

试验的初始参数,如判断接触压降过大的门限电压、吸合时间的门限值、试验总次数等各种参数值均可通过键盘输入主机,并且在试验过程中可以随时由键盘修改调整。

为了使试验能更加灵活地进行,若试验过程中发生失效,装置可根据输入的控制参数判断试验是否应停止。

试验装置的其他功能还有整定试验操作频率、意外断电后不丢失数据等。断电后如恢复供电,装置有自启动和由操作人员人工启动两种方法,无论采用哪种方法都不破坏已产生的数据,已进行的试验次数也会连续计算下去。

对于试品的电磁系统线圈,试验装置既可以驱动直流线圈也可以驱动交流线圈,只规定被驱动线圈的电压最大值(通常这个最大值可达 1000V),只要用户加到试品线圈上的电压不超过此值,试验装置便可以进行通断线圈的操作,对试品触点的型式(常开、常闭、转换等)均无限制。

2. 试验装置的硬件设计

对试验装置来说,除要求高度可靠外,还应有一些分析处理能力,能很方便地完成各种试验以及完成继电器失效的类型判断、打印、报警等。微处理机本身的可靠性一般是相当高的,因而外围设备的选择就显得十分重要了。为了进一步提高整个装置的可靠性,可选用较为成熟的模块线路。同时还应考虑到装置的价格不致太高,对主机的选用不必强调其运算能力,而应当首先选用面向控制的工业控制计算机。

装置的原理框图如图 5-2 所示。下面简述硬件各部分的原理。

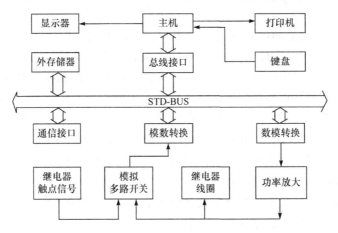

图 5-2 继电器可靠性试验装置的硬件框图

(1) 主机

主机采用功能较为完善的微处理机系统。利用编在主机内存储器的程序(此程序是固化在主机内存储器的),按规定的试验方法,使各种模块板协调工作,即可完成可靠性试验工作。主机本身直接控制显示器、打印机及键盘设备,在其内部也配有计时器硬件。所以所有试验中得到的数据以及试验的进行情况均可显示出来。操作人员可通过键盘控制试验的参数、安排试验。借助于键盘,也可进行一些特殊的试验,试验的数据可以直接输出,供计算机进行数据分析,也可稍加分析和

处理后在打印机上打印输出,供操作人员分析。主机一般不进行数理统计之类较
为复杂的数学运算。

（2）数模转换板

数模（D/A）转换板把主机送来的数字量转换成模拟量。经过功率放大后,变
成足以驱动多台试品（继电器）线圈的模拟电压,此电压通常为线圈的额定电压,以
完成线圈的通电,当数模转换器输出电压为零时,线圈断电,在需要测量试品的吸
合电压时,主机送到数模转换板的是连续增加的数字量,并应符合试验加压方法的
要求。而加在线圈上的模拟电压也就成了符合规定电压波形的电压了。同时主机
还在每一次升压之间不断地测量线圈两端的电压和检测相应触点的闭合情况。这
样便可测出试品的吸合电压。当需要测量试品的释放电压时,主机送来的是一系
列连续减少的数字量而不是增加的数字量,其他的过程和测量吸合电压时相仿。
需要说明的是,上述的升压、降压过程只适用于直流线圈,对于交流线圈不能简单
的用放大后的模拟电压驱动,而必须采取其他的措施。

（3）模数转换板

模数转换板把外部的模拟电压转换成数字量,供主机测量触点的接触压降、断
开触点间电压以及线圈电压。该模块通过一个多路开关由多路模拟信号共同使
用。一般把各路触点上的电压量与各继电器线圈上的电压量同时送到多路开关的
输入端,而是否送入模数转换板则要由主机来控制。主机在任一时刻只选通某一
路信号,通过多路开关到达模数转换板的输入端,而不需要的电压信号便被隔离在
多路开关的输入端。这样,多对触点的电压和多台试品线圈上的电压便可进行分
时转换了。同时被测触点的对数一般在 40～120 对较好。触点对数太多时将影响试
验的操作频率;触点对数太少时会使试验不得不分成许多批来做,这两种情况均会影
响试验速度。对于试品的台数,一般根据触点数目的多少选定。但无论试品台数多
少几乎都不影响试验的时间。因为线圈电压是定期测量而不是每次动作都测量。

（4）扩展外存

扩展外存的作用是存储大量的试验数据,主要以磁性记录设备为主,因为向外
存储器存取数据要占用主机一定的时间,所以并不是每一个试验数据都立即送入
外存储器的,而是先保存在主机的内存储器当中,当数据在内存储器中有一定量后
便成批地转移到外存储器中。外存储器是对内存储器的补充,当试验数据不多时,
一般不必使用外存储器。通常几十万次的可靠性试验,内存储量也十分富裕了。

整个模块系统安装在专用的插座上,该插座可任意增加模块使系统的功能
增加。

3. 试验装置的软件设计

程序流程图如图 5-3 所示。

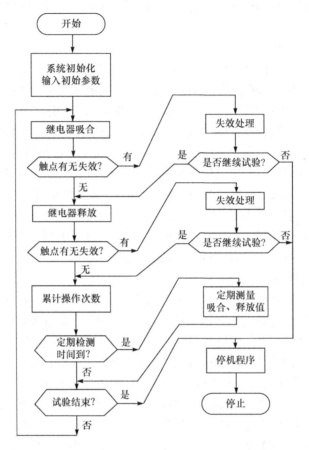

图 5-3　程序流程图

软件的主要程序有下列几项：

（1）系统初始化

1）系统自检。检查存储器、打印机、各个模块是否正常工作。

2）查对试品的接线。由于在一台试品上可以同时有常开、常闭及转换触点，故本装置可自动查对出任一台试品上的触点有多少对、各是什么形式的触点。这种查对的结果可以打印成表格输出，以供操作人员核对接线是否有误。

（2）初始参数的输入

1）由操作人员通过键盘将初始数据，如操作频率、试验总次数、接触压降的门限值等参数输入至系统的内存储器。

2）输出打印所有原始参数，供操作人员核对。对于不合逻辑的输入（通常由操作人员的误操作造成），程序软件会筛选出，以完成纠错的任务。

3）依据初始参数完成试验系统中各部分的设定。

（3）线圈的加电

主机通过驱动器将额定电压加到线圈上。考虑到试验的需要，某一试品失去继续试验的意义后（如发生了不可恢复的故障），主机将通过一个屏蔽子程序撤除该试品，这时当线圈加电时额定电压不会加到该试品的线圈上。

（4）线圈断电

即切断线圈的电源。

（5）判定试品有无失效产生

1）判定所有应当闭合的触点的接触压降是否过大。

2）判定所有应当打开的触点间的电压是否过低。

3）判定每台试品的吸合时间和释放时间是否超过了规定值。

（6）故障处理

1）当判断出有失效发生时，该程序可分析出失效形式，输出失效发生的时间、失效触点的编号和失效试品的编号，同时将失效的数据存入内存储器备查。

2）依据输入的初始参数，决定发生失效的试品是否继续试验下去或者整个试验是否可以结束。

（7）定期测量

当每次动作累加到预先设定的时间后，该程序完成吸合电压、释放电压、触点压降等参数的测量工作并输出结果。

（8）结束程序

1）重复上面的定期测量工作。

2）整理全部数据，打印详细的试验报告。

3）发出停机信号并使有关模块复位。

（9）停机

在程序流程中、每个操作完成后系统处于键盘扫描状态，这就是说控制人员可正常中断程序流程，一般不会中断某项正在进行的工作。如果确有必要，也可以通过专门的复位键使试验立即停止，无论怎样，已得到的试验结果数据均不会丢失。程序中专门有一套清除数据的复杂操作指令，所以不会因误操作而造成数据的丢失。

5.2　小容量交流接触器的可靠性

5.2.1　小容量交流接触器的可靠性指标

接触器一般用于控制各种电动机，所以它是各种控制系统和设备中应用很广的电器元件。它的可靠性水平直接影响到各种控制系统和设备的可靠性。接触器的可靠性指标可用失效率等级来表示,如表 5-6 所示。

表 5-6 接触器失效率等级名称、符号和最大失效率

失效率等级名称	失效率等级符号	最大失效率(1/10 次)
七级	Q	10^{-7}
亚七级	YQ	3×10^{-7}
六级	L	10^{-6}
亚六级	YL	3×10^{-6}
五级	W	10^{-5}
亚五级	YW	3×10^{-5}

5.2.2 小容量交流接触器的可靠性试验要求

1. 环境条件

1)周围空气温度为 15～25℃。

2)海拔不超过 2000m。

3)相对湿度为 25%～75%。

4)污染等级为 3 级。

或按照被试产品国家标准或企业标准(技术条件)规定的使用环境条件进行。

2. 安装条件

1)试品应安装在正常使用位置。

2)试品应安装在无显著冲击和振动的地方。

3)试品安装面与垂直面的倾斜度应符合产品标准的规定。

4)对于采用安装轨安装的接触器,安装轨应符合有关标准的规定。

3. 试验电源条件

1)交流电源:正弦波电源。

① 波形畸变因数不大于 5%。

② 频率 50Hz 或 60Hz,其允许偏差为±5%。

2)直流电源的纹波系数不大于 5%。

4. 负载条件

1)为检测主触头、辅助触头是否正常地工作,可分别将主触头、辅助触头接入各自的检测线路,成为主触头电路及辅助触头电路。

2）触头电路的负载可采用阻性负载。

3）触头电路的电源可采用直流 24V(或 12V)电源,相应的触头电路的电流为 1A(或 0.1A)。

4）试验中,当触头接通负载时,触头电路电源电压的波动相对于空载电压而言应不大于 5%。

5. 激励条件

1）试验时,应对试品的控制回路按额定值进行激励。

2）每小时的循环次数:试验时试品每小时的循环次数不低于产品标准中规定的额定值,推荐为 3600 次/小时。为缩短试验时间,在不影响试品正常动作及不改变试品失效机理的条件下,允许提高每小时的循环次数。

3）负载因数应根据产品标准选取,或从下列推荐数值中选取:15%,25%,40%,60%。

5.2.3　小容量交流接触器的可靠性试验方法

1. 试品的准备

试品应从稳定的工艺条件下批量生产并经过筛选的合格产品中随机抽取;供抽样的产品应不少于被抽试品数的 10 倍。

2. 试品的检测

（1）试验前检测

试验前先对试品进行开箱检测,检查试品的零部件有无运输引起的损坏、断裂,剔除零部件损坏的试品,并按规定补足试品数。剔除掉的试品不计入相关失效数 r 内。

（2）试验过程中检测

试验中,检测线路应对产品的所有常开辅助触头、常闭辅助触头及一个主触头进行监测,监测辅助触头、主触头是否正常地工作。应对试品的触头在每次循环的"接通"期的 40% 时间内与"断开"期的 40% 时间内,监测闭合触头的接触压降及断开触头间的电压。试验过程中不允许对试品进行清理和调整。

（3）试验后检测

1）零部件有无破损、断裂。

2）吸合电压。

3）释放电压。

3. 失效判据

试验过程中当出现下列任意一种情况时,即认为该试品失效。

1)接通触头的接触压降 U_j 超过触头电路电源电压的 10% ,即 $2.4V$ (或 $1.2V$)。

2)断开触头间的电压 U_f 低于触头电路电源电压的 90% ,即 $21.6V$ (或 $10.8V$)。

3)线圈通电时不动作。

4)线圈断电时不返回。

5)零部件有破坏性损坏,零部件松动。

6)机械运动阻滞、卡死。

7)有明显的噪声(噪声是因为短路环、铁心等损坏性故障引起的)。

试品在试验后检测中,任一项目的检测结果不符合产品标准的规定,即认为该试品失效,其失效时间按试验结束时的循环次数计算。

5.2.4 小容量交流接触器可靠性等级的确定

接触器的失效率等级的确定采用可靠性验证试验。

1. 接触器可靠性验证试验的抽样方案

接触器的可靠性验证试验又称为失效率试验,失效率试验分为失效率定级试验、维持试验与升级试验。

定级试验和升级试验的置信度取为 0.9 ,其抽样方案见表 5-7。维持试验的置信度取 0.6 ,其抽样方案见表 5-8。

表 5-7 定级试验和升级试验的抽样方案

失效率等级	截尾时间 T_c (10^6 次)									
	$A_c=0$	$A_c=1$	$A_c=2$	$A_c=3$	$A_c=4$	$A_c=5$	$A_c=6$	$A_c=7$	$A_c=8$	$A_c=9$
Q	230	389	532	668	799	927	1053	1177	1300	1421
YQ	76.8	130	177	223	266	309	351	392	433	474
L	23.0	38.9	53.2	66.8	79.9	92.7	105.3	117.7	130.0	142.1
YL	7.68	13	17.7	22.3	26.6	30.9	35.1	39.2	43.3	47.4
W	2.30	3.89	5.32	6.68	7.99	9.27	10.53	11.77	13.0	14.21
YW	0.768	1.30	1.77	2.23	2.66	3.09	3.51	3.92	4.33	4.74

表 5-8　维持试验的抽样方案

失效率等级	最大的维持周期(月)	截尾时间 $T_c(10^6$ 次)									
		$A_c=0$	$A_c=1$	$A_c=2$	$A_c=3$	$A_c=4$	$A_c=5$	$A_c=6$	$A_c=7$	$A_c=8$	$A_c=9$
Q	48	91.6	202	310	418	525	630	735	840	944	1050
YQ	48	30.6	67.3	103	139	175	210	245	280	315	350
L	48	9.16	20.2	31.0	41.8	52.5	63.0	73.5	84.0	94.4	105
YL	24	3.06	6.73	10.3	13.9	17.5	21	24.5	28	31.5	35
W	24	0.916	2.02	3.10	4.18	5.25	6.30	7.35	8.40	9.44	10.5
YW	24	0.306	0.673	1.03	1.39	1.75	2.10	2.45	2.80	3.15	3.50

2. 接触器可靠性验证试验的程序

(1) 定级试验

定级试验的程序如下：

1) 选定失效率等级,首次定级试验一般应选失效率等级为 YW 或 W 级。

2) 选定允许失效数 A_c 和截尾失效数 $r_c(r_c=A_c+1)$,推荐在 2～5 的范围内选择 A_c,不推荐选择 $A_c=0$。

3) 根据选定的失效率等级和 A_c,由表 5-7 查出截尾时间 T_c。

4) 选定试品的试验截止时间 t_z,t_z 不得低于 10^5 次。

5) 根据 T_c、A_c 及 t_z 由式(5-3)确定试品数 n,即

$$n=\frac{T_c}{t_z}+A_c \qquad\qquad (5-3)$$

应注意,试品数 n 一般不得小于 10。

6) 从批量生产并经过筛选的合格产品中随机抽取 n 个试品。

7) 按本节试验方法中的规定进行试验与检测。

8) 统计相关失效数 r 及各失效试品的相关试验时间(失效发生时间),对试验后检测出的相关失效试品,其相关试验时间按试验结束时的时间计算。

9) 统计累积相关试验时间 T。

10) 试验结果判定:当相关失效数 r 未达到截尾失效数 r_c(即 $r\leqslant A_c$),而累积相关试验时间 T 达到或超过了截尾时间 T_c,则判为试验合格(接收);当累积相关试验时间 T 未达到截尾时间 T_c,而相关失效数 r 达到或超过了截尾失效数 $r_c(r>A_c)$,则判为试验不合格(拒收)。

（2）维持试验

定级试验合格的产品，一般情况下，应按表 5-8 中规定的维持周期进行该等级的维持试验，维持试验按下列程序进行。

1）选定允许失效数 A_c。

2）根据产品已试验合格的失效率等级及选定的允许失效数，由表 5-8 查出截尾时间 T_c。

3）选定试品的试验截止时间 t_z（其方法与定级试验时相同）。

4）确定试品数 n（其方法与定级试验时相同）。

5）抽取试品（其方法与定级试验时相同）。

6）按本节试验方法中的规定进行试验与检测。

7）统计相关失效数 r 及各失效试品的相关试验时间（其方法与定级试验时相同）。

8）统计累积相关试验时间 T。

9）试验结果判定（其方法与定级试验时相同）。

10）若维持试验合格，则应继续按规定的维持周期进行下一次维持试验；若维持试验不合格，则应重新进行定级试验，以确定其失效率等级。

11）重新确定失效率等级时，应将该产品从首次定级试验起的全部试验数据（包括维持试验不合格的数据）进行累计，根据累计的相关失效数及累积的相关试验时间，由表 5-8 确定产品的失效率等级。

（3）升级试验

定级试验合格的产品可继续进行升级试验。升级试验的数据可从定级试验和维持试验的试品进行延长试验以及为升级试验投入的试品进行试验得出。升级试验按下列程序进行。

1）选定待升的失效率等级（一般比原定的等级高一级）。

2）选定允许失效数 A_c。

3）根据选定的失效率等级及允许失效数由表 5-7 查出截尾时间 T_c。

4）根据 T_c 确定延长试验的时间以及为升级试验投入的试品数和试验时间。

5）抽取试品（其方法与定级试验时相同）。

6）按规定进行试验与检测。

7）统计相关失效数 r 及累积相关试验时间 T。

8）试验结果判定（其方法与定级试验时相同）。

9）若升级试验合格，则应按规定的维持周期进行该等级的维持试验；若升级试验不合格，则应重新进行定级试验，以确定其失效率等级。

10) 重新确定失效率等级时,应将该产品的全部试验数据进行累计,根据累计的相关失效数及累积的相关试验时间由表 5-8 确定产品的失效率等级。

5.2.5　小容量交流接触器在实际使用负载条件下可靠性的确定方法

1) 主触头实际使用负载:电压为额定电压,电流为额定电流,负载性质推荐为阻性负载。

2) 可靠性试验采用可靠性测定试验。

3) 可靠性测定试验的程序:

① 确定试品数 n,n 一般可在 10～20 的范围内选择;

② 从批量生产的合格产品中随机抽取 n 个试品,试品应符合本章中的规定;

③ 按本章试验方法的规定进行试验检测,并根据本章的规定来判断试品是否失效;

④ 当试验到 50% 以上的试品失效时,试验停止。

4) 可靠性试验结果的判定:

① 统计各失效试品的相关试验时间(失效发生时间)t_i,对试验后检测出的相关失效试品,其相关试验次数按试验结束时的次数计算;

② 当 $n>20$ 时,$F(t_i)=i/n$;当 $n\leqslant20$ 时,$F(t_i)=(i-0.3)/(n+0.4)$,计算各失效试品的累积失效概率 $F(t_i)$;

③ 根据各失效试品的试验数据 t_i 和 $F(t_i)$,在威布尔概率纸的 t-$F(t)$ 坐标系中描点;

④ 根据威布尔概率纸上所描各点来确定回归直线,如所描各点不在一条直线上,需"直线化",具体方法为:1) 将按 $[t_i,F(t_i)]$ 在威布尔概率纸的 t-$F(t)$ 坐标系中描点所得曲线延长,并与 t 尺相交于一点,此点的读数即为位置参数 ν 的估计值 $\hat{\nu}$;2) 按 $t_i'=t_i-\hat{\nu}$ 计算出 t_i',然后,按 $[t_i',F(t_i)]$ 在威布尔概率纸的 t-$F(t)$ 坐标系中描点,确定回归直线;

⑤ 根据选定的可靠度 R(一般选 $R=0.9$),在威布尔概率纸上确定可靠度 $R=0.9$ 时的可靠寿命 t_R;

⑥ 根据 t_R 和 R,判定产品在实际使用负载条件下的可靠性;

⑦ 根据上述试验结果确定的可靠性与前述内容确定的失效率等级,对接触器的可靠性进行综合评价。

5.2.6　小容量交流接触器的可靠性试验装置

1. 试验装置的技术性能

试验装置能够同时控制 32 台交流接触器进行可靠性试验,能满足可靠性指标考核时的抽样要求。在试品每次动作时均可监测其是否正常动作(包括检测其动作时间是否合乎要求)。当某一试品发生故障时,装置能自动检测出,并将故障发生时的操作次数、故障类型及出现故障的试品编号自动打印出来。

当某一试品累计出现 n 次故障时(可由键盘输入任意的 n 值),可自动将其剔除,以防试品发生衔铁卡住而使线圈烧坏时可能引起的电源故障。

寿命试验时各种型号的接触器要求的负载因数是不同的,在试验装置中,操作频率及负载因数等参数可以由用户自行整定调节。

对于每台试品,可检测一对常开触头信号(也可以把几对常开触头串联起来),这样共有 32 路检测信号。当试品正常吸合时,检测到的信号应为逻辑"1";当试品未可靠吸合时,检测到的信号应为逻辑"0"。

2. 试验装置的硬件设计

整个装置的硬件框图如图 5-4 所示。除了对试品进行操作与检测的输入、输出电路外,其余的电路均为一般外围电路的典型结构。

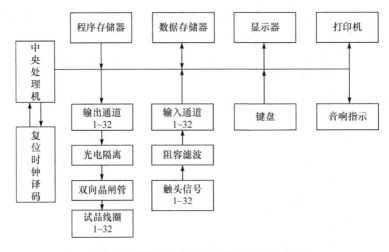

图 5-4　接触器可靠性试验装置的硬件框图

(1) 输入部分

输入部分是由分压器、输入缓冲器等部分组成。

输入端的 5V 电压是由直流 220V 分压得到的。因为当接触器吸合时,会有尘埃膜附于触头上,如果直接将 5V 电压加在触头两端,往往不能击穿薄膜使装置发生误判断。当采用分压装置后,如发生上述情况,触头两端 220V 的电压产生的电场一般会使薄膜击穿。输入端采用阻容滤波,以消除输入端的脉冲干扰。

触头的闭合情况,经缓冲器和总线驱动器由 CPU 进行处理。

（2）输出部分

输出部分是由锁存器、放大电路、光电隔离电路和双向晶闸管电路组成的。

当 CPU 向锁存器送入数据后,此数据可以控制相应的光耦合器导通或截止。于是在双向晶闸管的触发端就加上了相应的触发信号,使晶闸管导通或在电流过零后截止。

（3）抗干扰措施

在实际应用中,试验装置通常所处的环境相当恶劣。各种大功率的电气机械（如电动机、电焊机、起重机等）的频繁起动,可能出现瞬时的电网电压降低现象,也可能出现频谱范围很广的尖脉冲干扰和强电噪声干扰。因此,在硬件设计时,必须对输入部分和输出部分采用相应的抗干扰措施。

首先对输出部分采用光电隔离器件,实现微机部分和控制输出部分的电气隔离,避免形成对地环路。在输入部分采用阻容滤波,有效地消除了输入端的脉冲干扰。

在电源输入端,220V 交流稳压器用以减小电网波动的影响,然后经过一低通滤波器接至微机的专用稳压电源,给微机供电。

在布线方面,尽量使强电、弱电分开,输入、输出引线采用双绞线,以消除电磁干扰。双向晶闸管单独装在印制线路板上,以避免强辐射对主机产生不良影响。

3. 试验装置的软件设计

（1）设计原理

为了减小电源的冲击电流,程序设计时,将试品的驱动设计成巡回驱动,并在相应的时间内检测触头,以判定是否正常动作。首先把 32 台试品分成四组,然后按一定顺序轮流驱动四组试品并检测,完成顺序动作检测。

为了增加灵活性,软件采用程序模块的结构,主要模块有:

1）初始化模块。

2）吸合释放模块。

3）判断故障模块。

4）系统服务程序模块。

为了增加软件运行的可靠性,在程序中加入了运行的自纠错软件。

（2）软件功能及编制

1）初始化模块。完成系统的复位操作,接收操作人员由键盘输入的各种控制参数,如操作频率等。

2）吸合释放模块。完成对试品的吸合释放操作。

3）主程序模块。它是一个核心模块,给出相应的控制信号并调用吸合释放子程序,使试品循环动作。主程序模块框图如图 5-5 所示。

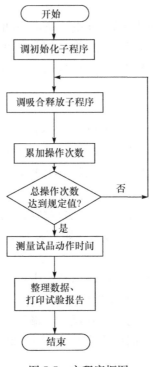

图 5-5　主程序框图

4) 判断故障模块。因为共有 32 路输入信号,并且 32 路输入信号有时间差,所以对故障判断不是同步的,而是控制在每台试品应检测的时刻,并且注意避开触头的回跳时间。检测中如果一旦出现未可靠吸合或未可靠打开的情况,则软件会自动记录下故障发生的时间、故障发生的试品编号以及故障类型和该试品发生故障的累计次数。

5) 系统服务程序模块。主要功能是控制打印机、转换各种数码的码制、显示和键盘的服务等一系列系统服务工作。

(3) 软件的运行方式

软件的运行方式有三种。

1) 出现故障时,在记录并打印后试验继续进行。该方式主要应用于工作人员不在现场的情况下。

2) 出现故障时,在记录并打印后自动延时,以等待试验人员观察处理,延时时间的长短可以由试验人员输入设定,一般为几分钟。

3) 出现故障时,在记录并打印后自动处于待机状态,直到工作人员重新启动。

整个试验结束后,可自动测试一次各试品的动作时间并打印输出。然后把整个试验过程中所有的试验数据加以整理,在打印机上输出试验的详细报告。

由于该装置的数据存储器采用带蓄电池保护的电路,因此,要进行一系列的复杂操作才能将数据清除,而断电、复位等均不会导致数据丢失,并且断电后再恢复供电也可以自动恢复运行,两次试验的参数数据是完全连续的。

5.3　小型断路器的可靠性

5.3.1　小型断路器的可靠性指标

小型断路器是一种结构十分紧凑的小容量塑料外壳断路器。它是由低压断路器分支出来的,现今已成为终端电器中的一个大类。按照 IEC898 标准及国家标准 GB10963《家用及类似场所用断路器》的定义,小型断路器是指:"用于交流 50Hz、电压 380V 及以下、电流 125A 及以下、额定极限短路分断能力不超过 25000A 的交流断路器"。

随着日常生活电气化程度的提高以及城市建设的发展,使非工业用电量不断增加,电气设备的安全运行及保护已成为重要的问题。在这种情况下,习惯采用的闸刀开关和熔断器组合的做法已不能满足要求。因而对高性能小型断路器的需求量在迅速增加,由此,小型断路器的年产量也在不断提高。小型断路器的可靠性的高低直接影响到配电线路上的设备是否能安全运行,与千家万户的日常生活息息相关;又由于它的产量大、应用范围广,若其可靠性不高,因其发生故障给用户造成的经济损失将会非常严重。因此,小型断路器的可靠性研究是十分迫切和必要的,已成为电器领域中一项重要工作,对保证和提高小型断路器的质量和可靠性具有深远的意义。

随着小型断路器技术的不断发展,各国标准委员会均相继制定了产品技术规范和标准。国际电工委员会"家用断路器及类似设备"分委员会(SC23E)也在 1987 年制订了标准 IEC898—1987《家用断路器及类似装置用过电流保护断路器》。我国近年来在电器产品方面,实施积极采纳或等同采用 IEC 国际通用标准的方针。为了促进小型断路器的发展,继 IEC898—1987 标准公布后,于 1989 年正式颁布实施 GB10963—1989《家用及类似场所用断路器》。1995 年 IEC 将上述标准修订为 IEC60898:1995,我国也于 2005 年等同采用 IEC 制订了 GB10963—2005。河北工业大学和上海电器科学研究院等单位制订了国家标准 GB/Z 22203—2008《家用及类似场所用过电流保护断路器的可靠性试验方法》,并于 2016 年进行了修订。

1. 小型断路器的工作特点及故障模式

小型断路器属于保护类电器,用于保护电气线路及设备的安全,与控制用继电器、小容量交流接触器等频繁操作的控制类电器不同。当电气线路或用电设备发生过载、短路等故障时,其脱扣器应能及时动作,可靠地将电路切断;当电气线路或用电设备处于正常状态时,它的主触头应能可靠接通电路,其脱扣器不应误动作。此外,小型断路器是不频繁操作类电器,其产品标准中规定的电寿命次数远远低于控制继电器和接触器的电寿命次数,一般仅为数千次。

通过分析,将小型断路器的主要故障模式分成如下三类:

1) 操作故障,即小型断路器在手动合闸操作时合不上闸,电路不能接通;小型断路器在手动分闸操作时分不了闸,电路不能断开。

2) 误动故障,即当电气线路或用电设备未发生过载、短路故障时,断路器的瞬动脱扣器或延时动作脱扣器动作而使断路器自动分闸。

3) 拒动故障,即当电气线路或用电设备发生过载、短路故障时断路器不能及时可靠地切断故障电流,使电气线路或用电设备得不到可靠的保护。

一般说来,照明线路或用电设备的过载、短路故障不会频繁发生,有的断路器可能几年都遇不到过载、短路故障,而有的断路器可能在一年内会遇到若干次故障,所以,总的说来,拒动故障一般不会频繁发生。此外,从故障的后果来看,操作故障或误动故障虽会造成照明线路或用电设备不能正常通电或不必要的停电,从而产生一定的经济损失,但一般不会造成严重的后果;而拒动故障会危及照明线路或用电设备的安全,甚至会引起建筑物发生火灾,从而可能导致较大的经济损失,其后果比其他两类故障的后果要严重。

2. 可靠性指标体系

由小型断路器的工作特点及故障模式可知,很难用单个的可靠性指标来描述其可靠性。国家标准 GB/Z 22203—2016 分别规定了三个可靠性指标。采用操作失效率 λ、短路保护成功率及过载保护成功率 R 的高低作为可靠性指标。

推荐按最大失效率 λ_{max} 的数值分为四个失效率等级(亚三级、三级、亚四级、四级);按不可接收的成功率 R_1 的数值分为四个短路保护成功率等级(三级、四级、五级、六级)和四个过载保护成功率等级(二级、三级、四级、五级)。操作失效率等级的名称和最大失效率 λ_{max} 的数值见表 5-9,短路保护成功率等级的名称和不可接收的成功率 R_1 的数值见表 5-10,过载保护成功率等级的名称和不可接收的成功率 R_1 的数值见表 5-11。

表 5-9　小型断路器操作失效率等级名称和最大失效率 λ_{max}

失效率等级名称	最大失效率 λ_{max}(1/10 次)
四级	1×10^{-4}
亚四级	3×10^{-4}
三级	1×10^{-3}
亚三级	3×10^{-3}

表 5-10　小型断路器短路保护成功率等级名称和不可接收的成功率 R_1

短路保护成功率等级名称	R_1
六级	0.995
五级	0.99
四级	0.98
三级	0.95

表 5-11　小型断路器过载保护成功率等级名称和不可接收的成功率 R_1

成功率等级名称	R_1
五级	0.99
四级	0.98
三级	0.95
二级	0.90

5.3.2　小型断路器的可靠性试验要求

1. 试验场所

可靠性试验可以是实验室试验,也可以是现场试验。推荐采用实验室试验。

2. 试验条件

(1) 环境条件

周围空气温度:操作可靠性试验在 15~25℃条件下进行,短路保护可靠性和过载保护可靠性试验在 30~35℃温度下进行;海拔不超过 2000m;相对湿度为 25%~75%;污染等级为 2 级。

或按被试产品国家标准或企业标准(技术条件)规定的使用环境条件进行。

(2) 试品安装条件

1) 以正常使用方式安装在正常使用位置。

2) 安装在无显著冲击和震动的地方。

3) 试品安装面与垂直面的倾斜度应符合产品标准的规定。

4) 采用安装轨安装的断路器,应采用有关安装轨的标准。

(3) 试验电源条件

1) 交流电源波形为正弦波,波形畸变因素不大于 5%。

2) 交流电源应为频率等于 50Hz(或 60Hz)的正弦波电源,其容许偏差为 ±5%。

3) 直流电源可采用发电机、蓄电池或稳压电源。

4) 试验过程中,触头接通负载时,试验电源电压的波动相对于空载电压而言应不大于 5%。

(4) 激励条件

1) 操作可靠性试验:

对于 $I_e \leqslant 32A$ 的断路器:240 次/小时,断路器在断开位置时间 $\geqslant 13s$/操作循环;对于 $I_e > 32A$ 的断路器:120 次/小时,断路器在断开位置时间 $\geqslant 28s$/操作循环。

在操作可靠性试验中,为检测触头是否正常地工作,可将触头接入检测线路,成为触头回路。触头回路的电源推荐采用直流 24V,其负载推荐采用阻性负载,电流为 0.1A。

2) 短路保护可靠性试验:

对于符合 GB 10963.1—2005 的断路器,按 GB 10963.1—2005 中 9.10.2.2～9.10.2.4 的要求,对断路器所有极通以电流。

对于符合 GB10963.2—2008 的断路器,应在交流电流和直流电流下分别进行短路保护可靠性试验,可将试品总数的各一半分别在交流电流和直流电流下进行短路保护可靠性试验。按 GB 10963.2—2008 中 9.10.2 的要求,对断路器所有极通以电流。

3) 过载保护可靠性试验:

对于符合 GB 10963.1—2005 的断路器,按 GB 10963.1—2005 中 8.6.1 和表 7 的规定,从冷态开始,对试品所有极通以 $1.13I_n$ 的电流(约定不脱扣电流)至约定时间,试品不应脱扣。试验过程中施加的电流允差为 0～+2.5%。然后,在 5s 内将电流稳定地升至 $1.45I_n$(约定脱扣电流),试品应在约定时间内脱扣。试验过程中施加的电流允差为 -2.5%～0。接着冷却至冷态,对试品所有极通以 $2.55I_n$ 的电流,脱扣时间应不小于 1s 也不大于 60s(对于额定电流小于等于 32A)或 120s(对于额定电流大于 32A)。试验过程中施加的电流允差为 -2.5%～0。

对于符合 GB 10963.2—2008 的断路器,按 GB 10963.2—2008 中 8.6.1 和表 7 的规定进行试验,试品应在交流电流和直流电流下分别进行过载保护可靠性试验,可将试品总数的各一半分别在交流电流和直流电流下进行过载保护可靠性试验。在交流电流下进行过载保护可靠性试验时,试验要求与符合 GB 10963.1—2005 的断路器试验要求相同。

在直流电流下进行过载保护可靠性试验时,除试验电流要求为直流电流外,其他要求与符合 GB 10963.1—2005 的断路器试验要求相同。

5.3.3 小型断路器的可靠性试验方法

1. 试品的准备

试验中所用试品,应从在稳定的工艺条件下批量生产出的合格产品中随机抽取。

2. 试品的检测

(1) 操作可靠性试验的检测

1) 试验前检测。

试验前先对试品进行开箱检测,检查试品的零部件有无运输引起的损坏、断裂,剔除零部件损坏、断裂的试品,并按规定补足试品数,剔除掉的试品不计入相关失效数 r 内。试验前检测并记录触头回路开路电压。

2) 试验过程中检测。

除非产品标准另有规定,应对试品的所有触头在试品每次操作循环的"闭合"期中间的 40% 时间内与"断开"期中间的 40% 时间内,监测触头接通时其触头两引出端的电压降及断开时触头间的电压。

3) 试验后检测。

试验后试品不应有下列现象:过度磨损;动触头位置和指示装置相应位置不一致;外壳损坏至能被试指触及带电部件;电气或机械连接松动;密封化合物渗漏。

此外,试品还应符合 GB 10963.1—2005 中 9.10.1.2 的试验要求,并且经受其 9.7.3 规定的介电强度试验,但试验电压要比 GB 10963.1—2005 中 9.7.5 规定的电压值低 500V,试验前不经过潮湿处理。

(2) 短路保护可靠性试验的检测

1) 试验前检测。

与操作可靠性试验的试验前检测相同。

2) 试验过程中检测。

i. 对于符合 GB 10963.1—2005 的断路器

对于 B 型断路器:从冷态开始,对所有极通以等于 $3I_n$ 的电流,断开时间应不小于 0.1s,试验次数为 $n_z/2$ 次(推荐 20 次);然后再从冷态开始对所有极通以等于 $5I_n$ 的电流,断路器应在小于 0.1s 时间内脱扣,试验次数为 $n_z/2$ 次(推荐 20 次)。

对于 C 型断路器：从冷态开始，对所有极通以等于 $5I_n$ 的电流，断开时间应不小于 0.1s，试验次数为 $n_z/2$ 次（推荐 20 次）；然后再从冷态开始对所有极通以等于 $10I_n$ 的电流，断路器应在小于 0.1s 时间内脱扣，试验次数为 $n_z/2$ 次（推荐 20 次）。

对于 D 型断路器：从冷态开始，对所有极通以等于 $10I_n$ 的电流，断开时间应不小于 0.1s，试验次数为 $n_z/2$ 次（推荐 20 次）；然后再从冷态开始，对所有极通以等于 $20I_n$ 或最大瞬时脱扣电流（见 GB10963.1—2005 第 6 章的 j 项）的电流，断路器应在小于 0.1s 时间内脱扣，试验次数为 $n_z/2$ 次（推荐 20 次）。

ii. 对于符合 GB10963.2—2008 的断路器

对于 B 型断路器：从冷态开始，对断路器的各极通以 $3I_n$ 的交流电流，断开时间不应小于 0.1s，并且对额定电流小于等于 32A 的断路器不大于 45s，对额定电流大于 32A 的断路器不大于 90s，试验次数为 $n_z/4$ 次（推荐 10 次）；然后再从冷态开始，对断路器的各极通以 $5I_n$ 的交流电流，断路器应在 0.1s 内脱扣，试验次数为 $n_z/4$ 次（推荐 10 次）；从冷态开始，对断路器的各极通以 $4I_n$ 的直流电流，断开时间不应小于 0.1s，并且对额定电流小于等于 32A 的断路器不大于 45s，对额定电流大于 32A 的断路器不大于 90s。对额定电流大于 32A 的断路器，试验次数为 $n_z/4$ 次（推荐 10 次）；然后从冷态开始，对断路器的各极通以 $7I_n$ 的直流电流，断路器应在 0.1s 内脱扣，试验次数为 $n_z/4$ 次（推荐 10 次）。

对于 C 型断路器：从冷态开始，对断路器的各极通以 $5I_n$ 的交流电流，断开时间不应小于 0.1s，并且对额定电流小于等于 32A 的断路器、对额定电流大于 32A 的断路器不大于 30s，试验次数为 $n_z/4$ 次（推荐 10 次）；然后从冷态开始，对断路器的各极通以 $10I_n$ 的交流电流，断路器应在 0.1s 内脱扣，试验次数为 $n_z/4$ 次（推荐 10 次）；从冷态开始，对断路器的各极通以 $7I_n$ 的直流电流，断开时间不应小于 0.1s，并且对额定电流小于等于 32A 的断路器不大于 15s，对额定电流大于 32A 的断路器不大于 30s，试验次数为 $n_z/4$ 次（推荐 10 次）；从冷态开始，对断路器的各极通以 $15I_n$ 的直流电流，断路器应在 0.1s 内脱扣，试验次数为 $n_z/4$ 次（推荐 10 次）。

（3）过载保护可靠性试验的检测

1）试验前检测。

与操作可靠性试验的试验前检测相同。

2）试验过程中检测。

过载保护可靠性试验按前面所述的过载保护可靠性试验的激励条件规定和要求进行验证。

在试品从冷态开始通以 $1.13I_n$ 的电流（约定不脱扣电流）至约定时间的过程中监测断路器的状态，记录断路器的状态和通 $1.13I_n$ 电流的时间；紧接着在试品通以 $1.45I_n$ 电流（约定脱扣电流）至约定时间的过程中监测断路器的状态，记录断路器的状态和通 $1.45I_n$ 电流的时间；恢复冷态后在试品通以 $2.55I_n$ 电流至约定时间的过程中监测断路器的状态,记录断路器的状态和通 2.55I_n 电流的时间。

以上试验累计为 1 次。

3. 失效判据

(1) 操作可靠性试验的失效判据

在操作可靠性试验过程中,当某试品出现下列任意一种情况时,即认为该试品发生失效,每台试品的相关失效数最多为 1:

1) 触头接通时其两引出端间的电压降 U_j 超过触头回路开路电压的 10%;

2) 触头断开时触头间的电压 U_f 低于触头回路开路电压的 90%;

3) 触头发生熔接或其他形式的粘接;

4) 断路器闭合操作时闭合不上;

5) 断路器分断操作时不分断;

6) 试品零部件有破坏性损坏、连接导线及零部件松动;

7) 在操作可靠性试验后,未失效的试品应按试验后检测项目进行检验,其中任一项目的检测结果不符合产品标准的规定,即认为该试品失效。

(2) 短路保护可靠性试验的失效判据

在短路保护可靠性试验中,断路器所有极中按短路保护可靠性试验中的"试验过程中检测"规定试验时,其断开(脱扣)时间不符合"试验过程中检测"规定的情况出现一次时,即认为该试品发生失效,每台试品的相关失效数最多为 1:

1) 若通以瞬时脱扣电流的下限值,断开(脱扣)时间小于 0.1s,则称该试品发生误动故障(简称误动);

2) 若通以瞬时脱扣电流的上限值,断开(脱扣)时间大于等于 0.1s(包括不断开、不脱扣),则称该试品发生拒动故障(简称拒动)。

(3) 过载保护可靠性试验的失效判据

在过载保护可靠性试验过程中,当某试品出现以下任意一种情况一次时,即认为该试品发生失效,每台试品的相关失效数最多为 1:

1) 在通以约定不脱扣电流 1.13I_n 时,在约定时间内试品脱扣;

2) 在通以试验电流 1.45I_n 时,在约定时间内试品没脱扣;

3) 在通以试验电流 2.55I_n 时,试品脱扣时间小于 1s;

4) 在通以试验电流 2.55I_n 时,试品脱扣时间大于 60s(对于额定电流小于等于 32A)或大于 120s(对于额定电流大于 32A)。

5.3.4　小型断路器的可靠性验证试验的抽样方案及试验程序

1. 可靠性验证试验抽样方案

小型断路器可靠性验证试验采用定时或定数截尾试验方案进行考核。

小型断路器可靠性验证试验的操作失效率验证试验、短路保护成功率验证试验和过载保护成功率验证试验，其使用方风险 β 均为 0.1。

(1) 操作失效率验证试验方案

失效率验证试验抽样方案的确定方法与控制继电器失效率验证试验抽样方案的确定方法相同，因此操作失效率验证试验抽样方案如表 5-12 所示。

表 5-12　操作失效率验证试验抽样方案

操作失效率等级	最大失效率 λ_{max} (1/10 次)	截尾次数 T_c (10^4 次)								
		$A_c=0$	$A_c=1$	$A_c=2$	$A_c=3$	$A_c=4$	$A_c=5$	$A_c=6$	$A_c=7$	$A_c=8$
四级	1×10^{-4}	23.0	38.9	53.2	66.8	79.9	92.7	105.3	117.7	130
亚四级	3×10^{-4}	7.68	13.0	17.7	22.3	26.6	30.9	35.1	39.2	43.3
三级	1×10^{-3}	2.30	3.89	5.32	6.68	7.99	9.27	10.53	11.77	13.0
亚三级	3×10^{-3}	0.77	1.30	1.77	2.23	2.66	3.09	3.51	3.92	4.33

(2) 成功率验证试验抽样方案

根据成功率定数验证试验理论，在四参数 R_0、R_1、α、β 条件下，接收概率 $L(R)$ 与产品成功率 R 间的关系曲线如图 5-6 所示。

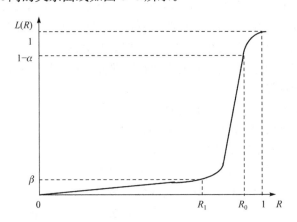

图 5-6　成功率抽检特性曲线

R_0—可接收的成功率；R_1—不可接收的成功率；α—生产者风险；β—使用者风险

由图 5-6 可得到下列关系式：

$$L(R_0)=1-\alpha \tag{5-4}$$

$$L(R_1)=\beta \tag{5-5}$$

将式(5-4)和式(5-5)进一步推导可得出

$$\sum_{r=0}^{A_c} C_n^r R_0^{n-r}(1-R_0)^r \geqslant 1-\alpha \tag{5-6}$$

$$\sum_{r=0}^{A_c} C_n^r R_1^{n-r} (1-R_1)^r \geqslant \beta \tag{5-7}$$

由式(5-7)求出最小整数解就可以得到成功率验证试验方案。

小型断路器成功率验证试验抽样方案是根据两参数 R_1、β 来确定的。表 5-13 和表 5-14 就是在 $\beta=0.1$ 时的短路保护成功率、过载保护成功率验证试验抽样方案。

表 5-13　短路保护成功率验证试验抽样方案

短路保护成功率等级	不可接收的成功率 R_1	截尾次数 n_f(次)					
		$A_c=0$	$A_c=1$	$A_c=2$	$A_c=3$	$A_c=4$	$A_c=5$
六级	0.995	460	777	1 063	1 335	1 597	1 853
五级	0.99	230	388	531	667	798	926
四级	0.98	114	194	265	333	398	462
三级	0.95	45	77	105	132	158	184

表 5-14　过载保护成功率验证试验抽样方案

过载保护成功率等级	不可接收的成功率 R_1	截尾次数 n_f(次)					
		$A_c=0$	$A_c=1$	$A_c=2$	$A_c=3$	$A_c=4$	$A_c=5$
五级	0.99	230	388	531	667	798	926
四级	0.98	114	194	265	333	398	462
三级	0.95	45	77	105	132	158	184
二级	0.90	22	38	52	65	78	91

2. 可靠性验证试验程序

(1) 操作失效率验证试验程序

1) 选定失效率等级;

2) 选定合格判定数 A_c 和截尾失效数 r_c($r_c=A_c+1$),推荐在 2~5 的范围内选择 A_c,不推荐选择 $A_c=0$;

3) 根据选定的失效率等级和 A_c,由表 5-12 查出试验截尾次数 T_c;

4) 选定试品的试验截止时间 t_z,t_z 应不超过产品标准中规定的机械寿命和电寿命次数,推荐 $t_z=4000$ 次;

5) 根据 T_c、A_c、t_z,由式(5-8)确定试品数 n(用进一法取整):

$$n=\frac{T_c}{t_z}+A_c \tag{5-8}$$

6) 从批量生产的合格产品中随机抽取 n 个试品,试品应符合"试品的准备"中的规定;

7) 按操作失效率试验的检测和失效判据的规定进行试验与检测;当某台试品的失效次数累计达到 1 次时,该试品应退出试验;

8) 统计相关失效数 r 及各失效试品的相关试验时间(失效发生时间),对试验后检测出的相关失效试品,其相关试验次数按试验结束时的次数计算;

9) 统计累积相关试验次数 T;

10) 试验结果判定:

当相关失效数 r 未达到截尾失效数 r_c(即 $r \leqslant A_c$),而累积相关试验时间 T 达到或超过了截尾次数 T_c,则判为试验合格(接收);当累积相关试验时间 T 未达到截尾时间 T_c,而相关失效数 r 达到或超过了截尾失效数 r_c(即 $r > A_c$),则判为试验不合格(拒收)。

(2) 短路保护成功率验证试验程序

1) 选定产品的短路保护成功率等级;

2) 选定允许失效数 A_c 和截尾失效数 r_c($r_c = A_c + 1$),推荐在 2~5 的范围内选择 A_c,不推荐选择 $A_c = 0$;

3) 根据选定的短路保护成功率等级和 A_c,由表 5-13 查出试验截尾次数 n_f;

4) 选定试品的试验截止次数 n_z,推荐选 $n_z = 40$ 次;

5) 根据 n_f、n_z 及 A_c 由式(5-9)确定试品数 n(用进一法取整):

$$n = \frac{n_f}{n_z} + A_c \tag{5-9}$$

6) 从批量生产的合格产品中随机抽取 n 个试品,试品应符合"试品的准备"中的规定;

7) 按短路保护成功率的试验方法和失效判据的规定进行试验与检测;当某台试品的失效次数累计达到 1 次时,该试品应退出试验;

8) 统计所有试品相关失效数 r($r = r_1 + r_2$),式中 r_1 为拒动次数,r_2 为误动次数;

9) 统计累积试验次数 n_Σ;

10) 试验结果判定:

当累积试验次数 n_Σ 达到或超过了截尾次数 n_f,而相关失效数 r 未达到截尾失效数 r_c(即 $r \leqslant A_c$),则判为试验合格(接收);当累积试验次数 n_Σ 未达到截尾次数 n_f,而相关失效数 r 达到或超过截尾失效数 r_c(即 $r > A_c$),则判为试验不合格(拒收)。

（3）过载保护成功率验证试验程序

1）选定产品的过载保护成功率等级。

2）选定允许失效数 A_c 和截尾失效数 $r_c(r_c = A_c + 1)$，推荐在 2～5 的范围内选择 A_c，不推荐选择 $A_c = 0$。

3）根据选定的过载保护成功率等级和 A_c，由表 5-14 查出试验截尾次数 n_f。

4）选定试品的试验截止次数 n_z，推荐选 $n_z = 20～30$ 次。

5）根据 n_f、n_z 及 A_c 由式(5-10)确定试品数 n（用进一法取整）：

$$n = \frac{n_f}{n_z} + A_c \tag{5-10}$$

6）由式(5-10)计算的试品数 n 若小于短路保护可靠性试验的试品数，则本试验试品可从上述试验的试品中进行抽取；若由公式(5-10)计算的试品数 n 大于该试验的试品数，则超出部分从批量生产并经过出厂检验合格的产品中随机抽取（供抽样的产品数量应不少于超出部分的 10 倍）。

7）按过载保护成功率试验方法的规定进行试验和检测，按失效判据的规定进行失效判定。当某台试品的失效次数累计达到 1 次时，该试品应退出试验。

8）统计所有试品相关失效数 $r(r = r_1 + r_2)$，式中 r_1 为拒动次数，r_2 为误动次数。

9）统计累积试验次数 n_Σ。

10）试验结果判定与短路保护成功率验证试验结果的判定方法相同。

5.3.5　小型断路器的可靠性试验装置

下面阐述研制的小型断路器可靠性试验装置。

1. 试验装置的主要技术性能指标

1）试验过程中，用户可对可靠性试验参数进行修改整定，如闭合触头的接触压降极限值 U_{jm}，试验操作频率及总的试验次数等。

2）试验装置能同时对 8 台试品进行操作可靠性试验和瞬动保护可靠性试验。

3）能同时对 32 对触头进行接触压降及断开触头间电压的监测。

4）过载保护及短路保护可靠性试验中，试验装置能根据试验要求，自动调节被测试品回路中的试验电流值。

5）能自动记录试验数据及打印，如试验次数，失效试品的编号、失效发生的时间，失效触头的编号及失效类型，并能将故障试品自动切除。

6）操作可靠性试验中，试品的操作频率在 10～500 次/小时范围内可调，负载因数可调；瞬动保护可靠性试验时，试验装置提供的试验电流可在 0～900A 范围内连续可调。

7) 能提供 4 组配套的阻性负载(电压 24V、6V 两种和电流 1A、0.1A 两种)。允许外接负载。

8) 操作简便,人机交互界面良好。

2. 试验装置的硬件设计

小型断路器可靠性试验装置主要由四部分组成:试验控制柜,试品柜,大电流试验柜和试验负载柜。其中,试验控制柜由工业控制机、打印机和试验控制线路板组成,主要负责完成试验中的所有微机控制与检测工作。试品柜装有 8 台电动机驱动的机械手,用来控制 8 台试品的合/分闸操作;同时每台机械手的操作机构都设有合/分闸到位信号检测线路及刹车机构,以确保合/分闸的准确性,上述两项操作均在微机控制下完成。大电流试验柜主要由大电流变压器、调压器、采样电阻、采集卡以及主回路控制接触器和 8 个支路控制接触器组成。接触器的合/分闸操作亦由微机控制。依照试验要求,试验装置通过调节调压器依次调节每一试品的试验回路电流为试品的 5 倍/10 倍额定电流,对试品进行瞬动保护可靠性试验。试验负载柜可提供四组阻性负载,试验可在 24V、6V 两种电压和 1A、0.1A 两种电流下进行。

试验装置的总结构原理框图如图 5-7 所示。

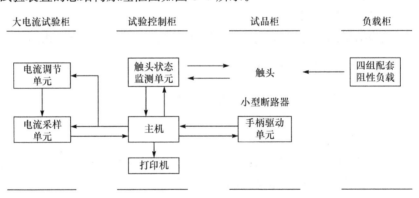

图 5-7　小型断路器可靠性试验装置结构原理框图

(1) 主机

试验装置中的主机在整个试验装置中起着神经中枢的作用。所有与试验相关的控制操作及监测测试工作均由主机控制完成,如:试验参数的发送与接收;试品触头状态的监测;电动机的旋转/正反转与停转及被测试品手柄合/分闸到位信号的接收;瞬动保护可靠性试验中,试验电流值的采样与调节;试验数据的存贮及失效数据的处理等等。因此,采用 PC 总线标准的具有抗干扰能力强的工业控制计算机(以下简称工控机)作为本试验装置的主机。

（2）试品手柄合/分闸驱动单元

该功能单元是通过微机控制电动机的正反转来完成试品手柄的合/分闸操作，并在接收到手柄合/分闸到位信号后使电机停转，因此可由微机控制按照设定的操作频率对试品进行合/分闸操作。其电路原理框图如图 5-8 所示。

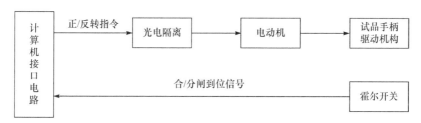

图 5-8　手柄合/分闸驱动单元电路原理框图

从工作原理和结构上看，该功能单元主要分为两部分：试品手柄合/分闸驱动电路和合/分闸到位监测电路。

（3）触头状态监测单元

本功能单元的主要功能是在被测试品手柄合/分闸到位后，在合/分闸期间采集被监测试品所有触头的闭合/断开的实际状态，对其进行辨别比较后将信号电平送至计算机。其电路原理框图如图 5-9 所示。从图 5-9 可见，该功能单元可分为触头状态识别电路和门限电压给定电路两部分。

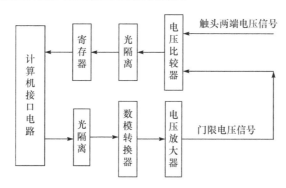

图 5-9　触头状态监测单元电路原理框图

（4）试验电流产生单元

本单元电路的结构原理框图如图 5-10 所示。该功能单元可分为试验电流调节电路和试验电流采样电路两部分，主要功能是在进行瞬动保护可靠性试验时，为试品提供标准所规定的试验电流。大电流试验柜主要由大电流变压器、电动调压器和八个接触器组成，经连接导线与试品柜的八个试品构成八路控制线路。为确保所调节的电流的准确性，大电流柜中设有信号采集及自动调节系统，用于每次试验时及时采集试验电流信号,绘制电流曲线,计算电流有效值;并根据计算值与规定值的比较,控制电动调压器自动调节,直至达到所要调节的电流值。电流信号的采样及电动调压器的调节均由微机控制完成。

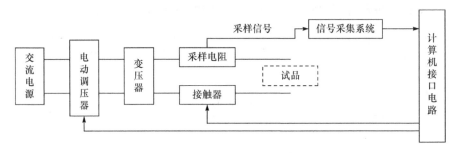

图 5-10　大电流试验柜工作原理框图

5.4　漏电保护器的可靠性

5.4.1　漏电保护器的可靠性指标

随着工农业及其他行业电气化水平的不断提高,电能已经成为人们生产和生活中不可缺少的能源。随着用电设备的增加和普及,因为电气设备使用不当或线路造成的电气漏电事故时有发生。漏电事故会引起火灾、用电设备损坏以及用电人员人身伤害。为了人身安全与用电设备安全,线路中应安装剩余电流动作保护器(以下简称漏电保护器)。

漏电保护器的可靠性研究已引起国际学术界的日益关注。IEC 早在 1983 年出版的 IEC755《剩余电流动作保护装置一般要求》中明确规定了验证可靠性的方法。1995 年中国颁布的国家标准 GB6829—1995《剩余电流动作保护器的一般要求》等效于 IEC755。1997 年中国国家技术监督局批准了 GB16916《家用和类似用途的不带过电流保护的剩余电流动作断路器(RCCB)》和 GB16917《家用和类似用途的带过电流保护的剩余电流动作断路器(RCBO)》。国家标准 GB16916 和GB16917 分别与 IEC61008—1990 和 IEC61009—1990 等同。这些标准中都提出了可靠性问题,明确了应验证可靠性。GB6829—1995《剩余电流动作保护器的一般要求》7.2 条款"性能要求"中要求测试可靠性。以上标准中虽提出了漏电保护器的可靠性问题,可仅规定了试验条件的严酷性,要求做比较严酷的 28 周期通电试验、耐气候环境试验,并没有规定漏电保护器的可靠性指标及可靠性试验方法,所以真正的可靠性试验应涉及可靠性指标、失效判据、试验方案及试验结果的判定等一系列问题。

　　为了推动漏电保护器可靠性工作的开展,河北工业大学和上海电器科学研究院等单位制定了国家标准 GB/Z 22202—2008《家用和类似用途的剩余电流动作断路器的可靠性试验方法》,并于 2016 年进行了修订。

　　漏电保护器的技术性能主要有剩余电流保护性能以及操作性能。漏电保护器的剩余电流保护性能完好时,当用电设备工作正常没有发生漏电故障时,漏电保护器不动作;一旦发生漏电故障时漏电保护器应迅速分开触头切断电路,以保护触电者的人身安全和避免因漏电而造成的火灾。漏电保护器的操作性能是指:手动操作漏电保护器手柄,手柄合闸操作时能可靠接通电路;手柄分闸操作时能可靠分断电路。以上是漏电保护器的工作特点。

　　漏电保护器主要具有以下三种故障形式:

　　1) 当发生漏电故障时漏电保护器不能迅速可靠的动作时称为拒动。

　　漏电保护器的某些元件质量不合格,运行后引起的老化和损伤导致元件丧失原有的工作性能。例如:零序电流互感器剩磁过大,发热严重;永久磁铁老化;电子元件受损;触头接触不良或熔焊等。拒动是危害性极大的故障,将使触电者的人身安全和用电设备得不到可靠的保护。

　　2) 没有发生漏电故障时漏电保护器发生误动作而将电路切断时称为误动。

　　电路中一般都存在剩余电流,剩余电流的存在并不一定反映电路或设备有故障。例如合格的电容器容许有一定的泄漏电流,任何供电网络和用电设备的绝缘电阻都不可能是无穷大,都有一定数量的泄漏电流存在,达到漏电保护器的剩余动作电流时,漏电保护器就会误动作。另外,由于漏电保护器结构性能不稳定,本身动作特性发生改变,负载电流的影响,环境温度的影响,电磁干扰信号通过辅助电源等,都可能使漏电保护器产生误动作。误动故障导致用电电路不应有的停电或用电设备不必要的切断,这降低了供电可靠性,会造成一定的经济损失。

　　3) 操作故障。

　　漏电保护器在手动合闸操作时合不上闸,电路不能接通;漏电保护器在手动分闸操作时不能分闸,电路不能断开。

　　为尽可能地全面定量反映漏电保护器可靠性,同时考虑到漏电保护器作为保护电器的工作特点及其可能发生拒动、误动故障及操作故障这三类故障的故障模式,针对拒动、误动故障,采用保护成功率 R(简称成功率)的高低作为可靠性指标。对操作故障而言,可采用操作失效率 λ(简称失效率)的大小作为可靠性指标。

　　1. 操作失效率等级

　　按最大失效率 λ_{max} 的数值将操作失效率(λ)等级划分为四个等级(四级、亚四级、三级、亚三级)。操作失效率等级名称和 λ_{max} 的数值见表 5-15。

表 5-15　漏电保护器失效率等级名称和最大失效率 λ_{max}

操作失效率等级名称	最大失效率 λ_{max}
四级	1×10^{-4}
亚四级	3×10^{-4}
三级	1×10^{-3}
亚三级	3×10^{-3}

2. 剩余电流保护成功率等级

按不可接收的成功率 R_1 的数值将剩余电流保护成功率等级划分为四个等级（六级、五级、四级、三级），剩余电流保护成功率等级的名称和 R_1 的数值见表 5-16。

表 5-16　漏电保护器的剩余电流保护成功率等级名称和不可接收的成功率 R_1

剩余电流保护成功率等级名称	R_1
六级	0.995
五级	0.99
四级	0.98
三级	0.95

3. 环境试验后剩余电流保护成功率等级

按不可接收的成功率 R_1 的数值将环境试验后剩余电流保护成功率等级划分为四个等级（六级、五级、四级、三级），环境试验后剩余电流保护成功率等级的名称和 R_1 的数值见表 5-17。

表 5-17　漏电保护器的环境试验后剩余电流保护成功率等级名称和不可接收的成功率 R_1

环境试验后剩余电流保护成功率等级名称	R_1
六级	0.995
五级	0.99
四级	0.98
三级	0.95

4. 短路保护成功率等级

按不可接收的成功率 R_1 的数值将短路保护成功率等级划分四个等级（六级、五级、四级、三级），短路保护成功率等级的名称和 R_1 的数值见表 5-18。

表 5-18　漏电保护器的短路保护成功率等级名称和不可接收的成功率 R_1

短路保护成功率等级名称	R_1
六级	0.995
五级	0.99
四级	0.98
三级	0.95

5. 过载保护成功率等级

按不可接收的成功率 R_1 的数值将过载保护成功率等级划分四个等级(五级、四级、三级、二级),过载保护成功率等级的名称和 R_1 的数值见表 5-19。

表 5-19　漏电保护器的过载保护成功率等级名称和不可接收的成功率 R_1

过载保护成功率等级名称	R_1
五级	0.99
四级	0.98
三级	0.95
二级	0.90

5.4.2　漏电保护器的可靠性试验要求

1. 环境条件

1)周围空气温度:操作可靠性试验和剩余电流保护可靠性试验在 15～25℃条件下进行,短路保护可靠性试验和过载保护可靠性试验在 30～35℃ 条件下进行;

2)环境试验后剩余电流保护可靠性试验由气候试验和 40℃温度试验组成,其试验条件应符合 GB 16916.1—2014 及 GB 16917.1—2014 中对气候试验和 40℃温度试验的规定;

3)海拔:不超过 2000m;

4)相对湿度:25%～75%;

5)污染等级:污染等级 2;

或按被试产品国家标准或企业标准(技术条件)规定的使用环境条件进行。

2. 安装条件

1) 以正常使用方式安装在正常使用位置;

2) 试品应安装在无显著冲击和震动的地方;

3) 试品安装面与垂直面的倾斜度应符合产品标准的规定;

4) 采用安装轨安装的漏电保护器,应采用有关安装轨的标准。

3. 试验电源条件

1) 交流电源应为频率等于 50Hz 的正弦波电源,其容许偏差为±5%;

2) 直流电源可采用发电机、蓄电池或稳压电源;

3) 电压允差:0～+5%;

4) 电流允差:0～+5%。

4. 负载条件

1) 负载电源可为直流电源或交流电源,一般情况下,推荐采用直流电源;

2) 负载可为阻性负载、感性负载、容性负载或非线性负载,一般情况下,推荐采用阻性负载;

3) 试验时触头电路电源电压 U_e 为 6V 或产品标准中规定的触头最低直流额定电压值;

4) 除非标准规定试验电流为额定电流,试验时触头电路负载电流 I_c 为 100mA。

5. 激励条件

1) 在操作可靠性试验时,额定电流为 25A 及以下的剩余电流动作断路器,操作频率为每小时 240 次,每次操作循环中剩余电流动作断路器在断开位置的时间不小于 13s;额定电流大于 25A 的剩余电流动作断路器,操作频率为每小时 120 次,每次操作循环中剩余电流动作断路器在断开位置的时间不小于 28s;剩余电流稳定增加时,验证动作的正确性。施加的剩余电流从不大于 $0.2I_{\Delta n}$ 开始稳定地增加,设法在 30s 内达到 $I_{\Delta n}$ 值;突然出现剩余电流时,验证动作的正确性。应将试验电路调节到剩余电流值,然后闭合试验开关使电路中突然产生剩余电流。

对具有几个整定值的剩余电流动作断路器,试验应在最低整定值下进行。

2) 环境试验后剩余电流保护可靠性试验应按如下进行:

气候试验时,对剩余电流保护功能与电源有关的断路器施加 0.85 倍额定电压。对具有几个整定值的剩余电流动作断路器,试验应在最低整定值下进行;40℃ 温度试验时,在任何合适的电压下对试品通以额定电流 I_n,每周期包括 21h 通以电流和 3h 不通电流。对于四极剩余电流动作断路器,只对任意三个保护极通以额定电流 I_n 进行试验。试验过程中不操作试品,而用另一开关来接通和断开电流。

3) 短路保护可靠性试验。

符合 GB 16917.1—2014 标准规定的产品,应进行短路保护可靠性试验,其试验电源的电压可以是低电压的大电流源。

4) 过载保护可靠性试验。

符合 GB 16917.1—2014 标准规定的产品,按 GB 16917.1—2014 表 10 中的规定,从冷态开始,对试品所有极通以 $1.13I_n$ 的电流(约定不脱扣电流)至约定时间,试品不应脱扣。试验过程中施加的电流允差为 $0\sim+2.5\%$;然后,在 5s 内把电流稳定地升至 $1.45I_n$(约定脱扣电流),试品应在约定时间内脱扣。试验过程中施加的电流允差为 $-2.5\%\sim0$;接着冷却至冷态,对试品所有极通以 $2.55I_n$ 的电流,断开时间应不小于 1s 也不大于 60s(对于额定电流小于等于 32A)或 120s(对于额定电流大于 32A)。试验过程中施加的电流允差为 $-2.5\%\sim0$。

5.4.3　漏电保护器的可靠性试验方法

1. 试品的准备

试验中所用试品,应该是从在稳定的工艺条件下批量生产并经过筛选的合格产品中随机抽取的。

2. 试品的检测

(1) 操作可靠性试验的检测

1) 试验前检测。

试验前先对试品进行开箱检测,检查试品的零部件有无运输引起的损坏、断裂,按产品标准检测剩余动作电流和额定剩余动作电流下的动作时间,剔除零部件损坏的试品,并按规定补足试品数,剔除掉的试品不计入累积故障试品数 r 内。

2) 试验过程中检测。

试验中要对剩余电流动作断路器的操作可靠性进行监测。每个操作循环包括一次闭合操作以及接着的一次断开操作。

除非产品标准另有规定,应对试品的所有触头在试品每次操作循环的"闭合"期间中的 40% 时间内与"断开"期间中的 40% 时间内,监测触头接通时其两引出端的电压降及触头断开时触头间的电压。

3) 试验后检测。

除非产品标准另有规定,按产品标准中对试品进行机械和电气寿命试验后的检查规定进行试验后检查,检查结果应符合产品标准规定。

（2）剩余电流保护可靠性试验的检测

1）试验前检测。

与操作可靠性试验的试验前检测相同。

2）试验过程中检测。

① 剩余电流稳定增加时，验证动作正确性。

剩余电流保护成功率验证试验电路如图 5-11 所示。

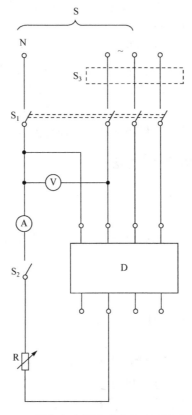

图 5-11　剩余电流保护成功率验证试验电路

S 为电源；V 为电压表；A 为电流表；S_1 为多极开关；S_2 为单极开关；

S_3 为操作除一个相线极以外的所有其他相线极的开关；D 为被试 RCD；R 为可变电阻器

试验开关 S_1、S_2 以及试品处于闭合位置，剩余电流从不大于 $0.2I_{\Delta n}$ 开始稳定地增加，设法在 30s 内达到 $I_{\Delta n}$ 值，每次试验时测量脱扣电流，测量值均应在 $I_{\Delta no}$ 和 $I_{\Delta n}$ 之间。以上试验推荐进行 20 次。

② 突然出现剩余电流时，验证动作正确性。

试验应按如下步骤进行：

对于所有型式：试验电路调节到剩余电流值 $I_{\Delta n}$，试验开关 S_2 和试品处于闭合位置，然后闭合试验开关 S_1 使电路中突然产生剩余电流，试品应脱扣，测量分断时间。每次测量值都不应超过相应规定的极限值。

对于 S 型的补充试验：试验电路调节到剩余电流值 $I_{\Delta n}$，试验开关 S_1 和试品处于闭合位置，然后闭合试验开关 S_2 使电路中突然产生剩余电流，试验开关 S_2 的闭合时间为相应于剩余电流的最小不驱动时间，允许误差为 $-5\%\sim0$。每次施加剩余电流至少应与前一次间隔 1min 的时间。

每次试验时，试品均不应脱扣。以上试验推荐进行 20 次。

(3) 环境试验后剩余电流保护可靠性试验的检测

1) 试验前检测。

与操作可靠性试验的试验前检测相同。

2) 试验过程中检测。

① 气候试验。

气候试验按 GB/T 2423.4—2008 并考虑 GB/T 2424.2—2005 进行。试验室的要求、试验的严酷性和试验顺序应符合 GB 16916.1—2014 和 GB 16917.1—2014 中 9.22.1.3 的要求，共进行 28 周期的试验。在试验周期结束时，试品不应从试验室中取出。打开试验室门，并停止调节温度和湿度。然后经过 4～6h，使得重新建立环境条件（温度和湿度）后进行最后测量。

试品在 28 周期中不应脱扣，最后在 GB 16916.1—2014 中 9.9.2.3 a) 和 GB 16917.1—2014 中 9.9.1.2.c)1)规定的试验条件下对其通以 $1.25I_{\Delta n}$ 的试验电流，仅在任意选取的一极进行试验，试品应脱扣，试验时不测量分断时间。操作剩余电流试验装置，试品应脱扣。以上检测每台试品推荐重复进行 40 次（即截止次数 n_z）。

② 40℃温度试验。

40℃温度试验过程中不检测试品，试品的安装、导线的选择、接线端子的螺钉或螺母的扭矩等要求应符合 GB 16916.1—2014 和 GB 16917.1—2014 中 9.22.2 规定。在第 28 周期的 21h 通电结束时测量温升，温升不超过 65K。在这个试验后，试品在加热箱内不通电流，冷却到接近室温，在 GB 16916.1—2014 中 9.9.2.3 a) 和 GB 16917.1—2014 中 9.9.1.2.c)1)规定的试验条件下施加 $1.25I_{\Delta n}$ 的试验电流对任意选取的一极进行试验及操作剩余电流试验装置。施加 $1.25I_{\Delta n}$ 时试品应脱扣，试验时不测量分断时间。操作剩余电流试验装置，试品应脱扣。以上 $1.25I_{\Delta n}$ 的脱扣测试和对剩余电流试验装置测试推荐每台试品重复进行 40 次（即截止次数 n_z）。

(4) 短路保护可靠性的检测

1) 试验前检测。

与操作可靠性试验的试验前检测相同。

2）试验过程中检测。

① 对 B 型 RCBO：

从冷态开始，对所有极通以等于 $3I_n$ 的电流，断开时间应不小于 0.1s。试验次数为 $n_z/2$ 次（推荐 20 次）。然后再从冷态开始，对所有极通以等于 $5I_n$ 的电流，RCBO 应在小于 0.1s 时间内脱扣。试验次数为 $n_z/2$ 次（推荐 20 次）。

② 对 C 型 RCBO：

从冷态开始，对所有极通以等于 $5I_n$ 的电流，断开时间应不小于 0.1s。试验次数为 $n_z/2$ 次（推荐 20 次）。然后再从冷态开始，对所有极通以等于 $10I_n$ 的电流，RCBO 应在小于 0.1s 时间内脱扣。试验次数为 $n_z/2$ 次（推荐 20 次）。

③ 对 D 型 RCBO：

从冷态开始，对所有极通以等于 $10I_n$ 的电流，断开时间应不小于 0.1s。试验次数为 $n_z/2$ 次（推荐 20 次）。然后再从冷态开始，对所有极通以等于 $20I_n$ 或最大瞬动脱扣电流，RCBO 应在小于 0.1s 时间内脱扣。试验次数为 $n_z/2$ 次（推荐 20 次）。

（5）过载保护可靠性的检测

1）试验前检测。

与操作可靠性试验的试验前检测相同。

2）试验过程中检测。

在试品从冷态开始通以 $1.13I_n$ 的电流（约定不脱扣电流）至约定时间的过程中监测断路器，记录断路器的状态和通 $1.13I_n$ 电流的时间；紧接着在 5s 内把电流稳定地增加到 $1.45I_n$（约定脱扣电流）至约定时间的过程中监测断路器是否脱扣，记录断路器的状态和通 $1.45I_n$ 电流的时间；恢复冷态后在试品通 $2.55I_n$ 电流至约定时间的过程中监测断路器是否脱扣，记录断路器的状态和通 $2.55I_n$ 电流的时间。以上试验累计为 1 次。

3. 失效判据

（1）操作可靠性试验

在操作可靠性试验过程中，当出现下列任意一种情况时，即认为该试品失效，每台试品的相关失效数最多为 1：

1）触头接通时其两引出端间的电压降 U_j 超过触头回路开路电压的 10%；

2）触头断开时触头间的电压 U_f 低于触头回路开路电压的 90%；

3）触头发生熔接或其他形式的粘接；

4）剩余电流动作断路器闭合操作时闭合不上；

5）剩余电流动作断路器断开操作时不分断；

6）试品零部件有破坏性损坏、连接导线及零部件松动；

7）在操作可靠性试验后，未失效的试品应按"操作可靠性试验检测的试验后检测项目"检验，其中任一项目的检测结果不符合产品标准的规定，即认为该试品失效。

（2）剩余电流保护可靠性试验

在剩余电流保护可靠性试验中，若某一台试品发生下列任意一种情况一次时，即认为该试品失效，每台试品相关失效数最多为 1：

1）剩余电流稳定增加时，试验测量的脱扣电流值不在 $I_{\Delta no}$ 和 $I_{\Delta n}$ 之间；

2）按"剩余电流保护可靠性试验的试验过程中突然出现剩余电流时对所有型号验证动作正确性"试验时，试品不脱扣或分断时间超过相应规定的极限值；

3）按"剩余电流保护可靠性试验的试验过程中突然出现剩余电流时对 S 型的补充试验验证动作正确性"试验时，试品在试验时脱扣。

（3）环境试验后剩余电流保护可靠性试验

在环境试验后剩余电流保护可靠性试验中，若某一台试品发生下列任意一种情况一次时，即认为该试品失效，每台试品相关失效数最多为 1：

1）在气候环境试验过程中，试品误脱扣；

2）对试品通以 $1.25I_{\Delta n}$ 试验电流，试品未脱扣；

3）操作试品的剩余电流试验装置，试品未脱扣；

4）试品零部件有破坏性损坏，不能正常闭合与断开；

5）在 40℃ 温度试验时，测量的温升超过 65K。

（4）短路保护可靠性试验

在短路保护可靠性试验中，若某一台试品发生以下任意一种情况一次时，即认为该试品失效，但每台试品相关失效数最多为 1：

1）若断开（脱扣）时间小于规定值，则称该试品发生误动故障（简称误动）；

2）若断开（脱扣）时间大于规定值，则称该试品发生拒动故障（简称拒动）。

（5）过载保护可靠性试验

在过载保护可靠性试验过程中，当某试品出现以下任意一种情况时，即认为该试品发生失效：

1）在通以约定不脱扣电流 $1.13I_n$ 时，在约定时间内试品脱扣；

2）在通以试验电流 $1.45I_n$ 时，在约定时间内试品未脱扣；

3）在通以试验电流 $2.55I_n$ 时，试品断开时间小于 1s；

4）在通以试验电流 $2.55I_n$ 时，试品断开时间大于 60s（对于额定电流小于等于 32A）或大于 120s（对于额定电流大于 32A）。

5.4.4　漏电保护器的可靠性验证试验的抽样方案及试验程序

采用操作失效率等级、剩余电流保护成功率等级、环境试验后剩余电流保护成功率等级、短路保护成功率等级和过载保护成功率等级作为剩余电流动作断路器的可靠性指标,其可靠性试验由操作失效率验证试验、剩余电流保护成功率验证试验、环境试验后剩余电流保护成功率验证试验、短路保护成功率验证试验和过载保护成功率验证试验组成。

1. 可靠性试验抽样方案

漏电保护器的可靠性验证试验推荐采用定时或定数截尾试验。

漏电保护器的可靠性验证试验的使用方风险 β 为 0.1,操作失效率验证试验的抽样方案见表 5-20,剩余电流保护成功率验证试验的抽样方案见表 5-21,环境试验后剩余电流保护成功率验证试验的抽样方案见表 5-22,短路保护成功率验证试验的抽样方案见表 5-23,过载保护成功率验证试验的抽样方案见表 5-24。

表 5-20　漏电保护器操作失效率验证试验抽样方案

操作失效率等级	最大失效率 (1/10 次)	截尾次数 $T_c(10^4$ 次)								
		$A_c=0$	$A_c=1$	$A_c=2$	$A_c=3$	$A_c=4$	$A_c=5$	$A_c=6$	$A_c=7$	$A_c=8$
四级	1×10^{-4}	23.0	38.9	53.2	66.8	79.9	92.7	105.3	117.7	130
亚四级	3×10^{-4}	7.68	13.0	17.7	22.3	26.6	30.9	35.1	39.2	43.3
三级	1×10^{-3}	2.3	3.89	5.32	6.68	7.99	9.27	10.53	11.77	13.0
亚三级	3×10^{-3}	0.77	1.30	1.77	2.23	2.66	3.09	3.51	3.92	4.33

表 5-21　漏电保护器剩余电流保护成功率验证试验抽样方案

剩余电流保护成功率等级	不可接收的成功率 R_1	截尾次数 n_f(次)					
		$A_c=0$	$A_c=1$	$A_c=2$	$A_c=3$	$A_c=4$	$A_c=5$
六级	0.995	460	777	1 063	1 335	1 597	1 853
五级	0.99	230	388	531	667	798	926
四级	0.98	114	194	265	333	398	462
三级	0.95	45	77	105	132	158	184

表 5-22　漏电保护器环境试验后剩余电流保护成功率验证试验抽样方案($\beta=0.1$)

环境试验后剩余电流保护成功率等级	不可接收的成功率 R_1	截尾次数 n_f(次)					
		$A_c=0$	$A_c=1$	$A_c=2$	$A_c=3$	$A_c=4$	$A_c=5$
六级	0.995	460	777	1063	1335	1597	1853
五级	0.99	230	388	531	667	798	926
四级	0.98	114	194	265	333	398	462
三级	0.95	45	77	105	132	158	184

表 5-23　漏电保护器短路保护成功率验证试验抽样方案($\beta=0.1$)

短路保护成功率等级	不可接收的成功率 R_1	截尾次数 n_f(次)					
		$A_c=0$	$A_c=1$	$A_c=2$	$A_c=3$	$A_c=4$	$A_c=5$
六级	0.995	460	777	1063	1335	1597	1853
五级	0.99	230	388	531	667	798	926
四级	0.98	114	194	265	333	398	462
三级	0.95	45	77	105	132	158	184

表 5-24　漏电保护器过载保护成功率验证试验抽样方案($\beta=0.1$)

过载保护成功率等级	不可接收的成功率 R_1	截尾次数 n_f(次)					
		$A_c=0$	$A_c=1$	$A_c=2$	$A_c=3$	$A_c=4$	$A_c=5$
五级	0.99	230	388	531	667	798	926
四级	0.98	114	194	265	333	398	462
三级	0.95	45	77	105	132	158	184
二级	0.90	22	38	52	65	78	91

2. 可靠性试验程序

(1) 操作失效率验证试验程序

1) 确定操作失效率等级；

2) 确定允许失效数 A_c 和截尾失效数 r_c($r_c=A_c+1$)，推荐在 $2\sim5$ 的范围内选择 A_c，不推荐选择 $A_c=0$；

3) 根据选定的失效率等级和 A_c，由表 5-20 查出试验截尾次数 T_c；

4) 选定试品的试验截止时间 t_z，推荐 $t_z=4000$ 次；

5) 根据 T_c、A_c、t_z，由式(5-11)确定试品数 n(用进一法取整)：

$$n=T_c/t_z+A_c \tag{5-11}$$

6) 从批量生产的合格产品中随机抽取 n 个试品，试品应符合本章"试品的准备"的规定；

7) 按操作可靠性试验的激励条件及操作可靠性试验检测的规定进行试验与检测，按操作可靠性试验的失效判据进行失效判定；

8) 统计相关失效数 r 及各失效试品的相关试验时间(失效发生时间)，对试验后检测出的相关失效试品，其相关试验时间按试验结束时的时间计算；

9) 统计累积相关试验时间 T；

10) 试验结果判定：

当相关失效数 r 未达到截尾失效数 r_c(即 $r\leqslant A_c$)，而累积相关试验时间 T 达到或超过了截尾次数 T_c，则判为试验合格（接收）；当累积相关试验时间 T 未达到截尾次数 T_c，而相关失效数 r 达到或超过了截尾失效数 r_c（即 $r > A_c$），则判为试验不合格（拒收）。

（2）剩余电流保护成功率验证试验程序

1）确定产品的剩余电流保护成功率等级；

2）选定允许失效数 A_c 和截尾失效数 r_c（$r_c = A_c + 1$），推荐在 2～5 的范围内选择 A_c，不推荐选择 $A_c = 0$；

3）根据选定的剩余电流保护成功率等级和 A_c，由表 5-21 查出试验截尾次数 n_f；

4）选定试品的试验截止次数 n_z，推荐选 $n_z = 40$ 次；

5）根据 n_f、n_z 及 A_c 由式（5-12）确定试品数 n（用进一法取整）：

$$n = \frac{n_f}{n_z} + A_c \tag{5-12}$$

6）从批量生产的合格产品中随机抽取 n 个试品，试品应符合本章"试品的准备"的规定；

7）按剩余电流保护成功率可靠性试验的激励条件及剩余电流保护成功率可靠性试验检测的规定进行试验与检测，按剩余电流保护成功率可靠性试验的失效判据进行失效判定，当某台试品的失效次数累计达到 1 次时，该试品应退出试验；

8）统计所有试品相关失效次数 r；

9）统计累积试验次数 n_Σ；

10）试验结果判定：

当累积试验次数 n_Σ 达到或超过了 n_f，而相关失效数 r 未达到截尾失效数 r_c（即 $r \leqslant A_c$），则判为试验合格（接收）；当累积试验次数 n_Σ 未达到 n_f，而相关失效数 r 达到或超过截尾失效数 r_c（即 $r > A_c$），则判为试验不合格（拒收）。

（3）环境试验后剩余电流保护成功率验证试验程序

1）确定产品的环境试验后剩余电流保护成功率等级；

2）确定允许失效数 A_c 和截尾失效数 r_c（$r_c = A_c + 1$），推荐在 2～5 的范围内选择 A_c，不推荐选择 $A_c = 0$；

3）根据确定的环境试验后剩余电流保护成功率等级和 A_c，由表 5-22 查出试验截尾次数 n_f；

4）除非产品标准另有规定，在气候试验中，试品施加 $1.25 I_{\Delta n}$ 的试验电流及操作剩余电流试验装置一次记为一次试验循环，累积试验次数加 1；在 40℃ 温度试验中，试品施加 $1.25 I_{\Delta n}$ 的试验电流及操作剩余电流试验装置一次记为一次试验循环，累积试验次数加 1；

5）根据 n_f、n_z 及 A_c 确定试品数 n（即 n_1+n_2），气候试验中的试品数为 n_1，40℃温度试验中的试品数为n_2；除非产品标准另有规定，气候试验中试品数 n_1 至少为 6 台，40℃温度试验中试品数 n_2 至少为 3 台。试品总数应符合式（5-13）（推荐 $n_z=40$ 次），其中在气候试验中试品数 n_1 应近似为 40℃温度试验中的试品数 n_2 的 2 倍（用进一法取整）：

$$n=n_1+n_2 \geqslant n_f/40+A_c \tag{5-13}$$

6）从批量生产合格的产品中随机抽取 n（即 n_1+n_2）台试品，试品应符合本章"试品的准备"的规定；

7）按环境试验后剩余电流保护成功率可靠性试验的激励条件及环境试验后剩余电流保护成功率可靠性试验检测的规定进行试验与检测，按环境试验后剩余电流保护成功率可靠性试验的失效判据进行失效判定；

8）统计所有试品相关失效次数 r；

9）统计累积试验数 n_Σ；

10）试验结果判定与剩余电流保护成功率验证试验程序中的试验结果判定相同。

（4）短路保护成功率验证试验程序

1）确定产品的短路保护成功率等级；

2）选定允许失效数 A_c 和截尾失效数 $r_c(r_c=A_c+1)$，推荐在 2～5 的范围内选择 A_c，不推荐选择 $A_c=0$；

3）根据选定的短路保护成功率等级和 A_c，由表 5-23 查出试验截尾次数 n_f；

4）选定试品的试验截止次数 n_z，一般选 $n_z=40$ 次；

5）根据 n_f、n_z 及 A_c 由式（5-14）确定试品数 n（用进一法取整）：

$$n=\frac{n_f}{n_z}+A_c \tag{5-14}$$

6）从批量生产的合格产品中随机抽取 n 个试品，试品应符合本章"试品的准备"的规定；

7）按短路保护成功率可靠性试验的激励条件及短路保护成功率可靠性试验检测的规定进行试验与检测，按短路保护成功率可靠性试验的失效判据进行失效判定，当某台试品的失效次数累计达到 1 次时，该试品应退出试验；

8）统计所有试品相关失效次数 $r(r=r_1+r_2)$，式中 r_1 为拒动次数，r_2 为误动次数；

9）统计累积试验次数 n_Σ；

10）试验结果判定与剩余电流保护成功率验证试验程序中的试验结果判定相同。

（5）过载保护成功率验证试验程序

1）选定产品的过载保护成功率等级；

2）选定允许失效数 A_c 和截尾失效数 $r_c(r_c=A_c+1)$，推荐在 $2\sim5$ 的范围内选择 A_c，不推荐选择 $A_c=0$；

3）根据选定的过载保护成功率等级和 A_c，由表 5-24 查出试验截尾次数 n_f；

4）选定试品的试验截止次数 n_z，推荐选 $n_z=10\sim30$ 次；

5）根据 n_f、n_z 及 A_c 由式（5-15）确定试品数 n（用进一法取整）：

$$n=\frac{n_f}{n_z}+A_c \tag{5-15}$$

6）从批量生产的合格产品中随机抽取 n 个试品，试品应符合本章"试品的准备"的规定；

7）按过载保护成功率可靠性试验的激励条件及过载保护成功率可靠性试验检测的规定进行试验与检测，按过载保护成功率可靠性试验的失效判据进行失效判定；

8）统计所有试品相关失效次数 r；

9）统计累积试验次数 n_Σ；

10）试验结果判定与剩余电流保护成功率验证试验程序中的试验结果判定相同。

5.4.5　漏电保护器的可靠性试验装置

研究低压电器的可靠性，除了要研究其可靠性指标和试验方案之外，还需研制出用来贯彻该电器可靠性试验方案的可靠性试验装置。只有这样才能真正地将可靠性研究工作付诸实施。先进而完善的可靠性试验装置是进行产品可靠性验证试验的基础。为了提高可靠性验证试验的效率及正确性，应根据产品的失效判据及可靠性验证试验方法，来研制可靠性试验装置。

1. 可靠性试验装置的技术性能

1）具有 8 台固定安装的操作机构，可对常用型号单极和多极漏电保护器进行失效率验证试验。

2）根据试验的要求，试验人员可以通过试验装置的软件对可靠性验证试验所涉及的各个试验参数进行设置和整定，如操作频率，试验截止次数等参数。

3）失效率验证试验中，试验装置能同时对 8 台漏电保护器的 32 对触头进行接触压降及断开触头间电压的检测。

4）失效率验证试验中，试品的操作频率在 $10\sim500$ 次/小时范围内可调。

5）具有 2 台可移动操作机构，可对常用型号单极和多极漏电保护器进行成功率验证试验。

6）试验装置可在 0～500mA 范围内产生可调整大小的正弦波试验电流。可对目前主要型号的漏电保护器进行试验。

7）电流输出分为 0～30mA、0～50mA、0～300mA、0～500mA 多档输出,试验装置可根据设定的漏电保护器的试验电流,自动选择合适的电流档输出。

8）试验装置具有短路保护功能,工控机意外故障后,由电路进行保护,不会造成相间短路。

9）在成功率验证试验中,可通过软件选择对多极漏电保护器的任意一极进行通电检测。

10）试验装置能自动记录试验次数,试品发生失效时,试验装置可以对失效试品的编号、失效发生的时间及失效模式进行记录,并整理数据输出。

11）完整的数据保护功能,意外断电后数据不丢失,电源恢复后不破坏已采集的数据。

12）试验过程中,试品发生失效,试验装置可根据输入的控制参数判断试验是否应停止;试验操作过程由工控机显示器提示进行,操作简便。

2. 试验装置的硬件设计

漏电保护器可靠性试验装置主要由试品控制柜、试品柜、调温调湿箱组成。试验装置的原理框图如图 5-12 所示。

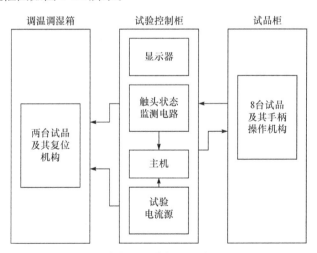

图 5-12　漏电保护器可靠性试验装置的原理框图

（1）试验控制柜

试验控制柜由工业 PC 机、触头状态测试卡、试验电流源、输入输出卡、数据采集卡、数字电流表以及电源开关等组成。触头状态检测卡的主要功能是在被测试品手柄合/分闸到位后,在合/分闸期间采集被监测试品所有触头的闭合/断开的实际状态,对其进行辨别比较后将信号电平送至工控机。工控机会根据试品合/分闸状态及所监测触头间的电压状态信息,来判断试品的工作正常与否。

试验电流源由降压变压器、电动调压器、检测电路组成。它为成功率验证试验提供可调整的试验电流。试验电流源在进行成功率验证试验时,产生额定剩余动作电流,检测漏电保护器是否拒动,以及在通以额定剩余不动作电流时,检验漏电保护器是否误动。工控机设置试验电流的大小后,调节电动调压器的控制端,产生正弦交流电流作为试验电流,进行漏电保护检测。试验中如发现试品失效,工控机记录失效类型和次数以及试品号。

(2) 试品柜

试品柜有 8 台固定安装的电机驱动的机械机构,用来控制试品的分/合闸操作;可同时对 8 台单极或多极漏电保护器进行失效率验证试验;对外型尺寸不同的漏电保护器,只需更换卡具即可进行试验。试验柜另有 2 台可移出式机械机构可放置于调温调湿箱中进行成功率验证试验。

固定安装的机械机构在进行失效率验证试验过程中,由试验装置的电动机构完成漏电保护器的分合操作。试品的手柄分/合闸机构通过工控机控制电动机的正反转来完成试品手柄的分/合闸操作,并在接收手柄分/合闸到位信号后使电机停转,因此可由工控机控制按照设定的操作频率对试品进行分/合闸操作。

2 台可移出式机械机构可进行成功率验证试验,试验过程中,机械机构同试品一起被置于调温调湿箱中经受高温高湿的严酷环境的考验,因而机械机构都经过了防腐防锈处理。试验装置可对两台漏电保护器通以额定剩余不动作电流,检测漏电保护器是否误动;也可通以额定剩余动作电流,检测漏电保护器是否拒动。漏电保护器脱扣后,试验装置可自动对其复位。试验装置可对漏电保护器的试验按钮进行检测。

试验装置可对目前常用型号单极、两极、三极、四极漏电保护器进行试验。对其他不同外型尺寸的漏电保护器可更换卡具后进行试验。

漏电保护器可靠性试验装置还包括漏电保护器的操作手柄、复位按钮、试验按钮三个手动操作部件的自动操作机构。当漏电电流大于额定剩余动作电流或按下试品的试验按钮后,漏电保护器动作,复位按钮弹出,手柄跳下。试验操作机构可由工控机控制对漏电保护器进行自动复位。复位按钮操作电路框图如图 5-13 所示。试验装置定期进行漏电保护器试验按钮的检测,由工控机控制,自动按下试验按钮,检测漏电保护器是否可靠工作。检测试验按钮的机构由螺管电磁铁组成。试验按钮操作电路框图如图 5-14 所示。

3. 试验装置的软件设计

漏电保护器可靠性验证试验应用软件由 C 语言编制,并同汇编语言的功能结

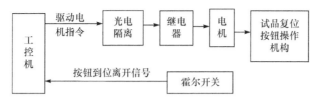

图 5-13　复位按钮操作电路框图

图 5-14　试验按钮操作电路框图

合起来,C 语言可将一个程序划分成不同模块并放入不同文件,分别进行编译,可避免过长的编译时间。

　　漏电保护器可靠性试验应用软件具有良好的人机对话界面。软件采用模块化的设计方式,即每项功能都是通过一些比较独立的函数模块来完成,这样,不仅便于分别使用和软件调试,而且增强了试验运行的可靠性。软件中有针对操作的提示,可方便试验人员对本装置的操作。

　　试验软件主要包括试验检测、数据查询、数据另存三个模块。数据另存可将试验数据保存在软盘中。数据查询模块将按试验编号进行试验数据的查询。试验检测模块为试验控制、试验数据处理以及保存的模块。

　　试验检测是本软件的关键部分,负责控制整个试验过程中试验装置的自动操作以及试验数据的存储显示。分为试品试验信息、试品安装、失效率验证试验控制程序、成功率验证试验控制程序、试验结果显示五部分。漏电保护器可靠性试验系统软件模块如图 5-15 所示。

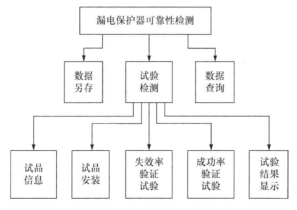

图 5-15　漏电保护器可靠性试验系统软件模块示意图

5.5　塑壳断路器的可靠性

5.5.1　塑壳断路器的可靠性指标

IEEE 电力系统可靠性委员会低压断路器可靠性工作组对低压断路器开展了可靠性研究,并对低压断路器可靠性进行了调查。调查中发现脱扣器和脱扣校准故障率最高,为其他故障模式的两倍或更高。此外,1996 年 CIGRE 第 13SC(开关设备)组成立了新的工作小组即 13.08 小组(断路器的寿命管理),来研究断路器寿命管理的情况并就如何延长运行中和改进中的开关设备的剩余预期寿命提出详细的建议。而其研究的内容包括:过去和现在设计的高、中压断路器的现有寿命数据、剩余预期寿命的确定和评估、延长寿命的可能性以及试验和经济的影响等。

由此可见,国际上已对高、低压断路器做了较细致的可靠性调查,并归纳出主要故障模式。而上述文献中主要针对使用中断路器的可靠性,且仅限于总结调查的结果,未作任何结论性评论。关于断路器可靠性验证试验方法、断路器的可靠性指标的制定及评估方法等理论研究方面的内容未见相关公开发表的文献。而我国对断路器的可靠性研究工作起步较晚,于 20 世纪 90 年代初开始。中国电力部门可靠性管理中心发布了高压断路器 1990～1999 年的事故情况调查及故障统计分析结果。河北工业大学和上海电器科学研究院等单位针对符合 GB 14048.2—2008、交流 50Hz(60Hz)、额定电压不超过 1 000V、额定电流 250A 及以下的塑壳断路器制订了国家标准 GB/Z 22074—2008《塑料外壳式断路器可靠性试验方法》,并于 2016 年进行了修订。

1. 塑壳断路器的故障模式

通过分析,塑壳断路器的主要故障模式可分成如下三类:

1) 操作故障,即低压断路器在接到合闸信号或手动合闸操作时合不上闸,电路不能接通;塑壳断路器在接到分闸信号或手动分闸操作时分不了闸,电路不能分断。

2) 误动故障,即当配电电路或用电设备未发生过载、短路故障时,瞬动脱扣器或过载脱扣器动作;或者由于断路器本身动作特性的改变或由于各种干扰信号的作用而使其瞬动脱扣器或延时动作脱扣器动作,从而使断路器自动分闸,导致配电电路不必要的停电。

3) 拒动故障,即当配电电路或用电设备发生过载、短路等故障时断路器不能及时可靠地切断故障电流,使电气线路或用电设备得不到可靠的保护。

2. 塑壳断路器的可靠性指标

根据塑壳断路器的上述工作特点及故障模式,采用操作失效率等级、短路保护成功率等级和过载保护成功率等级作为其可靠性指标。塑壳断路器操作失效率等级、短路保护成功率等级以及过载保护成功率等级的划分如表 5-25、表 5-26 及表 5-27 所示。

表 5-25　塑壳断路器操作失效率等级名称和最大失效率 λ_{max}

操作失效率等级名称	最大失效率 λ_{max}(1/10 次)
四级	1×10^{-4}
亚四级	3×10^{-4}
三级	1×10^{-3}
亚三级	3×10^{-3}

表 5-26　塑壳断路器短路保护成功率等级名称和最小成功率 R_{min}

短路保护成功率等级名称	R_{min}
六级	0.995
五级	0.99
四级	0.98
三级	0.95

表 5-27　塑壳断路器过载保护成功率等级名称和最小成功率 R_{min}

过载保护成功率等级名称	R_{min}
五级	0.99
四级	0.98
三级	0.95
二级	0.90

5.5.2　塑壳断路器的可靠性试验要求

1. 环境条件

可靠性试验的试验环境条件应当和产品使用的现场环境条件一致,这样得到的可靠性指标更能反映出产品在使用中可能表现出来的水平。但是,现场使用的环境条件是一个复杂、多样的条件,可靠性试验中要精确地模拟使用环境,一般在经济上是不可能的,从试验的观点来看也是不重要的。

因此,除非产品标准另有规定,推荐试验应在中国国家标准 GB/T 2421—1999 规定的标准大气条件下进行,即温度在 15～35℃,相对湿度为 50%～90%,大气压力为 86～106kPa。试品应在试验的标准大气条件中放置足够的时间(不少于 8h),以使试品达到热平衡。此外,试验环境应注意避免灰尘和其他污染。

2. 安装条件

试验过程中试品的安装应根据其实际使用时的特点。根据技术标准中规定,其安装应遵照以下几项原则:

1) 试品应以正常使用方式安装在正常使用位置(试品应完整地安装在其本身的支架上或一等效的支架上);

2) 试品应安装在无显著冲击和震动的地方;

3) 试品安装面与垂直面的倾斜度应符合产品标准的规定;

4) 试品应在自由空气中试验。

3. 电源条件

塑壳断路器的可靠性试验用电源可为直流和交流两种。交流试验电源的电源条件可以参考电网电源的条件制订,考核一个正弦交流电源主要有频率偏差和波纹系数两个参数。推荐采用:

1) 频率为 50Hz 的正弦交流电源,其频率允许偏差为±5%;

2) 直流电源可采用发电机、蓄电池或稳压电源,若试验中不影响产品性能时,可以采用三相全波整流电源,但其纹波系数不大于 5%;

3) 由于试验电源有一定的内阻,所以在试验过程中,当触头接通或断开负载时会引起负载电流的变化,从而引起加在负载上的电源电压的波动。在监测塑壳断路器接触可靠性时,如果上述电源电压的波动引起触头接触压降的变化过大,那么就会影响测量的准确性。因此,在试验过程中,当触头接通负载时,试验电源电压的波动相对于空载电压而言应不大于 5%。

4. 触头状态监测电路的负载条件

1) 负载电源可为直流电源或交流电源,除非产品标准另有规定,推荐采用直流电源;

2) 负载可为阻性负载、感性负载、容性负载或非线性负载,除非产品标准另有规定,推荐采用阻性负载;

3) 试验时电路电源电压 U_e 除非另有规定,应采用 24V 或产品标准中规定的触头最低直流额定电压值;

4) 除非产品标准另有规定,试验时触头电路负载电流 I_e 的数值可采用 100mA 或 1A。

5. 试验激励条件

(1) 操作可靠性试验

进行操作可靠性试验时,每小时的操作循环次数为 120 次,在每个操作循环期间,断路器应保持闭合足够的时间,但不超过 2s。对于能配装分励脱扣器的断路器,总操作次数的 10% 应为闭合/脱扣操作,分励脱扣器在最高额定控制电源电压下激励。对于能配装欠电压脱扣器的断路器,总操作次数的 10%,应在最低额定控制电源电压时进行闭合/脱扣操作,此电压应在每次闭合操作后去掉,使断路器脱扣。

本试验应在断路器自身闭合机构上进行。对于装有电动或气动闭合装置的断路器,这些装置应在额定控制电源电压或额定气压下进行试验。

(2) 短路可靠性试验

进行断路器的短路保护可靠性试验时,应在其短路整定电流的 80% 和 120% 下进行验证。对于可调式断路器,整定电流分别取其最大和最小值,相应试验次数各占总次数的 50%。试验电流应无非对称分量。

(3) 过载可靠性试验

电流整定值的 1.05 倍时,即在约定不脱扣电流时,断路器脱扣器的各相极同时通电,断路器从冷态开始,在小于约定时间(约定时间: $I_n > 63A$ 时为 2h, $I_n \leqslant 63A$ 时为 1h)的时间内不应发生脱扣。试验过程中施加的电流允差为 $0 \sim +2.5\%$。

此外,在约定时间结束后,立即使电流上升至电流整定值的 1.30 倍,即达到约定脱扣电流,断路器应在小于规定的约定时间内脱扣。试验过程中施加的电流允差为 $-2.5\% \sim 0$。

对有标记的中性极且具有过载脱扣器的断路器,此脱扣器约定脱扣电流下的试验电流应乘以系数 1.2。

如果制造商申明脱扣器实质上与周围空气温度无关,则上述的约定不脱扣电流和约定脱扣电流将在制造商公布的温度带内适用,允差范围在 0.3%/K 内。温度带的宽度在基准温度的任何一侧应至少为 10K。

5.5.3　塑壳断路器的可靠性试验方法

1. 试品的准备

试验中所用试品,应该是从在稳定的工艺条件下批量生产出的合格产品中随机抽取的。进行试验时,试品应为新的清洁的状态。

2. 试品的检测

(1) 试验前检测

试验前先对试品进行开箱检测,检查试品的零部件有无运输引起的损坏、断裂,剔除零部件损坏、断裂的试品,并按规定补足试品数,剔除掉的试品不计入相关失效数 r 内。试验前检测触头回路开路电压。

(2) 试验过程中检测

1) 操作可靠性试验的检测。

除非产品标准另有规定,应对试品的所有触头在试品每次操作循环的"闭合"期中间的 40% 时间内与"断开"期中间的 40% 时间内,监测触头接通时其两引出端的电压降及触头断开时触头间的电压。

2) 短路保护可靠性试验的检测。

当试验电流等于短路整定电流的 80% 时,脱扣器应不动作,电流持续时间为 0.2s。

当试验电流等于短路整定电流的 120% 时,脱扣器应在 0.2s 内动作。

带有电子过电流脱扣器的断路器,短路脱扣器的动作仅在每极独立验证一次。每台试品短路保护可靠性试验共进行 n_z 次,其中 A 极、B 极、C 极每一相极各进行 $n_z/3$ 次。对有标记的中性极且具有短路脱扣器的断路器,每台试品短路保护可靠性试验共进行 n_z 次,其中 A 极、B 极、C 极每一相极各进行 $n_z/4$ 次,N 极进行 $n_z/4$ 次。

带有电磁过电流脱扣器的断路器,多极短路脱扣器的动作应对每二极的组合串联验证一次。对有标记的中性极且具有短路脱扣器的断路器,中性极与任意选择的一极串联试验。此外,短路脱扣器的动作在每极单独验证一次,在按制造商对单极动作提出的脱扣电流下,脱扣器应在 0.2s 内动作。对于不具有带标记的中性极且具有短路脱扣器的断路器,每台试品短路保护可靠性试验共进行 n_z 次,其中 A、B 极串联,B、C 极串联,C、A 极串联,各进行 $n_z/6$ 次,A 极、B 极及 C 极每一相极各进行 $n_z/6$ 次;对于具有带标记的中性极且具有短路脱扣器的断路器,每台试品短路保护可靠性试验共进行 n_z 次,其中 A、B 极串联,B、C 极串联,C、A 极串联,N、X(A 或 B 或 C)极串联,各进行 $n_z/7$ 次,A 极、B 极及 C 极每一相极各进行 $n_z/7$ 次。

3) 过载保护可靠性试验的检测。

过载保护可靠性试验按前面所述过载保护可靠性试验的激励条件的规定和要求进行验证。

对于与周围空气温度有关的脱扣器,其动作特性应在基准温度下进行验证,脱扣器所有相极都通电。如果本试验是在不同的周围空气温度下进行的,则应按制造商的温度/电流数据进行校正;对于制造商声明与周围空气温度无关的热磁脱扣器,其动作特性应用两种测量法进行验证,一种是在 30℃±2℃ 下进行,另一种是在 20℃±2℃ 或在 40℃±2℃ 下进行,脱扣器的所有相极都通电;该操作每台试品进行 n_z 次,对于制造商声明与周围空气温度无关的脱扣器,每台试品在 30℃±2℃ 下进行 $n_z/2$ 次,在 20℃±2℃ 或在 40℃±2℃ 下进行 $n_z/2$ 次;对电子脱扣器,动作特性应在试验室环境温度下验证,脱扣器的所有相极通电。该操作每台试品进行 n_z 次。

(3) 试验后检测

对于操作可靠性试验,试验中检测后还应该进行试验后检测。

除非产品标准另有规定,试验后试品不应有下列现象:电动及手动操作机构不能正常工作;外壳损坏至能被试验触指触及带电部件;电气或机械连接的松动。

此外,试品还应按 GB 14048.2—2008 中 8.5.5 的试验要求,经受规定的介电耐受能力试验。而且试品应按 GB 14048.2—2008 中 8.5.7 的试验要求,在基准温度、1.45 倍电流整定值下验证过载脱扣器的动作能力,动作时间不应超过约定脱扣时间。

3. 失效判据

(1) 操作可靠性试验的失效判据

在操作可靠性试验过程中,当某试品出现下列任意一种情况时,即认为该试品发生失效:

1) 触头接通时其两引出端间的电压降超过触头回路开路电压的 10%;

2) 触头分断时触头间的电压低于触头回路开路电压的 90%;

3) 触头发生熔接或其他形式的粘接;

4) 断路器闭合操作时闭合不上;

5) 断路器分断操作时不分断;

6) 试品零部件有破坏性损坏、连接导线及零部件松动;

7) 在操作可靠性试验后,未失效的试品应按"试验后检测"项目进行检验,其中任一项目的检测结果不符合产品标准的规定,即认为该试品失效,每台试品的相关失效数最多为 1。

(2) 短路保护可靠性试验的失效判据

在短路保护可靠性试验中,当某试品出现以下任意一种情况时,即认为该试品发生失效:

1) 断路器的两极串联后通以其短路整定电流的 120% 的交流电流时,断路器的分断时间大于或等于 0.2s,此时认为该试品发生拒动故障;

2) 断路器的两极串联后通以其短路整定电流的 80% 的交流电流时,断路器分断时间小于 0.2s,此时认为该试品发生误动故障;

3) 每一相极单独通以脱扣电流(按制造商提出的数据)时,断路器在 0.2s 内未断开,此时认为该试品发生拒动故障。

(3) 过载保护可靠性试验的失效判据

在过载保护可靠性试验中,当某试品出现以下任意一种情况时,即认为该试品发生失效:

1) 断路器各极同时通以约定不脱扣电流时,断路器在约定时间($I_n > 63A$ 时为 2h,$I_n \leqslant 63A$ 时为 1h)内断开,此时认为该试品发生误动故障;

2) 断路器各极同时通以约定脱扣电流时,断路器未在约定时间($I_n > 63A$ 时为 2h,$I_n \leqslant 63A$ 时为 1h)内断开,此时认为该试品发生拒动故障。

5.5.4 塑壳断路器的可靠性验证试验的抽样方案及试验程序

1. 可靠性验证试验方案

塑壳断路器操作失效率验证试验、短路保护成功率验证试验的抽样方案可参照小型断路器的可靠性试验中的失效率验证试验抽样方案进行。

2. 可靠性验证试验程序

(1) 操作失效率验证试验程序

1) 选定失效率等级;

2) 选定合格判定数 A_c 和截尾失效数 r_c ($r_c = A_c + 1$),推荐在 $1 \sim 5$ 的范围内选择 A_c,不推荐选择 $A_c = 0$;

3) 根据选定的操作失效率等级和 A_c,由小型断路器操作失效率验证试验抽样方案表查出试验截尾次数 T_c;

4) 选定试品的试验截止时间 t_z,t_z 推荐不超过产品标准规定的操作循环总数;

5) 根据 T_c、A_c、t_z,由式(5-16)确定试品数 n:

$$n = \frac{T_c}{t_z} + A_c \tag{5-16}$$

6) 从批量生产的合格产品中随机抽取 n 个试品;

7) 按试验激励条件对试品进行操作可靠性验证试验,试验时尽量带附件操作。

8) 按操作可靠性试验的检测方法和操作可靠性试验的失效判据的规定进行试验与检测,当某台试品的失效次数累积达到 1 次时,该试品应退出试验;

9) 统计相关失效数 r 及各失效试品的相关试验时间(失效发生时间),对试验后检测出的相关失效试品,其相关试验时间按试验结束时的时间计算;

10) 统计累积相关试验时间 T;

11) 试验结果判定:

当相关失效数 r 未达到截尾失效数 r_c(即 $r \leqslant A_c$),而累积相关试验时间 T 达到或超过了截尾时间 T_c,则判为试验合格(接收);当累积相关试验时间 T 未达到截尾时间 T_c,而相关失效数 r 达到或超过了截尾失效数 r_c(即 $r > A_c$),则判为试验不合格(拒收)。

(2) 短路保护成功率验证试验程序

1) 选定产品的短路保护成功率等级;

2) 选定允许失效数 A_c 和截尾失效数 r_c($r_c = A_c + 1$),推荐在 $1 \sim 5$ 的范围内选择 A_c,不推荐选择 $A_c = 0$;

3) 根据选定的短路保护成功率等级和 A_c,由小型断路器短路保护成功率验证试验抽样方案表查出截尾次数 n_f;

4) 选定试品的试验截止次数 n_z,推荐一般选 $n_z = 30$ 次;

5) 根据 n_f、n_z 及 A_c 由式(5-17)确定试品数 n:

$$n = \frac{n_f}{n_z} + A_c \tag{5-17}$$

6) 从批量生产的合格产品中随机抽取 n 个试品;

7) 按短路保护可靠性试验的检测方法和短路保护可靠性试验的失效判据的规定进行试验与检测,当某台试品的失效次数累积达到 1 次时,该试品应退出试验;

8) 统计相关失效数 r($r = r_1 + r_2$,式中 r_1 为拒动次数,r_2 为误动次数);

9) 统计累积相关试验次数 n_Σ;

10) 试验结果判定:

当累积试验次数 n_Σ 达到或超过了截尾次数 n_f,相关失效数 r 未达到截尾失效数 r_c(即 $r \leqslant A_c$),则判为试验合格(接收);相关失效数 r 达到或超过截尾失效数 r_c(即 $r > A_c$),而累积试验次数 n_Σ 未达到截尾次数 n_f,则判为试验不合格(拒收)。

(3) 过载保护成功率验证试验程序

1) 选定产品的过载保护成功率等级;

2) 选定允许失效数 A_c 和截尾失效数 r_c($r_c = A_c + 1$),推荐在 $1 \sim 5$ 的范围内选择 A_c,不推荐选择 $A_c = 0$;

3) 根据选定的过载保护成功率等级和 A_c,由小型断路器过载保护成功率验证试验抽样方案表查出截尾次数 n_f;

4) 选定试品的试验截止次数 n_z,推荐一般选 $n_z = 5 \sim 20$ 次;

5）根据 n_f、n_z 及 A_c 由式(5-18)确定试品数 n：

$$n=\frac{n_f}{n_z}+A_c \tag{5-18}$$

6）由公式(5-18)计算的试品数 n 若小于短路保护可靠性试验的试品数，则本试验样品可从上述试验的样品中进行抽取；若由公式(5-18)计算的试品数 n 大于该试验的试品数，则超出部分从批量生产并经过出厂检验合格的产品中随机抽取（供抽样的产品数量应不少于超出部分的 10 倍）；

7）按过载保护可靠性试验的检测方法和过载保护可靠性试验的失效判据的规定进行试验与检测，当某台试品的失效次数累积达到 1 次时，该试品应退出试验；

8）统计相关失效数 $r(r=r_1+r_2$，式中 r_1 为拒动次数，r_2 为误动次数)；

9）统计累积相关试验次数 n_Σ，统计时应注意，任一试品通以约定不脱扣电流至约定时间未动作，之后立即将电流上升至约定脱扣电流，在约定时间内能正常动作，则该试品的试验次数应按 1 次进行累积；

10）试验结果判定：

当累积试验次数 n_Σ 达到或超过了截尾次数 n_f，相关失效数 r 未达到截尾失效数 r_c（即 $r \leqslant A_c$），则判为试验合格（接收）；相关失效数 r 达到或超过截尾失效数 r_c（即 $r > A_c$)，而累积试验次数 n_Σ 未达到截尾次数 n_f，则判为试验不合格（拒收）。

5.5.5　塑壳断路器的可靠性试验装置

1. 操作可靠性试验装置

（1）操作可靠性试验装置的技术性能

1）具有 3 个工位的试品操作台，能同时对 3 台试品进行操作可靠性试验；

2）根据试验的要求，用户可对试验所涉及的各种参数进行修改整定；

3）在操作可靠性试验中，试验装置能同时对每台试品的触头进行接触压降及断开触头间电压的监测；

4）在操作可靠性试验中，操作频率在 10～600 次/小时范围内可调，负载因数可调；

5）能自动记录试验次数；试品发生故障时，能自动记录失效试品的编号、失效发生的时间，失效触头的编号及失效类型，并能将故障试品自动切除；试验数据可进行自动处理和打印；

6）可直接驱动试品本身的操作机构，也可用机械手自动拨动手柄操作。

（2）操作可靠性试验装置的硬件设计

主电路。每个试验回路具有一个 24Ω、100W 的线绕电阻，该电阻的温度特性好,不受发热的影响。操作可靠性试验装置的主电路如图 5-16 所示。

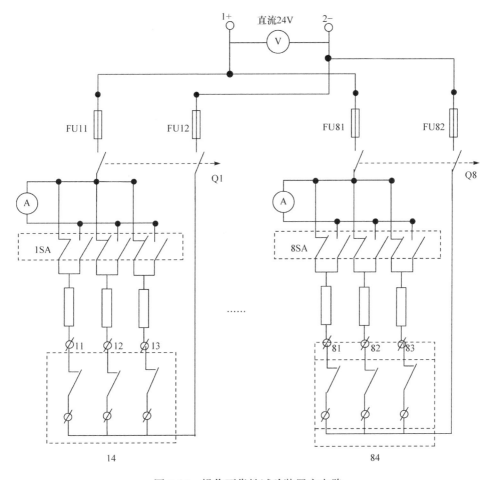

图 5-16 操作可靠性试验装置主电路

2. 过载保护可靠性试验装置

（1）过载保护可靠性试验装置的技术性能

塑壳断路器的过载保护试验分为三类：

1）冷态试验，即从冷态下开始进行断路器的过载特性试验；

2）热态试验，即从热态下开始进行断路器的过载特性试验；

3）可返回试验，即对断路器的可返回特性进行试验。

在试验中，需要进行不同过载倍数下的试验。根据以上分类方法，可以方便地进行过载保护试验。根据试验进行阶段的不同，可将试验分为试验过程和试验循环。一个试验循环包括一个或多个试验过程，一个试验过程中包括了两个试验电流,这两个试验电流可以由不同的试验电源产生,其中一个试验电流可以为零。在试验时,根据试验要求确定试验循环中的过程数、每个试验过程的试验电流及试验循环数。

对于没有自动合分闸机构的断路器,可以将试验方式设置为手动试验。在手动试验方式下,每个过程试验结束后,计算机就会自动等待下一过程的试验,当试验人员对试品进行手动合分后,继续进行下一过程的试验。

塑壳断路器过载保护试验装置应具备如下主要性能:

1) 用户可以通过试验设备的软件进行参数的设定,并可在试验中进行修改;

2) 可同时进行三台试品的试验;

3) 试验装置设备能自动对试验进行监测,并自动调节试验电流;

4) 自动完成整个试验,包括 $1.05Ie$ 试验、$1.3Ie$ 试验、$3.0Ie$ 的可返回特性试验等;

5) 自动记录试验结果,并能打印试验数据。

(2) 过载保护可靠性试验装置的硬件设计

塑壳断路器过载保护可靠性试验装置是在计算机控制下进行试验的,试验装置原理框图如图 5-17 所示。

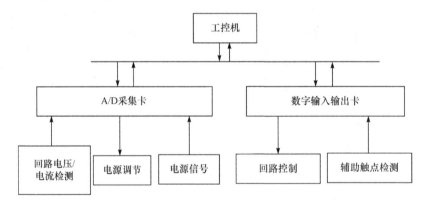

图 5-17　塑壳断路器过载保护可靠性试验计算机控制原理框图

(3) 过载保护可靠性试验装置的软件设计

断路器过载保护可靠性试验程序主要包括试验运行、数据显示、数据存取、参数设置四个主要模块。

试验运行是本软件的关键部分,负责控制整个试验的进行以及试验数据的存储。主要包括了单次试验运行模块、循环试验运行模块和调/稳流控制模块。单次试验控制子程序流程如图 5-18 所示。

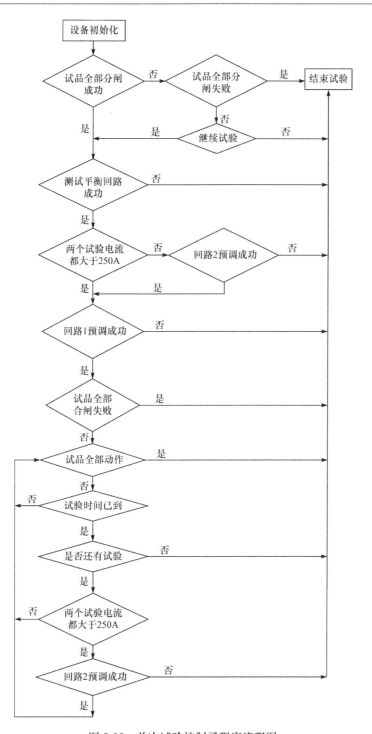

图 5-18　单次试验控制子程序流程图

3. 短路保护可靠性试验装置

(1) 短路保护可靠性试验装置的技术性能

1) 消除传统的塑壳断路器短路特性调试装置产生的非周期试验电流分量对瞬动特性调试的影响；

2) 调试装置可快速准确地获取试验所需的大电流；

3) 调试装置具有多个调试检测档位,可根据调试试验要求,将试品连接到相应的检测档位；

4) 根据试验的要求,试验人员可以利用计算机界面,输入试品额定电流数值、下限电流倍数、上限电流倍数及脱扣时间等参数；

5) 完整的数据保护功能,意外断电后数据不丢失,电源恢复后不破坏已采集的数据；

6) 试验装置能自动记录试验结果,可以输出打印检测数据和检测波形；

7) 试验过程中,计算机进行操作提示,减少误操作。

(2) 短路保护可靠性试验装置的硬件设计

塑壳断路器短路保护可靠性试验装置由计算机控制柜和工作柜两大部分组成。装置的原理框图如图 5-19 所示。计算机控制柜由工业 PC 机、检测电路和控制电路等组成。工作柜主要由电动调压器、大电流变压器组成,调试装置上有 2 个接线端子,可以连接 1 台试品。

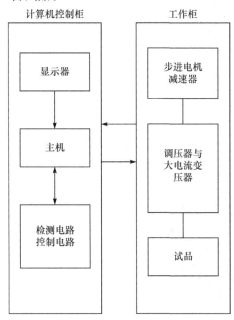

图 5-19　断路器短路保护可靠性试验装置的原理框图

试验回路检测电路的主要功能是检测试验回路的电压、电流、功率因数及电压相位。该电路通过光电隔离后，将信号电平送至工控机。

控制回路主要由接触器、控制继电器和固态继电器组成。其中 2 只控制继电器用于控制步进电机的正反转，以增加或减小试验回路的电流。

（3）软件设计

断路器短路保护可靠性试验装置的软件设计，主要包括以下几个技术问题：

1）为了实现断路器短路特性的控制时序，以及对试验参数的采集，计算机需要实现定时操作，即计算机的定时中断技术；

2）为了便于用户监视试验的全部过程，以及方便用户的使用，软件系统需要设置为图形方式，实时绘制试验参数的动态曲线。

软件主要功能如下：

1）试验参数设置：接受用户设定的试品名称、额定电流、上限电流倍数、下限电流倍数、脱扣时间极限等参数。

2）控制进行试验：控制产生额定电流、用户规定的下限电流以及上限电流；采集电压、电流值；判定试品的脱扣情况；计算功率因数角，实现选相合闸。采用定时操作技术，根据控制时序各个分量的时间要求，控制各接触器的状态，以及控制试验电压。检查是否产生故障，当产生故障时，保存故障数据。在完成控制的同时，实时显示试验参数以及参数动态曲线。

3）试验数据显示及打印：提供用户查阅试验数据。

通过以上对系统需求的分析，软件系统应当包含四个层次的功能模块，前三个层次模块的调用关系见图 5-20。

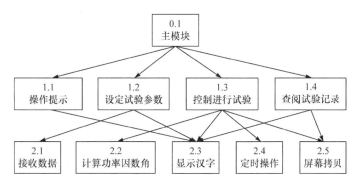

图 5-20　模块结构图

利用计算机控制的断路器短路保护可靠性试验可以快速准确地得到试验电流，消除非周期电流，试验准确度高。利用计算机数字式控制方式，还可以方便地分析瞬动特性的精确度，为不断改进产品质量提供精确的试验数据。

5.6　过载继电器可靠性

过载继电器广泛地应用于电动机的过载保护,对于过载继电器,人们关心的是过载继电器是否能准确可靠地起到保护作用,这里保护作用有两个含义,一是过载继电器从冷态开始,通以 1.05 倍整定电流至热态时不发生误动,或从冷态开始,通以 7.2 倍整定电流时试品在 2s 内不发生误动;另一个是通以 1.2 倍整定电流时试品在 2h 内不发生拒动作,或通以 1.5 倍整定电流时试品在 2min 内不发生拒动作,或从冷态开始,通以 7.2 倍整定电流时试品在 2~10s 内不发生拒动作。其可靠性考核主要是对它的拒动和误动加以考核。

进行过载继电器的可靠性研究,首先要进行过载继电器的可靠性指标的研究。可靠性指标要全面定量反映过载继电器的可靠性。在完整地反映其可靠性特征的条件下,产品的可靠性指标尽可能少;可靠性指标的制定必须深入地分析过载继电器的工作特点和故障模式;可靠性指标要反映使用要求和当前产品的薄弱环节。

5.6.1　过载继电器的可靠性指标

过载继电器的技术性能主要是保护性能。过载继电器具有以下两种故障模式:

1) 过载继电器不能可靠的动作,称为拒动;

2) 过载继电器发生误动作,称为误动。

考虑到过载继电器作为保护电器的工作特点及其可能发生拒动、误动这两类故障的故障模式,针对拒动、误动故障,采用保护成功率 R 的等级作为可靠性指标。

按不可接收的成功率 R_1 的数值将保护成功率划分为四个等级(五级、四级、三级、二级),过载继电器保护成功率等级的名称和 R_1 的数值如表 5-28 所示。

表 5-28　成功率等级名称和 R_1 的数值

保护成功率等级名称	R_1
五级	0.99
四级	0.98
三级	0.95
二级	0.90

5.6.2　过载继电器的可靠性试验要求

对于过载继电器的可靠性指标的验证试验中有两种类型的试验方案可选择,

即定时或定数截尾试验方案和截尾序贯试验方案。目前,过载继电器的年生产量已达到了数亿台,产品的价格不太贵,所以,建议在过载继电器的成功率验证试验中采用定时或定数截尾试验方案进行考核。

1. 环境条件

试验按中国国家标准 GB2421—1999《电工电子产品环境试验 第 1 部分:总则》中规定的标准大气条件下进行:

温度:15～25℃;

相对湿度:45%～75%;

大气压力:86～106kPa。

试品应在标准大气条件中放置足够长的时间(不少于 8h),以使试品达到热平衡。

2. 安装条件

1) 试品应按正常使用的位置安装;

2) 试品应安装在无显著摇动和冲击振动的地方;

3) 试品的安装面与垂直面的倾斜度应符合产品标准的规定。

3. 电源条件

采用恒流源,频率为 50Hz 的正弦波电源,电流允许偏差为 ±5%。

4. 激励条件

从冷态开始,对过载继电器通以 1.05 倍的整定电流至热态,然后升高至 1.2 倍或 1.5 倍的整定电流,或从冷态开始,对过载继电器通以 7.2 倍的整定电流。

5.6.3　过载继电器的可靠性试验方法

1. 试验内容

1) 正常工作电流试验:起始条件为冷态时,试品通以 1.05 倍整定电流,通电时间为 2h,试品应不动作;

2) 1.2 倍过载电流试验:在试品发热至稳态的基础上,通以 1.2 倍整定电流,试品应在产品标准规定的时间内动作;

3) 1.5 倍过载电流试验:在试品发热至稳态的基础上,通以 1.5 倍整定电流,试品应在产品标准规定的时间内动作;

4) 7.2 倍过载电流试验：起始条件为冷态时，试品通以 7.2 倍整定电流，试品应在标准规定的脱扣时间范围内动作。

上述四种试验的次数各占试验截止次数 n_z 的四分之一。

2. 试品准备

试品应从稳定的工艺条件下批量生产的合格的产品中随机抽取，供抽样的产品数量应不小于试品数 n 的 10 倍。

3. 试品的检测

(1) 试验前的检测。

试验前先对试品进行检测，检查试品的零部件有无运输引起的损坏、变形、断裂，剔除零部件损坏的试品，并按规定补足试品数，剔除掉的试品不计入相关失效数 r 内。

(2) 试验过程中检测。

试验过程中，从冷态开始，通以 1.05 倍整定电流至热态时，监测试品是否在 2h 内动作，然后升高至 1.2 倍或 1.5 倍整定电流或从冷态开始，通以 7.2 倍整定电流，监测试品是否在规定的脱扣时间范围内动作。试品每次动作后应复位，如果产品具有手动和自动两种复位方式，则每种复位方式的次数各占总复位次数的一半。

4. 失效判据

1) 从冷态开始，通以 1.05 倍整定电流至热态时，试品已经动作或从冷态开始，通以 7.2 倍整定电流，试品在 2s 内已经动作（即发生误动）；通以 1.2 倍整定电流时试品在 2h 内不动作，或通以 1.5 倍整定电流时试品在 2min 内不动作，或通以 7.2 倍整定电流时试品未在规定脱扣时间范围内动作（即发生拒动）。

2) 试品动作后常开触头不能可靠闭合，常闭触头不能可靠打开。

5.6.4　过载继电器的可靠性验证试验方案及试验程序

1. 成功率验证试验方案

成功率是指产品在规定条件下完成规定功能的概率，或在规定条件下试验成功的概率。对过载继电器而言，是指过载继电器在工作期间不发生拒动和误动的概率。

两参数 R_1、β 条件下的成功率验证试验方案，如表 5-29 所示。

表 5-29　成功率验证试验方案($\beta=0.1$)

过载保护成功率等级	不可接收的成功率 R_1	截尾次数 n_f(次)					
		$A_c=0$	$A_c=1$	$A_c=2$	$A_c=3$	$A_c=4$	$A_c=5$
五级	0.99	230	388	531	667	798	926
四级	0.98	114	194	265	333	398	462
三级	0.95	45	77	105	132	158	184
二级	0.90	22	38	52	65	78	91

2. 成功率验证试验程序

试验按下列程序进行：

1）选定产品的成功率指标（成功率等级）。

2）选定 A_c。

3）根据选定的可靠性等级及 A_c，由表 5-29 查出作接收判断时所要求的试验数 n_f。

4）选定试品的试验截止次数 n_z，推荐 n_z 在 40～80 次中选择。

5）根据 n_f、n_z 及 A_c 由式(5-19)确定试品数 n：

$$n=\frac{n_f}{n_z}+A_c \tag{5-19}$$

6）从批量生产并经过筛选的合格产品中随机抽取 n 个试品。

7）进行试验与检测，当某台试品失效时，该试品应退出试验。

8）统计所有试品总的失效次数 r_Σ($r_\Sigma=r_1+r_2$)，式中 r_1 为拒动次数，r_2 为误动次数。

9）试验结果判定：

当累积试验次数 n_Σ 达到或超过了作接收判决时所要求的试验数 n_f，而总的失效次数 r_Σ 未达到截尾失效数 r_c（即 $r_\Sigma \leqslant A_c$），则判为试验合格（接收）；当累积试验次数 n_Σ 未达到作接收判决时所要求的试验数 n_f，而总的失效次数 r_Σ 达到或超过截尾失效数 r_c（即 $r_\Sigma > A_c$），则判为试验不合格（拒收）。

5.6.5　过载继电器的可靠性试验装置

先进而完善的可靠性试验装置是进行产品可靠性验证试验的基础。为了提高可靠性验证试验的效率及正确性，应根据产品的失效判据及可靠性验证试验方法，来研制可靠性试验装置。

1. 可靠性试验装置的技术性能

1) 可对各种过载继电器进行可靠性验证试验,既可以对热继电器也可对电子式过载保护继电器进行可靠性验证试验。

2) 根据试验的要求,试验人员可以通过试验装置的软件对可靠性验证试验所涉及的各个试验参数进行设置和整定,如 1.05 倍额定电流下试验时间,1.2 倍额定电流下试验时间等参数。

3) 在可靠性试验中,可以进行 1.2 倍、1.5 倍、7.2 倍额定电流下动作时间的检测。在 7.2 倍额定电流下的试验是直接从冷态下开始。1.2 倍及 1.5 倍额定电流下动作时间的检测是:在冷态加 1.05 倍额定电流至热态后开始进行动作时间检测的,并判断在从冷态至热态时,是否会误动作。

4) 试验装置的电流是通过恒流源输出的,最大输出电流为 300A,最小电流为 10A。电流稳定精度高,对干扰的响应时间快。并可以对试验电流进行手动微调。

5) 试验装置能自动记录试验次数及试品动作时间,并判断试品误动作情况和拒动作情况,可以对试验数据进行查看和打印。

6) 完整的数据保护功能,意外断电后数据不丢失,电源恢复后不破坏已采集的数据。

7) 可以进行单台试品试验,也可以对 3 台试品进行试验。

8) 试验过程中,计算机进行操作提示,减少误操作,并可以随时终止试验。操作简便、人机界面好。

2. 可靠性试验装置的硬件设计

过载继电器可靠性试验装置主要由计算机试验控制柜、恒流源柜组成。试验装置的原理框图如图 5-21 所示。

(1) 试验控制柜

试验控制柜由工业 PC 机、触头状态监测电路、电流回路转换与控制电路、试品连接回路等组成。

触头状态监测电路的主要功能是判断过载继电器触头的状态,即用于检测过载继电器在试验电流情况下的动作情况。该电路通过光电隔离后,将信号电平送至工控机。

电流回路转换与控制回路主要由 8 台接触器和 8 只固态继电器组成。其中 2 台接触器用于切换恒流源电路,其余 6 台用来切换 3 台试品回路,每 2 台接触器控制一个试品的试验,因此可以进行单台试品的试验,也可以 3 台试品同时进行试验。

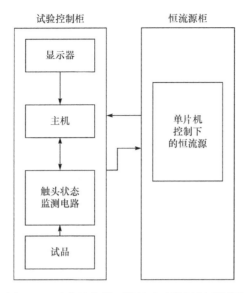

图 5-21　过载继电器可靠性试验装置原理框图

试验装置上有 6 个接线端子,上下 2 个端子之间可以连接 1 台试品,过载继电器各极之间应串联连接。

(2) 恒流源柜

恒流源柜是由单片机单独控制的电源柜,其输出电流为 10~300A,功率为 2.7kW。电流源有两个输出回路,即 50A、300A 输出回路。

50A 输出回路最高输出电压可达 24V,300A 输出回路最高输出电压可达 9V。

3. 试验装置的软件设计

控制软件采用模块化设计方式,即每项功能都是通过一些比较独立的函数模块来完成,这样,不仅便于分别使用和软件调试,而且增强了试验运行的可靠性。软件中应有针对操作的提示,具有良好的人机对话界面,可方便试验人员对本装置的操作。

试验软件主要包括试验运行、数据显示、数据存取、试验参数修改四个主要模块。数据显示功能是为方便用户随时查看试验结果,了解每台试品的试验情况。数据存取模块可以将试验结果另存为其他文件,以便用户长期保存试验结果。在进行新的试验时,也需要将原来的试验数据另行保存。原来的数据文件也可以装入计算机,用于用户查看或打印。试验参数修改功能用于用户修改主要试验参数,不同试品的试验参数可能不同,该功能可为用户提供修改试验参数。

试验运行是软件的关键部分,负责控制整个试验过程中试验装置的自动操作以及试验数据的存储。试验运行主要包括三个试验,即 1.2 倍额定电流下过载继电器的可靠性试验、1.5 倍额定电流下过载继电器的可靠性试验、7.2 倍额定电流下过载继电器的可靠性试验。

在 1.2 倍、1.5 倍额定电流下过载继电器的可靠性试验是从冷态开始加 1.05 倍额定电流至热态,然后再通相应的试验电流。在试验中,计算机自动监测过载继电器是否动作。在从冷态开始加 1.05 倍额定电流至热态过程中试品不动作,最后试验记录为"过载前状态"为"热态",并在加热时间到达规定时间,开始进行 1.2 倍、1.5 倍额定电流下过载继电器的可靠性试验,并记录试验过程中试品动作情况,如果在规定的时间内试品未动作,试验时间记录为负值,表示试品未动作;在从冷态开始加 1.05 倍额定电流至热态过程中试品误动作,最后试验记录为"过载前状态"为"动作",且试验自动退出,不再进行过载试验。

在 7.2 倍额定电流下过载继电器的可靠性试验是从冷态开始的。7.2 倍额定电流下过载继电器动作时间为一个时间范围,有上限和下限。在试验过程中,计算机自动监测过载继电器是否动作。在试验过程中记录试品动作情况,如果在规定的时间上限内试品未动作,试验时间记录为负值,表示试品未动作;在规定的时间下限内试品误动作,最后试验记录为"过载前状态"为"动作";动作时间大于规定的时间下限,则最后试验记录为"过载前状态"为"冷态"。

在试验过程中,可以随时退出试验,也可以随时跳过试验,进行下一步试验。

第6章 电器产品的可靠性设计

6.1 概　　述

所谓可靠性设计就是考虑产品可靠性的一种设计方法,它的任务是运用可靠性工程的方法,使产品在满足一定条件(如成本、重量、体积、能耗等)下有较高的可靠性,或在保证一定可靠性水平的条件下使成本较低(或重量较轻、体积较小、能耗较少)。

前面已指出,产品的可靠性可分为固有可靠性和使用可靠性。固有可靠性主要在设计阶段通过产品的可靠性设计来加以保证,所以产品的可靠性设计是制造厂向用户提供产品质量保证的一个重要环节,一个产品可靠性的高低在很大程度上取决于产品可靠性设计的好坏。

产品可靠性设计方式一般有以下两种:

1) 设计时未规定产品的可靠性指标。

这种情况下可按常规的设计方法设计出几个方案,然后对各个设计方案的可靠性进行预计,择优定案。

2) 设计时已预先规定了产品的可靠性指标。

这种情况下先将产品的可靠性指标分配至产品的各零部件或所用的电子元器件,然后进行可靠性技术设计(在可靠性技术设计的同时要考虑产品的性能及费用要求),再进行可靠性预计。若预测出的产品可靠性特征量(如可靠度、失效率或平均寿命等)的数值未达到预先规定的产品可靠性指标,则应设法提高产品的可靠性,这时一般应进行可靠性分析,找出系统的可靠性薄弱环节并加以改进,从而使产品的可靠性特征量值达到规定的要求。

上述第一种设计方式一般适用于尚未积累足够的可靠性数据的产品;而对于已积累足够的可靠性数据,能预先规定产品可靠性指标的产品,一般采用第二种设计方式。

由上面两种可靠性设计方式中可以看出,产品可靠性设计的内容主要包括产品的可靠性技术设计、产品的可靠性预计、产品的可靠性分配以及产品的可靠性分析等内容。

6.2　电器产品的可靠性技术设计

6.2.1　降额使用

所谓降额使用是指"为改善可靠性而有计划地减轻材料或元器件的内部应力"。对于电子元器件来说,一般是指元器件在实际使用时所消耗的功率(或所加的电压)要比元器件的额定功率(或额定电压)降低一定的幅度。因此,可以把降额系数 DF 定义为

$$DF = \frac{\text{元器件在实际使用状态下的消耗功率(或所加电压)}}{\text{元器件的额定功率(或额定电压)}} \qquad (6\text{-}1)$$

根据阿伦尼斯方程可知,当温度 T 降低时,元器件的寿命会增高。所以当电子元器件的寿命与温度间的关系服从阿伦尼斯方程,实际使用状态下的消耗功率低于额定功率时,其温度也低于额定功率时的温度,因而其寿命将比额定功率下的寿命长,从而可减小其失效率,提高其可靠性。同样,当电子元器件的寿命与所加电压间的关系服从逆幂律方程,实际使用状态下所加电压低于额定电压时,其寿命也将会延长,从而也可以降低其失效率,提高其可靠性。

进行产品设计时,所用的电子元器件究竟应作多大程度的降额,要根据具体情况来确定。例如,所用的元器件数量较少,产品达到规定的可靠度没有多大困难时,就不必大幅度地降额,只要保证在使用时不超过其额定值就可以了;当所用的元器件数量较多,产品达到规定的可靠度有困难时,就应进行较大幅度的降额。

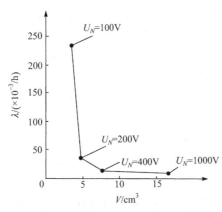

图 6-1　某型号电容器的降额折衷曲线

元器件降额后,整个产品的重量、体积和成本都随之增加,所以还应研究失效率与这些因素的关系(即所谓降额折衷曲线),进行折衷考虑。图 6-1 举出了某型号电容器的降额折衷曲线的一个例子,它表示了在不同降额系数时电容器的体积与失效率间的关系。图中电容器的工作电压为100V。若选额定电压 $U_N = 200V$ 的电容器时,其降额系数 $DF = 0.5$,若选 $U_N = 400V$ 的电容器时,其降额系数 $DF = 0.25$。由图 6-1 可以看出,$DF = 0.5$ 或 0.25 这两种情况都较好,它们能兼顾到失效率和电容器体积这两个方面。若选 $U_N = 1000V$ 的电容器,虽可使失效率稍有降低,但其体积将大大增加;若选 $U_N = 100V$ 的电容器,虽可使体积稍有减小,但其失效率将大大增加。

6.2.2　贮备设计(冗余设计)

所谓贮备设计方法是指把若干功能相同的单元作为备用,以提高整个系统或设备可靠度的设计方法。典型的贮备方式为并联方式,如果一个产品由 n 个单元组成,只要其中一个单元正常工作产品就能正常工作,这种贮备方式就是并联方式。

应该指出,上面所说的并联方式和电路中的并联是不同的概念。例如,某型号电容器的主要失效模式是短路,为提高其可靠性,可在电路中采用两个相同的电容器串联连接来代替原有的一个电容器,如图 6-2(a)所示。在这种情况下,只要两个电容器中有一个未短路,就不会使电路短路;只有在两个电容器同时短路时,电路才短路。如果一个电容器短路的概率用 P_1 表示,则两个电容器同时短路的概率为 P_1^2。显然,$P_1^2 < P_1$,所以采用两个电容器串联来代替原有的一个电容器可以使电路短路的概率减小,从而可提高电路的可靠性,这就是一种采用并联方式(尽管两个电容器在电路中是串联的)的贮备设计方法。

若电容器的主要失效模式为开路,则应采用两个电容器并联的贮备设计方法,如图 6-2(b)所示。这时只有当两个电容器都开路时电路才会开路,因而可以使电路开路的概率减小,从而提高电路的可靠性。

若电容器同时具有短路及开路两种失效模式,则采用图 6-2(a)及(b)所示的电路都不能提高电路的可靠性,此时可采用混合贮备电路,如图 6-2(c)所示。这时只有当电容器 C_1 与 C_2 或 C_3 与 C_4 都开路时电路才开路;当 C_1、C_2 中有一个和 C_3、C_4 中有一个同时短路时,电路才短路,从而减小了电路开路或短路的概率,提高了电路可靠性。

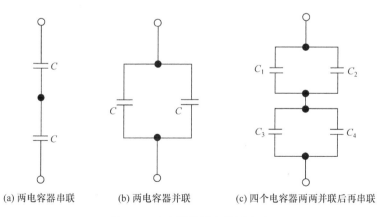

(a) 两电容器串联　　　　(b) 两电容器并联　　　(c) 四个电容器两两并联后再串联

图 6-2　电容器的贮备设计电路

6.2.3　耐环境设计

耐环境设计是指考虑各种环境条件的设计,它包括耐机械应力(冲击、振动等)设计、抗气候条件(高温、低温、潮湿、盐雾等)设计以及抗辐射设计等。进行耐环境设计时,应考虑的问题是预计产品在实际使用时所处的环境条件以及在设计上应采取的耐环境措施。

1. 环境条件

根据环境条件的恶劣程度,大致可将环境条件分为以下几种:

1) 实验室条件。通过人工的方法使产品保持稳定的环境。

2) 地面固定。处于单一地区的自然环境中,温度、湿度等变化较小。

3) 地面车载。由于是移动的,所以不是处于单一地区的自然环境中,温度、湿度等变化较大,且附加有机械振动和冲击。

4) 舰艇。要考虑盐雾的影响,温度、湿度等自然环境的变化也较大,还附加有机械振动和冲击。

5) 飞机。温度变化剧烈,振动与冲击较严重,还有音响、气压变化以及臭氧等因素的影响。

6) 导弹。其环境条件比飞机更严酷。

7) 轨道上的人造卫星。处在真空和高温的环境中,还存在辐射的影响。

各种单一环境条件的主要影响以及所引起的产品故障如表 6-1 所示。应该指出,如果有两个以上的环境因子(表 6-1 中每个单一环境均称为一个环境因子)同时起作用时,其影响可能与各个环境因子单独作用时完全不同,我们把这种环境条件称为综合环境条件。例如,沙尘对产品有物理上的损坏作用,但它如果与高温、高湿相结合还会对产品产生化学腐蚀作用。

表 6-1　单一环境条件的主要影响

环境条件	主要影响	所引起的故障
高温	高温老化 化学反应 软化、熔融、升华 黏性降低、蒸发、膨胀	绝缘破坏 润滑剂干燥或流失 结构故障 机械应力增加,可动部分磨损增加
低温	黏性增加和固化 结冰 变脆 收缩	润滑剂固化 电气材料变质 机械强度降低,裂纹与破坏 结构故障,可动部分磨损增加

续表

环境条件	主要影响	所引起的故障
高湿	吸附 化学反应 腐蚀 电解	容器膨胀,功率损耗,绝缘材料变质 机械强度降低 性能降低 电气材料损耗,绝缘材料电导率增加
低湿	干燥 变脆 表面龟裂 合成材料收缩	非金属材料强度降低 结构破坏 电气材料变质 机械元件变质
高压	压缩	结构破坏、密封的泄漏、性能降低
低压	膨胀 空气绝缘性能降低 冷却减慢	容器破坏,爆炸 绝缘破坏,产生电弧,产生电晕与臭氧 过热
风	受力增加	结构破坏,性能降低,机械强度降低
沙尘	擦伤 堵塞 绝热	磨损增加 性能降低 过热
腐蚀性气氛	化学反应 腐蚀 电解	磨损增加 机械强度降低,电气材料变质,性能降低 表面劣化,结构退化,电导率增加
雨	机械应力 吸水与浸润 侵蚀 腐蚀	结构破坏 电气故障,结构退化,性能降低,电特性改变 保护膜剥落,结构退化,表面劣化 化学反应加速
温度冲击	机械应力	结构破坏或退化,密封性破坏
辐射	加热 离子化	热老化,氧化 产生二次电子
臭氧	化学反应 裂痕与裂缝 变脆 空气绝缘能力降低	快速氧化 电气材料变质 机械强度降低 绝缘破坏,产生电弧
急速减压	强机械应力	破坏与裂纹,结构破坏
恒加速度	机械应力	结构破坏,机械强度降低
振动、碰撞、冲击	机械应力	机械强度降低,磨损增加,结构破坏

　　2. 耐环境措施

　　关于耐热设计和耐振动设计,后面将单独加以阐述,下面对采用封装技术、防潮与防微生物、防腐蚀以及防辐射等措施进行讨论。

　　(1) 空气温度及湿度的调节

　　对于固定的设施和复杂的设备等,可安装在具有空调的房间内,并把房间内的温度和湿度尽量调节在合适的范围内。

　　(2) 采用封装技术

　　常用的封装技术有以下几种:

　　1) 埋入:用浸渍或涂抹的方法使产品表面形成一层塑料保护膜;把流动性塑料填入元件之间的空隙;把塑料注入一定的模子里,塑料固化后形成保护层。

　　这种方法对于防尘、防潮和防霉都较好,绝缘性也不错,耐振动冲击的能力也较强,其缺点是不易维修,散热性较差。所用的塑料可分为热固性塑料与热塑性塑料两种,可用增减填料的方法来调节这些塑料的散热性和硬度。

　　2) 气密性密封:将整个产品密封于封闭外壳内,并充以保护性气体。这种方法可使产品不受潮气的影响,并可保护产品不受有害气体的侵入,一般适用于体积较小的产品。

　　3) 防水密封:采用环氧树脂、橡胶垫圈等进行密封。这种方法具有防水的性能,但防潮性能则不完善。

　　(3) 防微生物措施

　　采用上述的几种封装技术对于防微生物也是有效的,但如果仅仅为了防微生物,则这些方法的成本太高。为了使产品具有防微生物能力,一般是使产品的材料中不含有微生物的营养剂,或者在产品表面涂覆杀菌剂。

　　(4) 防腐蚀措施

　　一般可采用电镀和涂覆等方法。防腐设计时不仅要对产品的重要部分规定好应采用的防腐材料和表面处理方法,而且还要规定出相应的试验规范。

　　(5) 防辐射措施

　　一般可采用防护屏蔽。水、石蜡、碳、铍等材料对中子有一定的屏蔽作用;铅、铁等材料对射线有屏蔽作用;硅酮树脂是封装材料中防辐射性能较好的一种。此外,还应从电路结构设计上采取适当措施。

6.2.4　耐热设计

　　控制产品各部分温升的设计称为耐热设计。耐热设计的核心问题是热力学计算,此处不详加讨论,下面仅简单介绍一些改善产品散热条件的措施。

1. 提高导热性能

1) 采取热接合良好的连接(或安装)方法,例如,不用螺钉固定而用熔接或锡焊等。

2) 采用银、铜等导热率高的材料。

3) 利用导热性好的油或氢气。

4) 在接近发热体的部位放置质量较大的导热物体,以便把热量传导出去。

2. 加强辐射

1) 可利用辐射性强和吸收性能好的表面材料(氧化铁的表面、涂饰层的表面)。

2) 设法增大辐射物体与受辐射物体之间的温差。

3. 加强对流

1) 使高速气流通过被冷却表面。

2) 使需要散热的物体完全接触气流。

6.2.5　耐振动设计

1. 振动与冲击的影响

冲击是对物体施加突然的作用力时发生的,其加速度可能很大。在一般情况下,冲击会使物体发生短暂的振动,振动的频率等于该物体的固有振动频率(固有振动频率取决于该物体的重量与结构),而其振幅则与摩擦等阻力有关,磨擦力越小,振幅就越大。冲击可能引起下述后果:

1) 使较脆的材料损坏。

2) 使较软的材料变形。

3) 使产品发生误动作。

振动是周期地施加大小交替的力,它可能引起产品发生疲劳性失效。当振动频率与产品部件的固有振动频率相同时会产生共振,这时产品可能完全被破坏。

2. 防振措施

常见的防振措施如下:

(1) 元件的配置(或安装)适当

1) 将较重的元件安装在产品总体的下部。

2) 电气接线应牢固地固定在底板或框架上,在引出端附近不能松动摇晃。

3）螺栓固定时应采用弹簧垫圈。

4）尽量不用外伸托架。

（2）采用缓冲

为了减轻从基座（或框架、底板等）传递到产品的振动和冲击，可在基座与产品之间安装适当的减振器。对于防冲击来说，可使用在压缩时富有弹性的缓冲材料（如橡胶等），也可使用空气缓冲器。对于防振动来说，可使用蜂窝状纸质减振器、泡沫聚苯乙烯塑料块、橡胶垫、金属弹簧等，以削弱振动能量的传递，并可将产品的固有振动频率减到低于外加振动源的振动频率下限，以防止产生共振。

6.3　电器中机械构件的可靠性设计

6.3.1　基于应力-强度干涉模型的可靠性设计的基本原理

应力-强度干涉模型（stress-strength interference model）简称为干涉模型，可以清楚地揭示零件可靠性设计的本质，因此是零件可靠性设计的基本模型。

1. 应力-强度干涉模型基本原理

（1）应力-强度干涉模型

一般而言，施加于产品或零件上的物理量，如应力、压力、温度、湿度、冲击、电压等，统称为产品或零件所受的应力，用 Y 表示；产品或零件能够承受这种应力的程度，统称为产品或零件的强度，用 X 表示。如果产品或零件的强度 X 小于应力 Y，则它们就不能完成规定的功能，称为失效。欲使产品或零件在规定的时间内可靠地工作，必须满足

$$Z=X-Y \geqslant 0 \tag{6-2}$$

在产品设计中，强度 X 及应力 Y 本身是某些变量的函数，即

$$\begin{aligned} X &= f_X(X_1, X_2, \cdots, X_m) \\ Y &= g_Y(Y_1, Y_2, \cdots, Y_n) \end{aligned} \tag{6-3}$$

式中，X_i 为影响强度的随机量，如零件材料性能、表面质量、尺寸效应、材料对缺口的敏感性等；Y_i 为影响应力的随机量，如载荷情况、应力集中、工作温度、润滑状态等。

所以应力、强度均为具有一定分布的随机变量。由于应力、强度具有相同的量纲，故可以表示在同一坐标系中。应力-强度干涉模型如图6-3所示。

由统计分布函数的性质可知，应力、强度两条概率密度函数曲线在一定的条件下可能发生相交，也称为发生干涉，将这种发生相交的现象称为干涉现象。其相互重叠的区域（图6-3中的阴影部分）中可能会出现 $X \leqslant Y$，因而此区域是零件可能

出现失效的区域,在本模型中称为干涉区。对于机械零件,即使设计时无干涉现象,零件在长期使用过程中,尤其在动载荷的长时间作用下,强度也会衰减,如由图 6-3 中的 $t=0$ 位置沿着衰减退化曲线移到 $t=t_0$ 位置,使应力、强度两条概率密度函数曲线发生干涉,甚至引起应力超过强度,出现故障或失效。

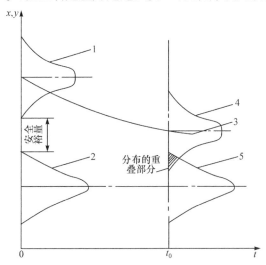

图 6-3　应力-强度干涉模型

1——$t=0$ 时的强度分布;2——$t=0$ 时的应力分布;3——强度均值的退化曲线;

4——$t=t_0$ 时的强度分布;5——$t=t_0$ 时的应力分布

对于某一时刻 t,其应力-强度干涉情况如图 6-4 所示。图 6-4 中,横坐标表示应力或强度,纵坐标表示应力、强度的概率密度,曲线 $f(x)$、$g(y)$ 分别表示强度、应力概率密度的变化。图中阴影部分即为应力-强度分布的“干涉区”,表示在此区域内可能发生强度小于应力。这种根据应力、强度干涉情况计算产品可靠性的模型,称为应力-强度干涉模型。

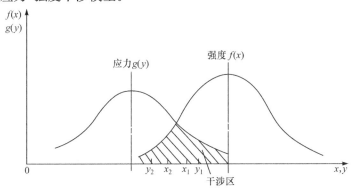

图 6-4　应力-强度干涉图

由干涉图可见：

1）若工作应力和零件强度的离散程度大，干涉部分必加大，不可靠度也增大；

2）当材料性能好、应力稳定时，会使两密度函数离散度减小，干涉区也减小，可靠性增大。可见，为保证产品可靠性，只进行传统的安全系数计算是不够的、还需要进行可靠度计算。

需要说明的是，在图 6-4 中，干涉区只表示在此区域中应力、强度发生了干涉。在干涉区内，零件失效还是不失效，应作具体分析：若应力大于强度，则零件失效；否则，应力小于强度，则零件不失效。

一般可以认为，若 Y 和 X 是相互独立的随机变量，则其差值 $Z=X-Y$ 也是随机变量，产品或零件的可靠度 R 即是 Z 取值大于或等于零时的概率，即

$$R=P(Z \geqslant 0) \qquad (6-4)$$

而累积失效概率为

$$P_F=1-R=1-P(Z<0) \qquad (6-5)$$

从干涉模型可见，任一设计都存在着失效概率，即可靠度 $R<1$，故设计时能够做到的仅仅是将失效概率控制在一个可以接受的限度之内。

基于上述模型的可靠度的计算方法，通常有解析法、数值积分法、图解法、蒙特卡洛模拟法等。

(2)失效概率和可靠度计算的一般表达式

设强度 X 与应力 Y 的概率密度函数分别为 $f(x)$、$g(y)$，累积分布函数分别为 $F(x)$ 和 $G(y)$，则确定失效概率 P_F 及可靠度 R 的方法有两种。

1）由概率乘法定理计算失效概率或可靠度。

现将图 6-4 中的干涉区放大，如图 6-5 所示，在干涉区取小区间 $\mathrm{d}y$，则应力 y 在 $\mathrm{d}y$ 内的概率为

$$P\left(y_1-\frac{\mathrm{d}y}{2} \leqslant y \leqslant y_1+\frac{\mathrm{d}y}{2}\right)=g(y_1)\mathrm{d}y \qquad (6-6)$$

强度 x 小于应力 y_1 的概率为

$$P(x<y_1)=\int_{-\infty}^{y_1} f(x)\mathrm{d}x \qquad (6-7)$$

因这两者是相互独立的随机事件，故由概率乘法定理可知，它们同时发生的概率等于各自单独发生的概率的乘积，即

$$g(y_1)\mathrm{d}y \cdot \int_{-\infty}^{y_1} f(x)\mathrm{d}x$$

这个概率是应力在 $\mathrm{d}y$ 小区间内所引起的干涉概率亦即失效概率。那么，对整个应力分布，零件的失效概率为

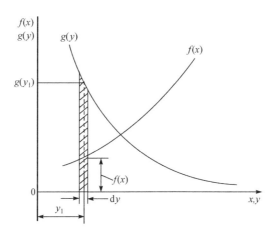

图 6-5　干涉区的放大图形

$$P_F = P(x < y) = \int_{-\infty}^{\infty} g(y) \Big[\int_{-\infty}^{y} f(x)\mathrm{d}x\Big]\mathrm{d}y \tag{6-8}$$

因 $R = 1 - P_F$，且 $\int_{-\infty}^{y} f(x)\mathrm{d}x + \int_{y}^{\infty} f(x)\mathrm{d}x = 1$，故对应的可靠度为

$$R = P(x \geqslant y) = \int_{-\infty}^{\infty} g(y) \Big[\int_{y}^{\infty} f(x)\mathrm{d}x\Big]\mathrm{d}y \tag{6-9}$$

反之，P_F 也可以根据 $y > x$ 的概率来计算。仿照上述步骤，可得

$$P_F = P(y > x) = \int_{-\infty}^{\infty} f(x) \Big[\int_{x}^{\infty} g(y)\mathrm{d}y\Big]\mathrm{d}x \tag{6-10}$$

$$R = P(y \leqslant x) = \int_{-\infty}^{\infty} f(x) \Big[\int_{-\infty}^{x} g(y)\mathrm{d}y\Big]\mathrm{d}x \tag{6-11}$$

另外，式(6-8)及式(6-10)也可以写成如下形式：

$$P_F = \int_{-\infty}^{\infty} F_x(y) g(y)\mathrm{d}y \tag{6-12}$$

及

$$P_F = \int_{-\infty}^{\infty} f(x)[1 - G_y(x)]\mathrm{d}x = 1 - \int_{-\infty}^{\infty} f(x) G_y(x)\mathrm{d}x \tag{6-13}$$

式中，$F_x(y)$ 为 x 在点 y 处的累积分布函数值；$G_y(x)$ 为 y 在点 x 处的累积分布函数值。

若强度为某一固定值，设 $x = a$，则

$$P_F = P(y > a) = \int_{a}^{\infty} g(y)\mathrm{d}y = 1 - G_y(a) \tag{6-14}$$

$$R = G_y(a) \tag{6-15}$$

2) 由两个随机变量差 Z 的联合概率密度函数 $h(z)$ 计算失效概率或可靠度。

因强度 X、应力 Y 均为随机变量，则 $Z = X - Y$ 也为随机变量，称为干涉随机变量。因 X、Y 彼此独立，根据概率论中的两个随机变量差的联合概率密度函数的

卷积定理,可得 Z 的概率密度函数为

$$h(z) = \int_{-\infty}^{\infty} f(z+y)g(y)\mathrm{d}y \tag{6-16}$$

设 X、Y 的取值均为正值,即其分布区间为 $(0,\infty)$,由 $x=z+y \geqslant 0$ 可得 $y \geqslant -z$。所以 Y 的取值应同时满足 $y \geqslant 0$ 和 $y \geqslant -z$。故

当 $z \geqslant 0$ 时,应取 $y \geqslant 0$,则 $h(z) = \int_0^{\infty} f(z+y)g(y)\mathrm{d}y$

当 $z < 0$ 时,应取 $y \geqslant -z$,则 $h(z) = \int_{-z}^{\infty} f(z+y)g(y)\mathrm{d}y$

$z \geqslant 0$ 的概率是可靠度 R,即

$$R = \int_0^{\infty} h(z)\mathrm{d}z = \int_0^{\infty}\int_0^{\infty} f(z+y)g(y)\mathrm{d}z\mathrm{d}y \tag{6-17}$$

当应力、强度服从不同的分布时,其可靠度的具体计算公式也不同,下面介绍几种常用分布时的可靠度计算方法。

2. 应力与强度为同一分布类型时的可靠度

应力与强度为同一分布类型时的可靠度计算公式如表 6-2 所示。

表 6-2 应力与强度为同一分布类型时的可靠度计算公式

分布类型	应力分布	强度分布	可靠度
正态分布	$N(\mu_y, \sigma_y^2)$	$N(\mu_x, \sigma_x^2)$	$R = \Phi(u_R); u_R = \dfrac{\mu_x - \mu_y}{\sqrt{\sigma_x^2 + \sigma_y^2}}$
威布尔分布	(m_y, η_y, γ_y)	(m_x, η_x, γ_x)	$R = 1 - \int_0^{\infty} \mathrm{e}^{-z} \exp\left\{ -\left[\dfrac{\eta_x}{\eta_y} z^{1/m_x} + \left(\dfrac{\gamma_x - \gamma_y}{\eta_y} \right) \right]^{m_y} \right\} \mathrm{d}z$ 式中,$z = \left(\dfrac{x - \gamma_x}{\eta_x} \right)^{m_x}$
指数分布	λ_y	λ_y	$R = \dfrac{\lambda_y}{\lambda_y + \lambda_x}$ 或 $R = \dfrac{\mu_x}{\mu_x + \mu_y}$

表中除指数分布外计算可靠度的公式均较复杂,尽管正态分布时可查标准正态分布表,但对于计算机辅助设计时编程计算也较困难,需要采用数值计算方法近似求解。下面给出正态分布与威布尔分布时可靠度近似的计算公式。

(1)正态分布时可靠度近似计算公式

$$R = \Phi(u_R) = \begin{cases} 1 - S(u_R) & (u_R \geqslant 0) \\ S(|u_R|) & (u_R < 0) \end{cases} \tag{6-18}$$

当 $0 \leqslant u_R \leqslant 3$ 时,有

$$S(u_R) = \frac{1}{2} - \cfrac{u_R \varphi(u_R)}{1 - \cfrac{u_R^2}{3 + \cfrac{2u_R^2}{5 - \cfrac{3u_R^2}{7 + \cfrac{4u_R^2}{9 - \cfrac{5u_R^2}{11 + \cdots}}}}}} \tag{6-19}$$

当 $u_R > 3$ 时,有

$$S(u_R) = \cfrac{\varphi(u_R)}{u_R + \cfrac{1}{u_R + \cfrac{2}{u_R + \cfrac{3}{u_R + \cfrac{4}{u_R + \cdots}}}}} \tag{6-20}$$

式中,$\varphi(u_R) = \dfrac{1}{\sqrt{2\pi}} e^{-\frac{u_R^2}{2}}$ $(-\infty < u_R < \infty)$,近似公式取 28 项展开时,可靠度误差不超过 10^{-14}。

(2) 威布尔分布时可靠度近似计算公式

$$R \approx 0.181341892(\xi_1 + \xi_2) + 0.156853323(\xi_3 + \xi_4) + 0.111190518(\xi_5 + \xi_6)$$
$$+ 0.050614268(\xi_7 + \xi_8) \tag{6-21}$$

式中,$\xi_i = 1 - \exp\left\{ -\left[\dfrac{\eta_x}{\eta_y} B_i^{1/m_x} + \dfrac{\gamma_x - \gamma_y}{\eta_y} \right]^{m_y} \right\}$,其中 B_i 见表 6-3 所示。

表 6-3 B_i 的取值

i	B_i	i	B_i
1	0.895795505	5	2.286054858
2	0.524726255	6	0.107214189
3	1.488709147	7	3.919295813
4	0.270803710	8	0.020054832

3. 应力与强度的分布类型不同时的可靠度

应力与强度为不同分布类型时的可靠度计算公式如表 6-4 所示。

表 6-4　应力与强度为不同分布类型时的可靠度计算公式

应力分布	强度分布	可靠度
威布尔分布 (m_y, η_y, γ_y)	正态分布 $N(\mu_x, \sigma_x^2)$	$R = 1 - \Phi(A) - \dfrac{C}{\sqrt{2\pi}} \displaystyle\int_0^\infty \exp\left[-z^{m_x} - \dfrac{(Cz+A)^2}{2} \right] \mathrm{d}z$ 式中，$z = \dfrac{(x-\gamma_y)}{\eta_y}$；$A = \dfrac{\gamma - \mu_x}{\sigma_x}$；$C = \dfrac{\eta_y}{\sigma_x}$
指数分布 λ_y	正态分布 $N(\mu_x, \sigma_x^2)$	$R = 1 - \Phi\left(-\dfrac{\mu_x}{\sigma_x} \right) - \left[1 - \Phi\left(-\dfrac{\mu_x - \lambda_y \sigma_x^2}{\sigma_x} \right) \right] \exp\left(-\mu_x \lambda_y + \dfrac{1}{2}\lambda_y^2 \sigma_x^2 \right)$

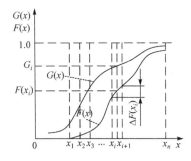

图 6-6　数值积分法求可靠度

4. 用数值积分法求可靠度

当应力、强度分布函数较复杂时，很难用上面介绍的解析法求得可靠度的计算表达式，这时可用数值积分法。其基本原理如下：

设强度、应力的分布函数分别为 $F(x)$、$G(y)$，其累积分布函数曲线如图 6-6 所示，分布密度函数分别为 $f(x)$、$g(y)$，则根据式（6-22）和图 6-6 可得

$$R = 1 - \int_{-\infty}^{\infty} f(x)[1 - G_y(x)]\mathrm{d}x = \int_{-\infty}^{\infty} f(x)G_y(x)\mathrm{d}x \approx \sum_{i=1}^{n} \Delta F_i G_i \quad (6\text{-}22)$$

将图 6-6 横坐标在有效计算范围内分成 $(n-1)$ 等份，并计算各等分区间应力分布函数中值 $G_i = [G(x_{i+1}) + G(x_i)]/2$，强度分布函数的差值 $\Delta F_i = F(x_{i+1}) - F(x_i)$，代入式（6-22），则可得可靠度计算公式为

$$R = \sum_{i=1}^{n} \frac{1}{2} [G(x_{i+1}) + G(x_i)][F(x_{i+1}) - F(x_i)] \quad (6\text{-}23)$$

6.3.2　电器中杆件的可靠性设计

杆件是电器产品中常用的零部件。例如电器开关中的操作机构等都含有杆件。电器产品中杆件受力不太大，对其材料的强度要求也不太高，故常用 A₃ 钢和 45 号钢。下面就这两种材料来阐述其受轴向载荷时静强度及疲劳强度的可靠性设计问题，对于压杆，还需考虑其稳定性的可靠性设计问题。

在可靠性设计中要用到材料的一些性能数据，将 A₃ 钢和 45 号钢的有关强度分布数据列于表 6-5 中。

表 6-5　A₃ 钢及 45 号钢强度均值及变异系数

材料	抗拉强度均值 $\bar{\sigma}_b$(MPa)	屈服极限均值 $\bar{\sigma}_S$(MPa)	疲劳极限均值 $\bar{\sigma}_{-1}$(MPa)	抗拉强度变异系数 V_{σ_b}	屈服极限变异系数 V_{σ_S}	同批材料的变异系数 V_1	材料疲劳极限的变异系数 $V_{\sigma_{-1i}}$
A₃	458	273	217.2	0.09	0.09	0.038	0.098
45	636	383	254.2	0.07	0.07	0.0213	0.073

在此仅介绍杆件静强度的可靠性设计。

对于某些受静应力或载荷波动很小,可按受静应力考虑的杆件,需要对其进行静强度的可靠性设计,即其强度指标按静强度指标来处理。下面分别阐述其应力分布及强度分布的确定方法,并给出其可靠性设计的步骤。

1. 静应力分布的确定

如图 6-7 所示的圆截面拉压杆,承受服从正态分布的随机载荷 $(\bar{P}, S_P)$,设载荷波动很小,可以用静强度来处理。

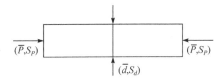

图 6-7　圆截面压杆

设杆件的横截面积为 $(\bar{A}, S_A)$,则它所承受的随机应力为 $(\bar{\sigma}_F, S_{\sigma_F}) = \dfrac{(\bar{P}, S_P)}{(\bar{A}, S_A)}$,其中,$\bar{\sigma}_F = \dfrac{\bar{P}}{\bar{A}}$;$S_{\sigma_F} = \dfrac{1}{\bar{A}^2}\sqrt{\bar{P}^2 S_A^2 + \bar{A}^2 S_P^2}$。这里 $\bar{P}$、$\bar{A}$、$\bar{\sigma}_F$ 表示载荷、横截面积及应力的均值,S_P、S_A、S_{σ_F} 为相应的标准离差。

设杆件的截面半径 r 为 $(\bar{r}, S_r)$,一般取半径 r 的公差 $M = 0.015\bar{r}$,则按"3σ 原则",$S_r = M/3 = 0.005\bar{r}$,又因 $A = \pi r^2$,则有 $\bar{A} = \pi\bar{r}^2$,$S_A = 2\pi\bar{r}S_r = 0.01\pi\bar{r}^2$。所以

$$\bar{\sigma}_F = \frac{\bar{P}}{\pi\bar{r}^2} \tag{6-24}$$

$$S_{\sigma_F} = \frac{1}{\pi\bar{r}^2}\sqrt{0.01^2\bar{P}^2 + S_P^2} \tag{6-25}$$

2. 静强度分布的确定

对杆件进行静强度的设计时,要用到其静强度的分布指标,对于 A₃ 钢和 45 号钢的强度数据,可由表 6-5 中查取。因 A₃ 钢和 45 号钢均为塑性材料,故以其屈服极限 $\sigma_S(\bar{\sigma}_S, S_{\sigma_S})$ 作为静强度指标。

均值 $\bar{\sigma}_S$、变异系数 V_{σ_S} 按表 6-5 选取,则标准离差

$$S_{\sigma_S} = \bar{\sigma}_S \cdot V_{\sigma_S} \tag{6-26}$$

3. 杆件静强度可靠性设计的步骤

杆件静强度可靠性设计的联合方程为

$$z = \frac{\bar{\sigma}_S - \bar{\sigma}_F}{\sqrt{S_{\sigma_S}^2 + S_{\sigma_F}^2}} \tag{6-27}$$

$$R = \Phi(z) \tag{6-28}$$

利用式(6-27)、式(6-28)进行杆件静载荷下的可靠性设计的步骤如下:

(1) 已知杆件尺寸及受力,求其可靠度 R

1) 由式(6-24)、式(6-25)求应力分布 $(\bar{\sigma}_F, S_{\sigma_F})$;

2) 查表 6-5 得 $\bar{\sigma}_S, V_{\sigma_S}$,由式(6-26)求 S_{σ_S},从而确定强度分布 $(\bar{\sigma}_S, S_{\sigma_S})$;

3) 利用式(6-27)计算 z 值;

4) 查标准正态分布表可得出 $\Phi(z)$,或者由近似公式求出 $\Phi(z)$,再由式(6-28)可求出可靠度 R。

(2) 已知杆件受力,求其可靠度为 R 时所需杆件尺寸

1) 由式(6-28)得 $\Phi(z)$;

2) 查标准正态分布表或用近似计算公式求 z;

3) 查表得 $\bar{\sigma}_S, V_{\sigma_S}$,由式(6-26)求 S_{σ_S},从而确定强度分布 $(\bar{\sigma}_S, S_{\sigma_S})$;

4) 将 z、式(6-24)、式(6-25)及强度分布 $(\bar{\sigma}_S, S_{\sigma_S})$ 代入式(6-27)中,解得

$$\bar{r} = \sqrt{\frac{-B + \sqrt{B^2 - 4AC}}{2\pi A}} \tag{6-29}$$

其中,$A = z^2 S_{\sigma_S}^2 - \bar{\sigma}_S^2$;$B = 2\bar{P}\bar{\sigma}_S$;$C = (0.01^2 z^2 - 1)\bar{P}^2 + z^2 S_P^2$;

5) 计算公差 $M, M = 0.015\bar{r}$;

6) 所求杆件半径即为 $\bar{r} \pm M$。

6.4　可靠性预计

可靠性预计是指根据产品所选用的零部件的可靠性数据来测算产品可靠性特征量(如可靠度、失效率或平均寿命等)的值。

可靠性预计的目的如下:

1) 使设计者及早对新设计产品的可靠性作出估计,看其是否已达到预定指标。若未达到预定指标,则可及早采取措施加以改进;若超过预定指标太多,则可及时调整零部件的可靠性水平,以降低产品的成本及重量。

2) 可对各种设计方案的可靠性水平进行比较,选出最优方案。

在进行产品的可靠性预计时,必须知道产品的零部件(或所用的电子元器件)的可靠性数据,这些数据主要由实践中统计和积累得来,也可由有关资料及手册查得。

一个产品总是由若干个零部件组成,例如,一个电磁式继电器是由电磁系统与触头系统组成,而这两部分又分别由若干零件组成。又如一个电子式时间继电器,它是由若干个电子元器件及一个小型电磁继电器组成。所以在进行产品可靠性预计时,可以把产品看成是一个系统,而产品的各零部件可看成是组成此系统的各个单元(元件或子系统)。

一个产品(系统)的可靠性,一方面与它的零部件(单元)的可靠性高低有关,另一方面也与这些零部件(单元)工作状态对整个产品工作状态的影响有关,所以在进行产品(系统)的可靠性预计时,一般都要首先建立系统的可靠性模型。系统可靠性模型就是系统可靠性与其各单元可靠性之间的关系。该关系可用产品(系统)的可靠性逻辑框图(简称为可靠性框图)表示,然后根据可靠性框图进行可靠性预计。

6.4.1　系统的可靠性框图

产品使用时能成功地完成任务的所有组成部分之间相互的依赖关系用框图表示,称为可靠性框图。可靠性框图与一般的电路图或原理接线图不同,它表示系统中各单元间的功能关系,是以单元的正常工作或失效对系统工作状态的影响作为基础,并以正常工作(完成功能)作为出发点所画出的框图。图中每一个方框均表示一个单元(元件或子系统),在系统可靠性框图中,从左到右的任一条通路上的所有单元均正常工作时,该系统就处于正常工作状态,否则系统就处于故障状态。

系统功能框图或系统图与系统可靠性框图既有联系又有区别。系统功能框图是建立系统可靠性框图的基础,但是系统可靠性框图又和系统功能框图存在下述区别:

1) 可靠性框图只表明各单元在可靠性方面的逻辑关系,并不表明各单元之间的物理上及时间上的关系。因此各单元的排列不像功能框图那样具有严格的顺序。例如,一个电磁继电器由电磁系统及触头系统这两个系统组成,显然,只有当这两个子系统均正常工作时电磁继电器才能正常工作,所以可画出电磁继电器的可靠性框图如图 6-8 所示。

图 6-8　电磁继电器的可靠性框图

2) 某些情况下,组成系统的各单元在物理作用上是平行的,从而在功能框图上各单元是并联关系,但在可靠性框图上则是串联关系。例如接触器的三相触头在物理作用上是平行的,在可靠性框图上各触头是串联关系。

3) 同一个系统如果具有多种功能要求,往往在功能框图上不便于分别表示出来,但在可靠性框图上必须表示出所有不同功能要求的各单元的可靠性逻辑关系。

对于一个系统,按其各组成单元的工作状态对系统工作状态的影响可分为串联系统、并联系统、n 个取 k 系统、串并联系统以及复杂系统等。

6.4.2　串联系统的可靠性预计

1. 串联系统的定义及可靠性框图

若系统中所有单元均正常时,系统才能正常工作(或是说,系统中任一个单元失效,都会导致系统故障),则这个系统称为串联系统,其可靠性框图如图 6-9 所示。电工产品大多可看成串联系统。

图 6-9　串联系统的可靠性框图

2. 串联系统的可靠性预计

设第 i 个单元的可靠度为 $R_i(t)(i=1,2,\cdots,n)$,则具有 n 个单元的串联系统的可靠度为

$$R_s(t) = \prod_{i=1}^{n} R_i(t) \tag{6-30}$$

若各单元的寿命均服从指数分布,λ_i 为第 i 个单元的失效率,λ_s 为串联系统的失效率,则

$$R_s(t) = \prod_{i=1}^{n} e^{-\lambda_i t} = \exp\left[-\sum_{i=1}^{n} \lambda_i t\right] = e^{-\lambda_s t} \tag{6-31}$$

$$\lambda_s = \sum_{i=1}^{n} \lambda_i \tag{6-32}$$

串联系统的平均寿命为

$$MTTF_s = \frac{1}{\lambda_s} = \frac{1}{\sum\limits_{i=1}^{n} \lambda_i} \tag{6-33}$$

若各单元的失效率均相等,即 $\lambda_1 = \lambda_2 = \cdots = \lambda_n = \lambda$,则

$$\lambda_s = n\lambda \tag{6-34}$$

$$MTTF_s = \frac{1}{n\lambda} \qquad (6\text{-}35)$$

6.4.3　并联系统的可靠性预计

1. 并联系统的定义及可靠性框图

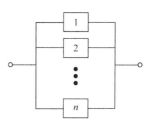

若系统中有一个单元正常工作，系统就能正常工作（或者说仅当所有单元全部失效时，才导致系统故障），则这个系统称为并联系统，其可靠性框图如图 6-10 所示。

图 6-10　并联系统的可靠性框图

2. 并联系统的可靠性预计

1）并联系统的可靠度为

$$R_s(t) = 1 - \prod_{i=1}^{n} \left[1 - R_i(t) \right] \qquad (6\text{-}36)$$

若 $R_1(t) = R_2(t) = \cdots = R_n(t) = R(t)$，则

$$R_s(t) = 1 - \left[1 - R(t) \right]^n$$

2）若各单元的寿命均服从指数分布，即 $R_i(t) = \mathrm{e}^{-\lambda_i t}$，则

$$R_s(t) = 1 - \prod_{i=1}^{n} (1 - \mathrm{e}^{-\lambda_i t}) \qquad (6\text{-}37)$$

并联系统的平均寿命为

$$MTTF_s = \int_0^\infty R_s(t)\,\mathrm{d}t = \int_0^\infty \left[1 - \prod_{i=1}^{n} (1 - R_i(t)) \right] \mathrm{d}t \qquad (6\text{-}38)$$

$$MTTF_s = \sum_{i=1}^{n} \frac{1}{\lambda_i} - \sum_{1 \leqslant i < j \leqslant n} \frac{1}{\lambda_i + \lambda_j} + \cdots + (-1)^{n-1} \frac{1}{\lambda_1 + \lambda_2 + \cdots + \lambda_n} \qquad (6\text{-}39)$$

当各单元的失效率均相等，即 $\lambda_1 = \lambda_2 = \cdots = \lambda_n = \lambda$ 时，

$$MTTF_s = \frac{1}{\lambda} \left[C_n^1 - \frac{C_n^2}{2} + \frac{C_n^3}{3} - \cdots + (-1)^{n-1} \frac{C_n^n}{n} \right] \qquad (6\text{-}40)$$

对于两个可靠度相等且寿命服从指数分布[即 $R_1(t) = R_2(t) = \mathrm{e}^{-\lambda t}$]的单元组成的并联系统，其可靠度 $R_s(t)$、密度函数 $f_s(t)$ 及失效率 $\lambda_s(t)$ 分别为

$$R_s(t) = 1 - \prod_{i=1}^{n} (1 - \mathrm{e}^{-\lambda_i t}) = 1 - (1 - \mathrm{e}^{-\lambda t})^2 = \mathrm{e}^{-\lambda t}(2 - \mathrm{e}^{-\lambda t})$$

$$f_s(t) = -\frac{\mathrm{d}R_s(t)}{\mathrm{d}t} = 2\lambda \mathrm{e}^{-\lambda t} - 2\lambda \mathrm{e}^{-2\lambda t} = 2\lambda \mathrm{e}^{-\lambda t}(1 - \mathrm{e}^{-\lambda t})$$

$$\lambda_s(t) = \frac{f_s(t)}{R_s(t)} = \frac{2\lambda \mathrm{e}^{-\lambda t}(1 - \mathrm{e}^{-\lambda t})}{\mathrm{e}^{-\lambda t}(2 - \mathrm{e}^{-\lambda t})} = \frac{2\lambda(1 - \mathrm{e}^{-\lambda t})}{2 - \mathrm{e}^{-\lambda t}} \qquad (6\text{-}41)$$

$$MTTF_s = \frac{3}{2\lambda} = \frac{3}{2}\theta$$

由此可见,每个单元的寿命均服从指数分布时,其并联系统的失效率 $\lambda_s(t)$ 却不是常数,而是 t 的函数;但系统平均寿命仍为常数。

6.4.4　n 个取 k 系统的可靠性预计

1. n 个取 k 系统的定义及可靠性框图

若由 n 个单元组成的系统中有 k 个单元正常工作时系统就能正常工作,则这个系统称为 n 个取 k 系统,其可靠性框图如图 6-11 所示。

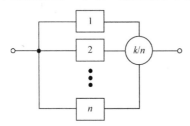

例如一台电机一般有 4 个地脚螺栓,但实际上只要有其中 2 个螺栓正常工作,电机就能固定牢靠,所以电机的地脚螺栓部分就是一个 $n=4$、$k=2$ 的 n 个取 k 系统。

图 6-11　n 个取 k 系统的可靠性框图

2. n 个取 k 系统的可靠性预计

对于 n 个取 k 系统,系统正常工作的概率(即系统的可靠度)应等于下述概率之和:n 个单元均正常工作的概率,$n-1$ 个单元正常工作的概率,……,k 个单元正常工作的概率。若各单元正常工作的概率(即可靠度)相同,均为 $R(t)$,则系统可靠度为

$$R_s(t) = C_n^n R(t)^n + C_n^{n-1} R(t)^{n-1} [1-R(t)] + C_n^{n-2} R(t)^{n-2} [1-R(t)]^2$$
$$+ \cdots + C_n^k R(t)^k [1-R(t)]^{n-k}$$

$$= \sum_{i=k}^{n} C_n^i R(t)^i [1-R(t)]^{n-i} \tag{6-42}$$

若各单元的寿命均服从指数分布,即 $R(t)=\mathrm{e}^{-\lambda t}$,式中 λ 为各单元的失效率,则系统可靠度为

$$R_s(t) = \sum_{i=k}^{n} C_n^i (\mathrm{e}^{-\lambda t})^i [1-\mathrm{e}^{-\lambda t}]^{n-i}$$

$$= \sum_{i=k}^{n} C_n^i \mathrm{e}^{-\lambda t} [1-\mathrm{e}^{-\lambda t}]^{n-i} \tag{6-43}$$

系统的平均寿命为

$$MTTF_s = \int_0^\infty \Big[\sum_{i=k}^{n} C_n^i \mathrm{e}^{-\lambda t} (1-\mathrm{e}^{-\lambda t})^{n-i} \Big] \mathrm{d}t \tag{6-44}$$

用归纳法可证明 $C_n^i \int_0^\infty [\mathrm{e}^{-\lambda t}(1-\mathrm{e}^{-\lambda t})^{n-i}]\mathrm{d}t = \dfrac{1}{i\lambda}$,将此关系代入式(6-43),可得

$$MTTF_s = \sum_{i=k}^{n} \frac{1}{i\lambda} = \frac{1}{k\lambda} + \frac{1}{(k+1)\lambda} + \cdots + \frac{1}{n\lambda} \tag{6-45}$$

6.4.5　串并联系统的可靠性预计

1. 串并联系统的定义及可靠性框图

既有串联方式也有并联方式组成的系统称为串并联系统。图 6-12 为由 5 个单元组成的串并联系统的可靠性框图。

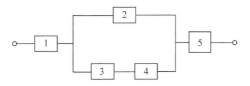

图 6-12　串并联系统的可靠性框图

2. 串并联系统的可靠性预计

（1）简化方法计算系统可靠度

电路中某些部分采用冗余设计的电器产品就是一个串并联系统，任一个串并联系统总可以看成是由一些子系统（串联方式的、并联方式的子系统）组合而成。进行串并联系统的可靠性预计时，只要用上面所介绍的预计方法求出子系统的可靠度，即可使串并联系统的可靠性框图逐步简化，最后可简化为一个简单系统（串联系统或并联系统），从而求出整个系统的可靠度，下面以图 6-12 所示的串并联系统为例加以说明。

例 6-1　对于图 6-12 所示的串并联系统，若已知各单元的寿命均服从指数分布，且其失效率均相等，即 $\lambda_1 = \lambda_2 = \lambda_3 = \lambda_4 = \lambda_5 = \lambda = 10^{-5}/h$，试求该系统工作到 $10^4 h$ 时的可靠度 $R_s(10^4 h)$。

解： 先将图 6-12 中的单元 3 及单元 4 用单元 6 代替，可靠性框图简化成图 6-13(a)。

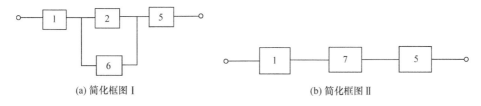

(a) 简化框图 I　　　　　　　　　　　(b) 简化框图 II

图 6-13　串并联系统的简化

显然，单元 3 与单元 4 是串联方式，所以单元 6 的可靠度 $R_s(t)=R_3(t)R_4(t)$。因此，$t=10^4\,\mathrm{h}$ 时的 $R_6(t)$ 为

$$R_6(10^4\,\mathrm{h})=R_3(10^4\,\mathrm{h})R_4(10^4\,\mathrm{h})=\mathrm{e}^{-10^{-5}\times10^4}\cdot\mathrm{e}^{-10^{-5}\times10^4}=0.8187$$

再将图 6-13(a) 中单元 2 及单元 6 用单元 7 代替，这样可靠性框图进一步简化成图 6-13(b)。

显然，单元 2 与单元 6 是并联方式，所以单元 7 的可靠度 $R_7(t)=1-[1-R_2(t)][1-R_6(t)]$，因此，$t=10^4\,\mathrm{h}$ 时的 $R_7(t)$ 为

$$R_7(10^4\,\mathrm{h})=1-[1-R_2(10^4\,\mathrm{h})][1-R_6(10^4\,\mathrm{h})]$$

$$=1-[1-\mathrm{e}^{-10^{-5}\times10^4}][1-0.8187]$$

$$=0.9827$$

由图 6-13(b) 可以看出，单元 1、单元 7 及单元 5 为串联方式，所以 $t=10^4\,\mathrm{h}$ 时的系统可靠度为

$$R_s(10^4\,\mathrm{h})=R_1(10^4\,\mathrm{h})R_7(10^4\,\mathrm{h})R_5(10^4\,\mathrm{h})$$

$$=\mathrm{e}^{-10^{-5}\times10^4}\times0.9827\times\mathrm{e}^{-10^{-5}\times10^4}=0.8045$$

(2) 用分割-联接组合法估计系统可靠度的范围

所谓一个分割组合就是绘一条线穿过系统可靠性框图中的一些方框，这些方框失效会引起系统失效；所谓一个联接组合就是绘一条线穿过系统可靠性框图中的一些方框，这些方框正常工作时就能使系统正常工作。

系统可靠度 R_s 的范围可由下式求得：

$$1-\sum_{i=1}^{N}\prod_{j=1}^{k_i}(1-R_j)<R_s<\sum_{i=1}^{T}\prod_{j=1}^{m_i}R_j \tag{6-46}$$

式中，N 为分割组合数；k_i 为第 i 条分割线上的单元数；T 为联接组合数；m_i 为第 i 条联接线上的单元数。

例 6-2　对于图 6-14 所示的可靠性框图，若 $R_1=R_2=R_3=R_4=0.7$，试用分割-联接组合法估计其系统可靠度 R_s。

解： 对图 6-14 可画出三条分割组合线（见图中点划线）及两条联接组合线（见图中虚线）。

由式(6-46)可列出

$$R_s>1-[(1-R_1)(1-R_3)+(1-R_2)(1-R_3)+(1-R_4)]=0.52$$

$$R_s<R_1R_2R_4+R_3R_4=0.833$$

因此，$0.52<R_s<0.833$

系统越复杂，系统可靠度 R_s 的计算也越复杂，而采用上述分割-联接法可以较快地求得一个 R_s 的近似值（范围）。

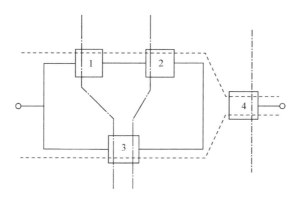

图 6-14　用分割-联接组合法估计系统可靠度

6.4.6 复杂系统的可靠性预计

1. 复杂系统的定义及可靠性框图

在实际问题中,还有一类属于既非串联又非并联,并很难简化为简单的串并联系统的复杂网络系统,称为复杂系统。

例如图 6-15 为一个复杂系统的可靠性框图,其图形与电桥相像,故称桥式系统。

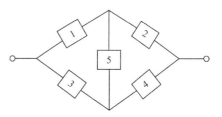

图 6-15　桥式系统的可靠性框图

2. 复杂系统的可靠性预计

(1) 真值表法(状态枚举法)

设系统由 n 个单元组成,各单元及系统若工作正常,则用"1"表示,用 m 表示系统状态取"1"的个数;若处于故障状态,则用"0"表示,l 表示系统状态取"0"的个数。则系统状态组合数 N 为

$$N = m + l = 2^n$$

系统可靠度为系统状态取"1"的概率之和,即

$$R_s = \sum_{i=1}^{m} P(S_i = 1) \tag{6-47}$$

例 6-3　对于图 6-15 所示的桥式系统,很难简化为简单的串并联系统,当已知各单元的可靠度 R_1、R_2、R_3、R_4、R_5 时,可用真值表法求其系统可靠度 R_s。

解:将系统中 5 个单元所有情况列于表 6-6。

表 6-6 真值表

序号	单元 1 $R_1=0.8$	单元 2 $R_2=0.7$	单元 3 $R_3=0.8$	单元 4 $R_4=0.7$	单元 5 $R_5=0.9$	系统状态	概率
1	0	0	0	0	0	0	
2	0	0	0	0	1	0	
3	0	0	0	1	0	0	
4	0	0	0	1	1	0	
5	0	0	1	0	0	0	
6	0	0	1	0	1	0	
7	0	0	1	1	0	1	0.00336
8	0	0	1	1	1	1	0.03024
9	0	1	0	0	0	0	
10	0	1	0	0	1	0	
11	0	1	0	1	0	0	
12	0	1	0	1	1	0	
13	0	1	1	0	0	0	
14	0	1	1	0	1	1	0.03024
15	0	1	1	1	0	1	0.00784
16	0	1	1	1	1	1	0.07056
17	1	0	0	0	0	0	
18	1	0	0	0	1	0	
19	1	0	0	1	0	0	
20	1	0	0	1	1	1	0.03024
21	1	0	1	0	0	0	
22	1	0	1	0	1	0	
23	1	0	1	1	0	1	0.01344
24	1	0	1	1	1	1	0.12096
25	1	1	0	0	0	1	0.00336
26	1	1	0	0	1	1	0.03024
27	1	1	0	1	0	1	0.00784
28	1	1	0	1	1	1	0.07056
29	1	1	1	0	0	1	0.01344
30	1	1	1	0	1	1	0.12096
31	1	1	1	1	0	1	0.03136
32	1	1	1	1	1	1	0.28224

　　显然,真值表中的组合数为 32,它等于以 2 为底、以单元数 5 为指数的幂。表中序号为 7 时,单元 3、4 正常,1、2、5 不正常,此时系统能正常工作,其正常工作的概率为 $R_3R_4(1-R_1)(1-R_2)(1-R_5)$,将表中所有系统正常情况的概率相加,即可得系统可靠度 R_s。

　　若图 6-15 中 $R_1=0.8$、$R_2=0.7$、$R_3=0.8$、$R_4=0.7$、$R_5=0.9$,则序号 7 时系统正常工作的概率为 $0.8\times0.7\times(1-0.8)\times(1-0.7)\times(1-0.9)=0.00336$,因此可求得系统状态为 1 时的各概率(列于表中),相加即可得到系统可靠度 $R_s=0.86688$。

　　(2) 应用布尔代数计算法

　　1) 布尔代数的基本关系式。

　　布尔函数是指布尔变量 $x_1,x_2,x_3,\cdots$ 进行并($\cup$)、交($\cup$)、非($-$)等运算所得的关系式 $f(x_1,x_2,x_3,\cdots)$,其中布尔变量 $x_1,x_2,x_3,\cdots$ 的取值只限于 0 或 1,而不取其他值,因此,布尔函数值也只限于 0 或 1。

　　布尔代数的基本关系式如表 6-7 所示。

表 6-7　布尔代数的基本关系式

交换律	$x_1+x_2=x_2+x_1$
	$x_1x_2=x_2x_1$
结合律	$x_1+(x_2+x_3)=(x_1+x_2)+x_3$
	$x_1(x_2x_3)=(x_1x_2)x_3$
吸收律	$(x_1+x_2)x_1=x_1$
	$x_1+x_1x_2=x_1$
分配律	$x_1(x_2+x_3)=x_1x_2+x_1x_3$
	$x_1+x_2x_3=(x_1+x_2)(x_1+x_3)$
幂等律	$x_1+x_1=x_1$
	$x_1x_1=x_1$
互补性	$x_1+\bar{x}_1=1$
	$x_1\bar{x}_1=0$
狄·摩根定理	$\overline{x_1+x_2}=\bar{x}_1\bar{x}_2$
	$\overline{x_1x_2}=\bar{x}_1+\bar{x}_2$

　　2) 展开定理。

　　设 $y=f(x_1,x_2,\cdots,x_n)$,令 $x_i=1$ 时的上述布尔函数为 f_1;$x_i=0$ 时的上述布尔函数为 f_0,则对于任意布尔变量 x_i,布尔函数 y 可以展开为

$$y=f_1x_i+f_0\bar{x}_i \tag{6-48}$$

此定律称为加法形展开定理。

3）应用展开定理计算桥式系统的可靠度。

若图 6-15 中单元 1、2、3、4、5 分别用布尔变量 x_1、x_2、x_3、x_4、x_5 表示，则该桥式系统的布尔函数为

$$y = f(x_1, x_2, x_3, x_4, x_5) \tag{6-49}$$

将式(6-49)对 x_5 展开,可得

$$y = x_5 f_1 + \bar{x}_5 f_0 \tag{6-50}$$

式中,f_1 为式(6-49)中 $x_5 = 1$ 时的布尔函数,可表示为 $f(x_1, x_2, x_3, x_4, 1)$;f_0 为式(6-49)中 $x_5 = 0$ 时的布尔函数,可表示为 $f(x_1, x_2, x_3, x_4, 0)$。所以式(6-50)可写为

$$y = x_5 f(x_1, x_2, x_3, x_4, 1) + \bar{x}_5 f(x_1, x_2, x_3, x_4, 0) \tag{6-51}$$

式中,$f(x_1, x_2, x_3, x_4, 1)$ 表示 x_5 始终为 1(即单元 5 不会发生故障)的布尔函数,所以它可用图 6-16 所示的可靠性框图表示。

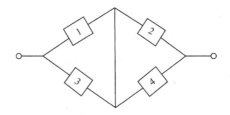

图 6-16　单元 5 始终正常时桥式系统的可靠性框图

由逻辑关系可得出

$$f(x_1, x_2, x_3, x_4, 1) = (x_1 + x_3)(x_2 + x_4) \tag{6-52}$$

同样,$f(x_1, x_2, x_3, x_4, 0)$ 表示 x_5 始终为 0(即单元 5 总处于故障状态)的布尔函数,所以它可用图 6-17 所示的可靠性框图表示。

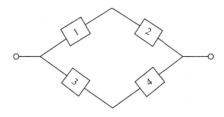

图 6-17　单元 5 始终故障时桥式系统的可靠性框图

由逻辑关系可得出

$$f(x_1, x_2, x_3, x_4, 0) = x_1 x_2 + x_3 x_4 \tag{6-53}$$

将式(6-52)及式(6-53)代入式(6-51),可得

$$y = x_5(x_1 + x_3)(x_2 + x_4) + \bar{x}_5(x_1 x_2 + x_3 x_4) \tag{6-54}$$

　　显然桥式系统的可靠度 R_S 即为布尔函数 y 的值等于 1 的概率。若单元 1、2、3、4、5 正常工作，分别用事件 A_1、A_2、A_3、A_4、A_5 表示，系统正常用事件 A_s 表示，则式(6-54)也可用事件间关系表示：

$$A_s = A_5(A_1 + A_3)(A_2 + A_4) + \overline{A}_5(A_1A_2 + A_3A_4) \tag{6-55}$$

　　显然，式(6-55)中事件 $A_5(A_1 + A_3)(A_2 + A_4)$ 与 $\overline{A}_5(A_1A_2 + A_3A_4)$ 是互斥的。将

$$P(A_5) = R_5$$

$$P(A_1 + A_3) = P(A_1) + P(A_3) - P(A_1A_3) = R_1 + R_3 - R_1R_3$$

$$P(A_2 + A_4) = P(A_2) + P(A_4) - P(A_2A_4) = R_2 + R_4 - R_2R_4$$

$$P(\overline{A}_5) = 1 - P(A_5) = 1 - R_5$$

$$P(A_1A_2 + A_3A_4) = P(A_1A_2) + P(A_3A_4) - P(A_1A_2A_3A_4) = R_1R_2 + R_3R_4 - R_1R_2R_3R_4$$

代入式(6-55)，可得桥式系统的可靠度为

$$R_s = R_5(R_1 + R_3 - R_1R_3)(R_2 + R_4 - R_2R_4) + (1 - R_5)(R_1R_2 + R_3R_4 - R_1R_2R_3R_4)$$
$$\tag{6-56}$$

　　将 $R_1 = 0.8$、$R_2 = 0.7$、$R_3 = 0.8$、$R_4 = 0.7$、$R_5 = 0.9$ 代入式(6-56)可算得 $R_s = 0.86688$，其结果与真值表法是一致的，此方法与真值表法相比，其优点是不仅可求出系统可靠度值，而且能得出系统可靠度的关系式。

6.5　可靠性分配

　　产品(系统)可靠性分配就是根据事先规定的产品(系统)可靠性指标，制订出产品各组成单元(元件或分系统)的可靠性指标，也就是将事先规定的产品(系统)可靠性指标分配给产品的各组成单元。一般对有可靠性指标要求的产品进行设计以及改进产品的可靠性时，都要进行可靠性分配。其目的是明确产品(系统)各组成单元的可靠性要求，并在进行可靠性技术设计时可采取措施实现这个要求。

　　系统可靠性分配，就是将系统设计任务书中规定的可靠性指标，按照一定的方法分配给组成该系统的分系统、设备和元器件，并将它们写入相应的任务书，作为设计的依据。可靠性分配是一个由整体到局部、由大到小、由上到下的分解过程。

　　可靠性分配的目的就是使设计人员了解可靠性设计要求，并以此估计所需的人力、时间、资源等，同时研究实现可靠性指标的可能性和实现的方法。

　　可靠性分配主要适用于方案论证及工程研制阶段。

　　为了提高可靠性分配的合理性和可行性，在进行可靠性分配时一般应遵循以下准则：

　　1) 复杂程度高的系统或产品，分配较低的可靠性指标；

　　2) 技术上成熟继承性好的产品，分配较高的可靠性指标；

3）处于较恶劣环境的产品，分配较低的可靠性指标；

4）对于任务时间长的产品，分配较低的可靠性指标；

5）重要度高的产品，分配较高的可靠性指标；

6）可靠性分配是一个权衡过程，为实现系统设计优化，还应考虑其他约束条件。

下面介绍几种常用的可靠性分配方法。

6.5.1　简单的可靠性分配方法（等分配法）

等分配法是按产品各组成单元的可靠度均相等（均为 R）的原则进行分配的方法。

这种分配方法计算简单、应用方便，适用于方案论证和方案设计阶段。主要缺点是未考虑各分系统的实际差别。

1. 串联系统的可靠度分配

设事先规定产品（系统）的可靠度为 R_s，分配到各组成单元的可靠度为 R，则对于 n 个单元组成的串联系统，有

$$R = \sqrt[n]{R_s} \tag{6-57}$$

2. 并联系统的可靠度分配

对于 n 个单元组成的并联系统，有

$$R = 1 - \sqrt[n]{1 - R_s} \tag{6-58}$$

3. 串并联系统的可靠度分配

对于串、并联系统，先把系统中并联部分看作一个单元，按串联系统分配方法进行分配，然后再针对并联部分按照等分配法进行再分配，得到每个并联单元的分配值。

6.5.2　根据相对失效率进行可靠性分配

这种可靠性分配方法是按各组成单元的相对失效率大小进行可靠性分配，适用于与原有的系统十分相似的新系统，且原有系统及其各组成单元的可靠性均已知或可推测。

对于一个由 n 个单元组成的串联系统，如果根据已有的数据可推测出各单元的失效率为 $\hat{\lambda}_1, \hat{\lambda}_2, \cdots, \hat{\lambda}_n$，并推测出系统失效率

$$\hat{\lambda}_s = \sum_{i=1}^{n} \hat{\lambda}_i \tag{6-59}$$

则第 i 个单元的相对失效率为

$$\omega_i = \frac{\hat{\lambda}_i}{\hat{\lambda}_s} = \frac{\hat{\lambda}_i}{\sum\limits_{i=1}^{n} \hat{\lambda}_i} \tag{6-60}$$

若事先规定该产品(系统)的失效率指标为 λ_s,则分配至第 i 个单元的失效率为

$$\lambda_i = \omega_i \lambda_s \tag{6-61}$$

设事先规定产品(系统)工作到给定时刻 t_g 时的可靠度为 $R_s(t_g)$,则分配到各组成单元的可靠度为

$$R_i(t_g) = [R_s(t_g)]^{\omega_i} \tag{6-62}$$

式中 ω_i 可由式(6-60)求得。

6.5.3　根据各组成单元的重要度及复杂度进行可靠性分配(AGREE 分配法)

AGREE 分配法是由美国国防部电子设备可靠性咨询组于 20 世纪 50 年代提出的方法。这种分配方法适用于寿命为指数分布的各单元组成的串联系统,既考虑了各单元的复杂性,又考虑了各单元的重要性。

复杂性因子定义为

$$\frac{n_i}{N} = \frac{n_i}{\sum\limits_{i=1}^{k} n_i} = \frac{\text{第 } i \text{ 个单元的基本元件数}}{\text{系统的基本元件总数}} \tag{6-63}$$

重要性因子定义为

$$W_i = \frac{\text{由第 } i \text{ 个单元故障引起系统故障的次数}}{\text{第 } i \text{ 个单元故障总次数}} \tag{6-64}$$

失效率的分配公式为

$$\lambda_i = -\frac{n_i \ln R_s(t)}{N W_i t} \tag{6-65}$$

可靠度分配公式为

$$R_i(t_i) = 1 - \frac{1 - [R_s(t)]^{n_i/N}}{W_i} \tag{6-66}$$

平均寿命的分配公式为

$$MTTF_i = \frac{-t_i}{\ln\{1 - \frac{1}{W_i}[1 - (R_s(t))^{n_i/N}]\}} \tag{6-67}$$

式中,t_i 为第 i 个单元的任务时间;t 为系统的任务时间;n_i 为第 i 个单元的基本元件数;k 为系统单元总数;N 为系统的基本元件总数;$R(t)$ 为系统可靠性指标;$R_i(t_i)$ 为第 i 个单元在其任务时间内可靠度分配值;λ_i 为第 i 个单元失效率分配值;$MTTF_i$ 为第 i 个单元平均寿命分配值。

该方法中复杂性因子定义适合于当时电子产品主要由分立元件构成的情形。但是,随着电子技术的飞速发展,现代电子产品已趋向模块化、集成化,从而该方法中复杂性因子定义已不再符合实际,应当加以修正。一种修正方法是将该因子视作复杂性的权系数,记作 k,原分配公式(6-65)~(6-67)中的复杂性因子 n_i/N 换成 k_i。k_i 数值可由专家评分确定。

6.5.4　花费最小可靠性分配法

这种方法适用于在优化设计的条件下使用。所谓成本最小分配法是解决在可靠性设计中最关键也是最实际的问题,即如何既能保证产品可靠性总指标的分配,又能实现总的研制成本最小。

使用这种方法时,首先要建立单元可靠度与研制成本的关系

$$R_i = f(C_i) \tag{6-68}$$

其次建立系统可靠度与单元可靠度之间的关系

$$R = \prod_{i=1}^{n} R_i \tag{6-69}$$

则可靠性分配问题可归结为:在满足 R 的约束条件下,求使 $C = \sum_{i=1}^{n} C_i$ 为最小的单元可靠度 R_i。

6.6　可靠性分析

进行产品可靠性分析时,往往把产品看成是一个系统,所以产品的可靠性分析实质上是一种系统可靠性分析。电器产品可靠性分析通常采用以下两种方法,即失效模式和效应分析与故障树分析。

6.6.1　失效模式和效应分析(failure mode and effect analysis)

失效模式和效应分析简称 FMEA,通过列举每个元件可能的故障模式,查清其故障原因,并分析其对系统性能的影响。FMEA 法属于归纳法,主要用于对系统可靠性做定性分析。

若将 FMEA 与危害度(criticality)分析(即考虑各元件失效模式的危害度)相结合,则称为失效模式、效应及危害度分析,简称 FMECA。所谓危害度是指失效后果的严重性。危害度用系统丧失能力和对人身的伤害程度来分类或划分等级。

6.6.2　故障树分析法(fault tree analysis)

故障树分析简称 FTA,是美国贝尔电话实验室于 1961 年提出的一种系统可

靠性的分析方法。它属于演绎法,是系统可靠性分析和安全性分析的重要工具之一。它不仅可以对系统可靠性做定性分析,以找出系统可靠性的薄弱环节,同时也可以对系统可靠性做定量计算。所以它是系统可靠性分析中最常用的一种方法。

所谓故障树是指一种倒立树状的逻辑因果关系图,它由各种事件的符号、各种逻辑门符号、其他一些符号以及一些线条组成的一个图。它描述了系统中各种事件之间的因果关系,各种逻辑门的输入事件是输出事件的"因",而各种逻辑门的输出事件是输入事件的"果"。它以各种基本单元失效作为出发点,来分析导致系统发生故障的逻辑关系。由于故障树的图形像一棵倒立的树,故取名为故障树。

1. 故障树中常用的符号

故障树中常用符号的名称及其定义见表 6-8。表中底事件是指导致其他事件的原因事件,它位于故障树的底端。顶事件是指位于故障树顶端的事件,它总是逻辑门的输出事件。中间事件是指位于故障树的底事件与顶事件之间的事件,它既是某个逻辑门的输出事件,又是别的逻辑门的输入事件。

表 6-8　故障树中常用符号的名称及定义

符号	名称	定义
○	基本事件	无须探明其发生原因的底事件
◇	未探明事件	应进一步探明其原因,但暂时不必或不能探明其原因的底事件
▭	结果事件	由其他事件或事件组合所导致的事件,它总是位于某个逻辑事件的输出端。结果事件分为顶事件和中间事件
⌂	与门	仅当所有输入事件发生时输出事件才发生的逻辑门
⌂	或门	至少一个输入事件发生时输出事件就发生的逻辑门
⊖	非门	输出事件是输入事件的对立事件的逻辑门

2. 故障树的建立方法

建立故障树是一个反复深入、逐步完善的过程。建立故障树可以用人工建树,也可以用计算机辅助建树,在人工建树时主要采用演绎法,下面对演绎法做一下介绍。

演绎法是从顶事件开始,由上到下、循序渐进、逐步分解、一直分解到基本事件

或探明事件为止,其具体步骤如下:

1) 确定顶事件。一般把系统最不希望发生的故障作为顶事件。

2) 分析顶事件。寻找导致顶事件发生的各种原因,将顶事件作为输出事件,将导致顶事件发生的各种原因作为输入事件(这些事件称为次级事件或中间事件),并根据它们之间的逻辑关系用适当的逻辑门相连。

3) 分析每一个与顶事件直接相联系的输入事件(中间事件)。如果这些中间事件还能进一步分解,则应将其作为下一级中间事件的输出事件。再根据它们之间的逻辑关系将这些中间事件与下一级的中间事件用适当的逻辑门相联。

4) 对各种下一级中间事件再进行分解。其方法与上一步骤类似,直到所有的输入事件为不能再分解的基本事件或未探明事件为止。

5) 将上述确定及找出各种顶事件、中间事件、基本事件、未探明事件、逻辑门用一些线条相连。即构成了该系统的故障树。

3. 故障树的定性分析

故障树的定性分析就是找出导致顶事件发生的所有可能的故障模式,亦即求出故障树的所有最小割集,从而找出系统的关键环节。

所谓故障树的割集是指故障树中若干个底事件组成的集合,当这些底事件同时发生时就会导致顶事件发生。则称此割集为该故障树的最小割集。组成最小割集的底事件的个数称为该最小割集的阶数。显然,阶数越小的最小割集对系统故障的影响越大。因此,阶数最小的最小割集中的底事件以及在故障树的所有最小割集中出现次数最多的底事件就是系统可靠性的关键环节。

求故障树最小割集的方法一般有下行法及上行法两种,下面分别给予介绍。

(1) 下行法(也称 Fussell 法)

下行法的基本原则是,对每一个输出事件,若下面是或门,则将该或门下的每一个输出事件各自排成一行;若下面是与门,则将该与门下的所有输入事件排在同一行。

下行法的步骤是:从顶事件开始,由上到下逐级进行,对每个结果事件重复上述原则,直到所有的结果事件均被处理为止,所得的每一行的底事件的集合均为故障树的每一个割集。再按最小割集的定义,对各个割集进行两两比较,划去那些非最小割集的各行,剩下的即为故障树的所有最小割集。

下面以图 6-18 所示的故障树为例来说明故障树的定性分析。对于图 6-18 所示的故障树,利用下行法求最小割集的步骤如表 6-9 所示。

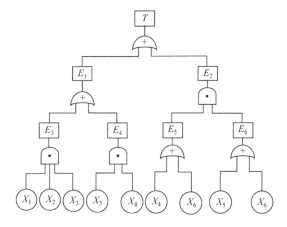

图 6-18 故障树示例

表 6-9 下行法求最小割集的步骤

步骤 1	步骤 2	步骤 3	步骤 4	步骤 5
E_1	E_3	$X_1 X_2 X_3$	$X_1 X_2 X_3$	$X_1 X_2 X_3$
	E_4	$X_3 X_4$	$X_3 X_4$	$X_3 X_4$
E_2	$E_5 E_6$	$X_4 E_6$	$X_4 X_5$	$X_4 X_5$
			$X_4 X_6$	
		$X_6 E_6$	$X_6 X_5$	
			$X_6 X_6 = X_6$	X_6

步骤 1:顶事件 T 下面是或门,所以将该或门下的输入事件 E_1 和 E_2 各自排成一行。

步骤 2:事件 E_1 下面是或门,所以该或门下的输入事件 E_3 和 E_4 各自排成一行;事件 E_2 下面是与门,所以将该与门下的输入事件 E_5 和 E_6 排在同一行。

步骤 3:事件 E_3 下面是与门,所以将该与门下的输入事件 X_1、X 和 X_3 排在同一行;事件 E_4 下面是与门,所以将与门下的输入事件 X_3 和 X_4 排在同一行;事件 E_5 下面是或门,所以将或门下的输入事件 X_4 和 X_6 各自排成一行并与事件 E_6 组合成 $X_4 E_6$ 和 $X_6 E_6$。

步骤 4:事件 E_6 下面是或门,所以将该或门下的输入事件 X_5 和 X_6 各自排成一行,并与事件 X_4 组合成 $X_4 X_5$ 和 $X_4 X_6$ 与事件 X_6 组合成 $X_5 X_6$ 和 $X_6 X_6$(即 X_6)。

至此,故障树的所有结果事件均已被处理,步骤 4 所得的每一行均为一个割集。

步骤 5:将各割集进行两两比较,因为 X_6 是割集,所以{X_4,X_6}和{X_5,X_6}就

不是最小割集,最后得该故障树的最小割集为

$$\{X_1, X_2, X_3\}, \{X_3, X_4\}, \{X_4, X_5\}, \{X_6\}$$

从上述四个最小割集可以看出,最小割集 $\{X_6\}$ 的阶数最小,底事件 X_3 和 X_4 出现比较频繁(均出现 2 次),但 X_4 出现的 2 次均在阶数为 2 的最小割集中,所以该系统可靠性的关键环节为底事件 X_6 和 X_4。

(2)上行法

上行法的步骤是:从底事件开始,由下向上逐级进行。上行法的基本原则是,对每个结果事件,若下面是与门,则将此结果事件表示为该与门下各输入事件的布尔积(事件交);若下面是或门,则将此结果事件表示为该或门下各输入事件的布尔和(事件并),对每个结果事件全部按上述原则处理。将所得的表达式逐次代入,并按布尔代数的运算规则,将顶事件 T 表示成各底事件的布尔变量的积之和的最简式,其中每一项均对应于故障树的一个最小割集,从而可得到故障树的所有最小割集。

对于图 6-8 所示的故障树,根据上行法可列出

$$E_3 = X_1 X_2 X_3$$
$$E_4 = X_3 X_4$$
$$E_5 = X_4 + X_6$$
$$E_6 = X_5 + X_6$$
$$E_1 = E_3 + E_4 = X_1 X_2 X_3 + X_3 X_4$$
$$E_2 = E_5 E_6 = (X_4 + X_6)(X_5 + X_6)$$
$$= X_4 X_5 + X_4 X_6 + X_5 X_6 + X_6 X_6$$
$$= X_4 X_5 + X_6$$
$$T = E_1 + E_2 = X_1 X_2 X_3 + X_3 X_4 + X_4 X_5 + X_6$$

所以可得该故障树的所有最小割集为

$$\{X_1, X_2, X_3\}, \{X_3, X_4\}, \{X_4, X_5\}, \{X_6\}$$

可见,此结果与用下行法所得结果是相同的。

4. 故障树的定量计算

若已知故障树中各底事件发生的概率,则在所有底事件相互独立的条件下,可对故障树进行定量计算,来求得顶事件发生的概率(即系统发生故障的概率)。

求顶事件发生概率的方法有真值表法、概率的加法公式法、不交布尔代数法等。真值表法仅适用于故障树的底事件个数较少的情况;概率的加法公式法适用于故障树最小割集个数较少的情况;当故障树的规模较大时一般可用不交布尔代数法。

（1）真值表法

先规定各单元及系统的状态为 0 时表示正常工作，而状态为 1 时表示发生故障，然后将组成系统的各单元的状态进行组合并列成表格，即为真值表。显然，当系统由 n 个单元组成时，共有 2^n 个状态组合，然后根据定性分析中求出的最小割集可判定系统处于故障的各状态组合，将这些状态组合的概率相加即可得到系统故障的概率（即顶事件发生的概率）。

（2）概率的加法公式法

若故障树的最小割集为 $C_1, C_2, \cdots, C_n$，则顶事件 T 可表示为

$$T = \bigcup_{i=1}^{n} C_i \tag{6-70}$$

也可写成

$$T = C_1 + C_2 + \cdots + C_n \tag{6-71}$$

当 $C_1, C_2, \cdots, C_n$ 不满足相互互斥（即不满足相互不相交）时，根据概率的加法公式可列出顶事件 T 发生的概率为

$$P(T) = \sum_{i=1}^{n} P(C_i) - \sum_{1 \leqslant i \leqslant j \leqslant n} P(C_i \bigcap C_j) + \sum_{1 \leqslant i \leqslant j \leqslant n} P(C_i \bigcap C_j \bigcap C_k) - \cdots$$
$$+ (-1)^{n-1} P(C_1 \bigcap C_2 \bigcap \cdots \bigcap C_n) \tag{6-72}$$

上式也可写成

$$P(T) = \sum_{i=1}^{n} P(C_i) - \sum_{1 \leqslant i \leqslant j \leqslant n} P(C_i C_j) + \sum_{1 \leqslant i \leqslant j \leqslant n} P(C_i C_j C_k) - \cdots$$
$$+ (-1)^{n-1} P(C_1 C_2 \cdots C_n) \tag{6-73}$$

（3）不交布尔代数法

前已指出，在一般情况下式（6-70）及式（6-71）中的 $C_1, C_2, \cdots, C_n$ 是相交的，为了使 $P(T)$ 的计算简化，希望 $\bigcup_{i=1}^{n} C_i$ 化为若干不相交的集合之并集，这种方法称为不交布尔代数法，简称不交化法，下面介绍不交化法的具体方法。

若 A 和 B 是相交的两个集合，若不在 B 中出现但在 A 中出现的底事件的交集为 $X_a X_b X_c \cdots X_k$，则 A 与 B 的并集可表示为

$$A \bigcup B = A \bigcup (\overline{X_a} \bigcap B) \bigcup (X_a \bigcap \overline{X_b} \bigcap B) \bigcup (X_a \bigcap X_b \bigcap \overline{X_c} \bigcap B)$$
$$\bigcup \cdots \bigcup (X_a \bigcap X_b \bigcap X_c \bigcap \cdots \overline{X_k} \bigcap B) \tag{6-74}$$

为了方便起见，在运算中我们通常采用"乘"和"加"的符号来代替集合的"交"和"并"的符号，所以式（6-74）可写成

$$A + B = A + \overline{X_a} B + X_a \overline{X_b} B + X_a X_b \overline{X_c} B + \cdots + X_a X_b X_c \cdots \overline{X_k} B$$
$$= A + (\overline{X_a} + X_a \overline{X_b} + X_a X_b \overline{X_c} + \cdots + X_a X_b X_c \cdots \overline{X_k}) B \tag{6-75}$$

式中集合 A 与 $(\overline{X_a} + X_a \overline{X_b} + X_a X_b \overline{X_c} + \cdots + X_a X_b X_c \cdots \overline{X_k}) B$ 是不相交的，所以完

成了不交化。

对于多个相交集合,可用类似方法进行不交化。

下面以图 6-8 所示的故障树为例来说明不交布尔代数法求顶事件发生的概率 $P(T)$。

前面已求得该故障树的顶事件 T 为

$$T = X_6 + X_3 X_4 + X_4 X_5 + X_1 X_2 X_3 \tag{6-76}$$

根据式(6-75),先将上式右面第一项 X_6 与以后的几项进行不交化,可得

$$T = X_6 + \overline{X_6} X_3 X_4 + \overline{X_6} X_4 X_5 + \overline{X_6} X_1 X_2 X_3 \tag{6-77}$$

再将上式右面第二项 $\overline{X_6} X_3 X_4$ 与后面两项进行不交化,可得

$$T = X_6 + \overline{X_6} X_3 X_4 + \overline{X_3} \; \overline{X_6} X_4 X_5 + \overline{X_4} \; \overline{X_6} X_1 X_2 X_3 \tag{6-78}$$

再将上式右面后面两项进行不交化,可得

$$T = X_6 + \overline{X_6} X_3 X_4 + \overline{X_3} \; \overline{X_6} X_4 X_5 + (\overline{\overline{X_3}} + \overline{X_3} \; \overline{X_4} + \overline{X_3} X_4 \; \overline{X_5}) \overline{X_4} \; \overline{X_6} X_1 X_2 X_3$$

$$= X_6 + \overline{X_6} X_3 X_4 + \overline{X_3} \; \overline{X_6} X_4 X_5 + \overline{X_4} \; \overline{X_6} X_1 X_2 X_3 \tag{6-79}$$

上式右面各项代表之集合均已不相交,因此,已完成了不交化。由式(6-79)可得顶事件的概率为

$$P(T) = P(X_6 + \overline{X_6} X_3 X_4 + \overline{X_3} \; \overline{X_6} X_4 X_5 + \overline{X_4} \; \overline{X_6} X_1 X_2 X_3)$$

$$= P(X_6) + P(\overline{X_6} X_3 X_4) + P(\overline{X_3} \; \overline{X_6} X_4 X_5) + P(\overline{X_4} \; \overline{X_6} X_1 X_2 X_3)$$

$$= P(X_6) + P(\overline{X_6}) P(X_3) P(X_4) + P(\overline{X_3}) P(\overline{X_6}) P(X_4) P(X_5)$$

$$+ P(\overline{X_4}) P(\overline{X_6}) P(X_1) P(X_2) P(X_3) \tag{6-80}$$

例 6-4　图 6-19 为一个 BUCK 型 DC-DC 开关电源的电路图,图中 DSP 为脉宽调制器。若选择输出电压 U_0 失效作为顶事件,它包含两种情况:

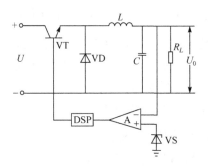

图 6-19　BUCK 型 DC-DC 开关电源的电路图

1) U_0 纹波系数过大(记为 E_{11})。

2) U_0 值超出规定范围(记为 E_{12})。

E_{11} 是由电感 L 及电容 C 的参数同时发生不稳定造成的;E_{12} 是由开关管 VT、二极管 VD 及控制回路中任一部分失效造成的,而控制回路失效(记作 E_{21})又是稳

压管 VS、差放模块 A 及 DSP 中任一部分失效所造成，按此可画出此开关电源的故障树如图 6-20 所示，试求出该故障树的最小割集，并用不交布尔代数法求顶事件的概率 $P(T)$。

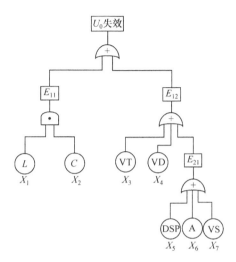

图 6-20　BUCK 型 DC-DC 开关电源的故障树

解：先用下行法求该故障树的最小割集，其步骤如表 6-10 所示。

表 6-10　下行法求最小割集

步骤 1	步骤 2	步骤 3
E_{11}	$X_1 X_2$	$X_1 X_2$
E_{12}	X_3	X_3
	X_4	X_4
	E_{21}	X_5
		X_6
		X_7

可以看出，步骤 3 中求得的割集都是最小割集，所以该故障树的最小割集为 $\{X_1, X_2\}, \{X_3\}, \{X_4\}, \{X_5\}, \{X_6\}, \{X_7\}$。

再用不交布尔代数法求 $P(T)$，顶事件 T 可用下式表示：

$$T = X_3 + X_4 + X_5 + X_6 + X_7 + X_1 X_2$$

按式(6-77)对上式进行不交化运算，可得

$$T = X_3 + \overline{X}_3 X_4 + \overline{X}_3 X_5 + \overline{X}_3 X_6 + \overline{X}_3 X_7 + \overline{X}_3 X_1 X_2$$

再将上式等号右面第三项起各项与第二项进行不交化运算，可得

$$T = X_3 + \overline{X}_3 X_4 + \overline{X}_4 \overline{X}_3 X_5 + \overline{X}_4 \overline{X}_3 X_6 + \overline{X}_4 \overline{X}_3 X_7 + \overline{X}_4 \overline{X}_3 X_1 X_2$$

再将上式等号右面第四项起各基项与第三项进行不交化运算，……，直至最后两项进行不交化运算，可得

$$T = X_3 + \overline{X}_3 X_4 + \overline{X}_4 \overline{X}_3 X_5 + \overline{X}_5 \overline{X}_4 \overline{X}_3 X_6 + \overline{X}_5 \overline{X}_4 \overline{X}_3 X_7 + \overline{X}_5 \overline{X}_4 \overline{X}_3 X_1 X_2$$

$$= X_3 + \overline{X}_3 X_4 + \overline{X}_4 \overline{X}_3 X_5 + \overline{X}_5 \overline{X}_4 \overline{X}_3 X_6 + \overline{X}_6 \overline{X}_5 \overline{X}_4 \overline{X}_3 X_7 + \overline{X}_6 \overline{X}_5 \overline{X}_4 \overline{X}_3 X_1 X_2$$

$$= X_3 + \overline{X}_3 X_4 + \overline{X}_4 \overline{X}_3 X_5 + \overline{X}_5 \overline{X}_4 \overline{X}_3 X_6 + \overline{X}_6 \overline{X}_5 \overline{X}_4 \overline{X}_3 X_7 + \overline{X}_7 \overline{X}_6 \overline{X}_5 \overline{X}_4 \overline{X}_3 X_1 X_2$$

至此，上式等号右面各项间均已实现了不交化。设事件 X_1、X_2、X_3、X_4、X_5、X_6、X_7 相互独立，其概率分别为 F_1、F_2、F_3、F_4、F_5、F_6、F_7，其对立事件 $\overline{X}_1$、$\overline{X}_2$、$\overline{X}_3$、$\overline{X}_4$、$\overline{X}_5$、$\overline{X}_6$、$\overline{X}_7$ 也相互独立，其概率分别为 R_1、R_2、R_3、R_4、R_5、R_6、R_7，则可得

$$T = P(X_3 + \overline{X}_3 X_4 + \overline{X}_4 \overline{X}_3 X_5 + \overline{X}_5 \overline{X}_4 \overline{X}_3 X_6 + \overline{X}_6 \overline{X}_5 \overline{X}_4 \overline{X}_3 X_7 + \overline{X}_7 \overline{X}_6 \overline{X}_5 \overline{X}_4 \overline{X}_3 X_1 X_2)$$

$$= P(X_3) + P(\overline{X}_3 X_4) + P(\overline{X}_4 \overline{X}_3 X_5) + P(\overline{X}_5 \overline{X}_4 \overline{X}_3 X_6)$$

$$+ P(\overline{X}_6 \overline{X}_5 \overline{X}_4 \overline{X}_3 X_7) + P(\overline{X}_7 \overline{X}_6 \overline{X}_5 \overline{X}_4 \overline{X}_3 X_1 X_2)$$

$$= F_3 + R_3 F_4 + R_4 R_3 F_5 + R_5 R_4 R_3 F_6 + R_6 R_5 R_4 R_3 F_7 + R_7 R_6 R_5 R_4 R_3 F_1 F_2$$

第7章 电器产品的可靠性增长技术

7.1 概　　述

为使电器产品达到预期的可靠性水平,必须要经过反复试验—改进—再试验的过程。在可靠性增长的过程中,电器产品不断发生失效,通过查找失效原因,进行有针对的改进,从而使产品可靠性逐渐提高,产品趋于成熟,这就是电器产品的可靠性增长过程。

在电器产品的研制生产过程中,要通过可靠性增长技术,对电器产品的可靠性增长试验和改进等过程进行科学管理和规划,不断完善产品。可靠性增长技术使电器产品在快速更新换代的过程中仍具有较高的可靠性水平,同时,也可以缩短研制周期和费用,使电器产品快速达到规定的可靠性水平。另外,对于需要进行可靠性鉴定或验收的电器产品,如果在研制过程中采用了可靠性增长技术,由此得出完整的失效数据就可来评定产品的可靠性,并可作为鉴定或验收的依据。

随着电器产品更新换代速度的加快和可靠性的提高,通过可靠性试验使电器产品失效从而获得大量失效数据的方法是不现实的。为使生产出的电器产品具有较高的可靠性并尽快投入市场,就要采用可靠性增长技术。

据统计,开发新一代的电器产品,从产品研制到逐渐成熟的整个过程中约有75%的缺陷暴露出来并被完善,这不仅需要技术人员和可靠性领域专家的经验信息,而且需要采用可靠性增长技术。在电器产品寿命周期的各个阶段,尤其在研制阶段,通过暴露设计和工艺上的薄弱环节和缺陷,制定提高可靠性的措施,将有效的纠正措施纳入到产品的设计中去,实现产品固有可靠性的增长,是达到电器产品可靠性目标要求的有效途径。

可靠性增长技术中的一项重要内容是进行可靠性增长管理。为了对可靠性增长过程进行合理规划,及时了解当前阶段产品的可靠性水平,就要建立可靠性增长模型。对于研制过程中一边试验一边改进而使可靠性连续增长的情况建立的模型称为时间函数模型,其中最著名的有 Duane 模型、AMSAA 模型等。对于在不同的试验阶段之间进行改进而使可靠性呈阶跃式增长的情况建立的模型称为顺序约束模型,常见的有 Barlow、Proschan 和 Scheuer 提出的模型。

电器产品的缺陷主要分为系统性缺陷和残余缺陷两类。系统性缺陷是指由于设计、选材或工艺等问题而造成同一批次产品所共同具有的缺陷。这类缺陷涉及面广,造成的影响大。然而,一旦查出原因进行修正,就可以根除这类缺陷,使电器产品总体的可靠性得到根本改善。对于某些大型电器产品,不可能在研制阶段进行大量的可靠性增长试验,因而其某些系统性缺陷也要在后期生产和使用中才能发现。残余缺陷是指由于一些偶然因素如生产、贮存、运输、装备等给电器产品造成的缺陷,这类缺陷只会发生在某些产品个体上,相对不易发现。残余缺陷是随机发生的,只有查出问题,才能对其有针对性地修复来提高电器产品可靠性。

对于系统性缺陷,取有代表性的 n 件电器产品进行试验或从现场发现的共性问题就能找出,通过分析其原因,采取正确的措施加以修正,就能消除缺陷。而残余缺陷是由于偶然因素引起的,一般通过筛选发现。可靠性增长过程就是对这两类缺陷进行修正的过程。

可靠性增长过程贯穿于电器产品寿命的各个阶段,即研制阶段、试生产阶段、批生产和使用阶段,理想的可靠性增长曲线呈现锯齿状向上增长的趋势。在研制阶段主要通过在实验室进行的可靠性增长试验进行有计划地激发失效,找到电器产品的设计缺陷等系统性薄弱环节。通过分析失效情况,对电器产品相应的薄弱环节做出改进,使可靠性逐渐增长。例如,对电磁继电器、小容量交流接触器、熔断器、断路器以及漏电开关等低压电器产品在实验室进行的可靠性增长试验,此阶段针对性强,提升效果显著,消耗成本较低。在试生产阶段可以发现在研制阶段未暴露出的电器产品缺陷如工艺缺陷、原材料和生产设备等问题,通过对缺陷进行认真分析,找出有效的改进方法来提高电器产品可靠性。在批生产和使用阶段,产品工艺、生产人员技术水平进一步提高,可以减小残余缺陷,提高可靠性。另外,电器产品在使用阶段的应用情况比实验室试验更接近真实情况,有些电器产品因为价格昂贵、批量小或进行某些可靠性增长试验的费用过大、成本较高,就需要在使用阶段搜集产品的可靠性信息。例如,对接触器可靠性试验的研究仅局限于小容量交流接触器的主电路和无载操作性能,而对于电寿命、机械寿命等方面的试验就不宜在研制阶段进行。同样,对熔断器分断能力试验、断路器过电流保护特性、电寿命和极限分断能力等方面的可靠性增长试验也较难进行。因此,通过对使用阶段发现的缺陷进行改善也可以使电器产品的可靠性提高。

7.2　电器产品可靠性增长理论

7.2.1　电器产品可靠性增长试验

可靠性试验是为了了解、评价、分析和提高产品的可靠性而进行的各种试验的总称,任何与产品的故障或故障效应有关的试验都可以认为是可靠性试验。在研制阶段,为了使电器产品能达到预定的可靠性指标,需要对电器产品进行可靠性试验,找出产品在设计、原材料、工艺、结构等方面的缺陷和问题,进而加以改进,这类可靠性试验称为电器产品的可靠性增长试验。

可靠性增长试验是可靠性增长技术的一个重要部分,它是联接、带动各项可靠性增长工作的主线,在产品改进、规划制定、验证改进的有效性等方面发挥重要作用。可靠性增长试验是一种针对性的激发产品失效,找出其薄弱环节并验证改进措施的有效性,对产品可靠性的提升起着至关重要的作用。

通过可靠性增长试验可以确定电器产品是否达到预计的可靠性水平。若未能达到预计的可靠性要求,就要根据失效情况和失效数据进行故障诊断,查找产品的可靠性薄弱环节。常用的方法有工程分析,包括故障树分析和失效模式、影响及危害度分析;失效物理分析,利用电子显微镜、X 射线摄影仪等手段观察失效元器件,查找失效机理及引起失效的原因;失效统计分析,统计产品失效情况,判断失效类型,确定经济有效的改进措施。但是,对电器产品进行的改进也可能会带来其他问题,引起其它类型的失效,因此,需要对改进措施的有效性做进一步试验验证。

7.2.2　电器产品可靠性数据的收集

电器产品的可靠性数据是指产品在研制过程及使用过程中及时发现并记录下来的失效情况的总体,它分布在产品寿命周期的各个阶段。它包括失效时间、故障类型、发生部位等信息,可以是数字、图表、符号、文字和曲线等形式。可靠性数据是分析估计产品可靠性的基础。可靠性数据主要从两个方面得到,一是从实验室进行的可靠性试验中得到,这种数据称为试验数据;另一方面是电器产品在实际应用中的故障统计数据、维护、维修情况、用户使用中提出的问题等现场数据。

电器产品的可靠性增长技术主要根据可靠性增长试验数据进行分析,可靠性增长试验以截尾试验为主,分为定数截尾试验和定时截尾试验。定数和定时截尾试验根据样品有无替换还各分为有替换和无替换两种情况。对可靠性增长试验中得到的失效数据建立可靠性增长模型,分析产品的可靠性变化情况,并成为评估产品可靠性参数的基础。

7.2.3　电器产品可靠性增长管理

可靠性增长管理就是通过对资源(人力、经费和时间)的统一调配,将工程上的试验、分析与修正过程纳入科学管理,做到对产品可靠性增长进行定量控制,合理利用有限的资源,以保证产品在规定的时间内达到可靠性指标的要求。可靠性增长管理包括规划管理和试验、分析和修正(TAAF)过程管理两大部分。

1. 规划管理

电器产品的可靠性增长规划管理包括全盘统管和分段管理两部分。

全盘统管:从全局负责电器产品的可靠性增长工作,包括工作的进展情况和取得的可靠性增长效果,判断能否达到预期的可靠性水平;对过程的进展情况及时地进行判断并作出决策。

分段管理:电器产品的可靠性增长过程一般分为多个阶段,管理各个阶段可靠性增长效果,控制各阶段的时间及资源分配,以便对各阶段的规划和总规划进行综合调整。

2. TAAF 过程管理

电器产品的 TAAF 过程管理包括工程管理、可靠性增长跟踪、可靠性增长预测和阶段评定。工程管理主要是监督增长规划是否按规定完成。可靠性增长跟踪是 TAAF 过程的核心环节,首先,根据选定的可靠性增长模型和试验中获得的电器产品失效数据估计其可靠性。然后将估计值与规划值相比较,判断实际可靠性增长情况与计划要求的差距,重新配置资源,对下一阶段的可靠性增长规划进行调整,实现预期的可靠性指标。可靠性增长预测是在电器产品的可靠性保持连续增长的条件下,预测将来的某一时刻产品的可靠性或估计需要多长时间才能达到规定的可靠性水平。阶段评定是在给定的置信度下,根据失效数据评估每一阶段结束时产品的可靠性能否达到规定的要求,由此决定下一阶段的可靠性增长工作或投入正式生产。

TAAF 的规划方式通常采用以下三种形式:

1) 及时修正方式,可靠性增长试验采取边试验边改进的方式进行,每次失效后即停止试验,查找失效原因,对产品进行改进,改进后再投入试验,即试验—修正—再试验的规划方式,如图 7-1(a)所示。

2) 延缓修正方式,对暴露出的缺陷先不修正,在小阶段结束时将这些缺陷集中统一安排修正,即试验—暴露缺陷—再试验的规划方式,如图 7-1(b)所示。

3) 含有延缓修正的试验—修正—再试验规划方式,对暴露出来的缺陷一部分及时修正,一部分延缓修正,如图 7-1(c)所示。

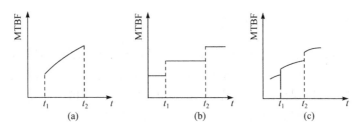

图 7-1　TAAF 规划方式的增长曲线

对于 TAAF 时间通常要分为试验应力施加时间、失效查找和分析时间、产品的改进时间以及重新设计与加工制作时间。在图 7-1 中,横坐标 t 表示的只是试验时间,因此在(b)、(c)中,曲线在 t_1、t_2 处都出现 MTBF 的垂直跳跃。而实际在 t_1、t_2 处都应插入对系统作修正、重新设计与加工制作的时间。同理,在每个关键事件点上或小阶段的转折点上,都应插入评审、鉴定或检查的时间。

3. 可靠性增长管理的其他工作

(1) 成立可靠性增长管理工作小组

要进行可靠性增长管理,首先要由可靠性领域专家和企业研发人员、工程师、试验人员等组成可靠性增长管理工作小组。由可靠性增长管理工作小组制定工作计划,研究相关标准,制定试验方案,进行可靠性增长试验。通过对试验结果进行综合分析,找出故障原因,并针对故障原因在产品设计、工艺、材料以及生产等方面进行改进,加强质量控制与管理,从而快速提高产品的可靠性,以达到适应市场竞争的最终目的。可靠性增长管理工作小组的主要任务和职责包括:

1) 进行可靠性增长规划管理。

2) 制定可靠性增长工作计划,并按计划执行。当发现工作计划存在问题时要及时做出调整。

3) 对资源(人力、经费和时间等)进行协调,对生产过程进行管理,控制生产产品的品质,充分调动各方面力量来快速提高产品的可靠性。

4) 确定可靠性增长试验方法和试验设备。

5) 对试验结果和失效情况进行分析研究,对产品的可靠性进行跟踪、评定和预测,提出改进措施,进行阶段评定。

6) 记录可靠性增长工作过程,并进行总结。

(2) 制定可靠性增长工作计划

可靠性增长工作周期可能会由于工作小组成员、电器产品型号、资源条件、产品投放市场的紧迫程度等方面的原因而不同,其中各项工作的时间可能也有差异。但实际制定工作计划按时间先后顺序一般应包含以下内容:

1) 确定具体的进行可靠性增长过程的产品型号。

2) 查找并确定相关标准,对标准进行学习研究并依据标准制定试验大纲。

3) 配置和完善相关的试验样品和试验设备。

4) 根据试验方案进行可靠性增长试验。

5) 分析试验结果和失效数据,从设计、工艺、材料和装备等方面寻求改进点;综合考虑失效类型、改进的难易、成本等方面制定合理的改进计划;实施并完成改进计划。

6) 根据上一阶段的试验情况制定下一步试验方案,并进行第二轮可靠性验证试验,完成内部可靠性评价,对可靠性增长情况进行总结。

7) 根据需要,对改进后的产品委托外部机构进行试验,确定可靠性增长效果。

在制定可靠性增长工作计划时,可以采用 Duane 模型计算相关的可靠性参数并估计可靠性增长试验时间,相关内容将在后续内容中详细讨论。

(3) 开展可靠性增长试验,进行可靠性评估

在开展可靠性试验的过程中,要依据相关标准,严格控制条件,按流程完成试验,并进行分析。

(4) 控制可靠性增长过程,达到可靠性指标要求

在进行可靠性增长试验过程中,要根据新产生的失效及时更新电器产品达到的可靠性水平,对可靠性进行控制,保证可靠性估计的结果接近预期值。当可靠性预期值与可靠性变化出现偏差,要及时做出调整,找出影响可靠性的因素并有针对性地采取改进措施进行纠正。

(5) 可靠性增长工作的总结

通过可靠性增长过程使电器产品可靠性达到规定的要求,撰写可靠性增长工作总结,对这一过程中出现的问题和解决方法进行记录,对提升效果进行总结,为以后的可靠性增长工作提供借鉴。对于生产企业,要从设计源头、工艺制造、生产过程、质量控制等方面加强可靠性工作,同时要对产品的研究、设计、试制、原材料、零部件的选择、制造、试验、生产、使用、服务等各个环节进行全盘统管。另外,开展可靠性增长工作也为培养可靠性专业人员提供了保障。

7.2.4　电器产品及设备的可靠性增长模型及参数估计方法

在对电器产品及设备进行可靠性增长管理的过程中,需要制定可靠性增长计划,利用可靠性增长模型对失效率、MTBF 等进行估计,常用的可靠性增长模型有 Duane 模型、AMSAA 模型等。由于可修复产品在试验过程中不断改进,因而其失效时间不能认为服从同一个威布尔分布,这给计算带来了很大困难。可靠性增长模型可利用泊松过程分析电器产品在任意时刻 t 的失效次数来估计产品的可靠性,解决了失效时间不服从同一个威布尔分布的问题。电器产品失效时间的威布尔分布与描述产品在任意时刻失效次数的泊松过程有着内在的联系,其参数有一一对应的关系。

1. 威布尔过程

对于可靠性增长过程中的电器产品,在进行可靠性试验的过程中,出现失效后要对其进行改进,其失效数据不再服从同一个总体,因而不能像没有改进的产品进行可靠性分析时采用威布尔分布进行处理。可靠性增长模型利用泊松过程对可靠性增长试验数据进行处理,AMSAA 模型是一类特殊的非齐次泊松过程,因为它与威布尔分布的参数有着一一对应的关系,因此文献中也称其为威布尔过程,并且

通过可靠性增长试验得到的失效数据,首次故障发生前的时间服从威布尔分布。

如书中第二章中的失效分布类型所述,威布尔分布有三个参数:形状参数 m、尺度参数 t_0、位置参数 ν。有的文献中使用真尺度参数 η(也称特征寿命)代替尺度参数,它们的关系如式(7-1)所示。

在此仅考虑位置参数 $\nu=0$ 的两参数威布尔分布的情况。

1)产品寿命这个随机变量的密度函数 $f(t)$:

$$f(t)=\frac{m}{t_0}t^{m-1}e^{-\frac{t^m}{t_0}} \tag{7-1}$$

2)失效率函数 $\lambda(t)$:

$$\lambda(t)=\frac{m}{t_0}t^{m-1} \tag{7-2}$$

3)可靠度函数 $R(t)$:

$$R(t)=e^{-\frac{t^m}{t_0}} \tag{7-3}$$

4)均值函数 $E[N(t)]$,(其中:当与泊松分布相对应的随机变量 N 与时间 t 有关时,记为 $N(t)$。$N(t)$ 表示时间区间 $(0,t]$ 中出现的事件次数。)也称累积强度函数 $\Lambda(t)$,即长度为 t 的区间内的平均故障次数:

$$E[N(t)]=\int\lambda(t)dt=\frac{t^m}{t_0}=-\ln R\overset{\triangle}{=}\nu(t)=\Lambda(t) \tag{7-4}$$

5)累积失效率 $\bar{\lambda}(t)$,也称单位时间的平均故障数或 $0\sim t$ 期间的平均失效率:

$$\bar{\lambda}(t)=E[N(t)]/t=\frac{t^{m-1}}{t_0} \tag{7-5}$$

对比式(7-2)和式(7-3)可以得到,失效率和累积失效率之间的关系为

$$\lambda(t)=m\cdot\bar{\lambda}(t) \tag{7-6}$$

2. 齐次泊松过程

因为用威布尔分布分析可靠性增长数据比较困难,可靠性增长模型 Duane 模型和 AMSAA 模型都采用泊松过程分析失效数据。泊松过程分为齐次泊松过程和非齐次泊松过程。齐次泊松过程是非齐次泊松过程的一个特例,齐次泊松过程与指数分布相对应,一种特定的非齐次泊松过程与威布尔分布相对应。在威布尔分布中,当形状参数 $m=1$ 时,由式(7-2)和式(7-5)可以得到 $\lambda(t)=\bar{\lambda}(t)=\frac{1}{t_0}$ 为一常数,此时的威布尔分布即为指数分布。$\{N(t),t\geqslant 0\}$ 称为失效率为 $\bar{\lambda}=\frac{1}{t_0}$ 的齐次泊松过程:

$$P\{N(t)=n\}=\frac{(\bar{\lambda}t)^n}{n!}e^{-\bar{\lambda}t} \tag{7-7}$$

如果对任意的正整数 n 和任意的时间 $0 \leqslant t_0 < t_1 < t_2 < \cdots < t_n$，$n$ 个增量 $N(t_1) - N(t_0)$，$N(t_2) - N(t_1)$，$\cdots$，$N(t_n) - N(t_{n-1})$ 相互独立，则称 $\{N(t), t \geqslant 0\}$ 为独立增量过程。

若对任意的时刻 s、t 和时间 h，$0 \leqslant s + h < t + h$，$N(t+h) - N(s+h)$ 与 $N(t) - N(s)$ 具有相同的分布，则称增量具有平稳性。这时，增量 $N(t) - N(s)$ 的分布函数实际上只依赖于时间差 $t - s (0 \leqslant s < t)$，而不依赖于 t 和 s 本身。当增量具有平稳性时，称相应的独立增量过程是齐次的。

（1）齐次泊松过程满足的条件

1）$\{N(t), t \geqslant 0\}$ 具有平稳独立增量（非齐次泊松过程增量不具有平稳性），也就是说齐次泊松过程失效次数的增量仅与区间长度有关，与区间起点无关；

2）对时刻 s 和 $t (s < t)$，在时间区间 $(s, t]$ 中出现事件个数 $N(t) - N(s)$ 遵从均值为 $\bar{\lambda}(t-s)$ 的泊松分布为

$$P\{N(t) - N(s) = n\} = \frac{[\bar{\lambda}(t-s)]^n}{n!} \mathrm{e}^{-\bar{\lambda}(t-s)} \tag{7-8}$$

（2）齐次泊松过程的性质

记产品的失效时间为 $0 \leqslant t_1 < t_2 < \cdots < t_n$。相邻故障间隔为 X_i，有 $X_i = t_i - t_{i-1}$，$i = 2, \cdots, n$。$X_1 = t_1$。

1）相邻故障间隔 $\{X_i, i = 1, 2, \cdots\}$ 独立，且 X_i 均服从同一个指数分布，即 X_i 作为随机变量，其密度函数为指数分布：

$$f(t) = \lambda \mathrm{e}^{-\lambda t} \tag{7-9}$$

2）在任一长度为 t 的区间内的平均故障次数（均值函数）为

$$E[N(t)] = \bar{\lambda} t \tag{7-10}$$

$$\frac{E[N(t)]}{t} = \bar{\lambda} = 常数 \tag{7-11}$$

3）对于定数截尾试验，在给定 t_n 的条件下，无序的故障时刻 $t_1, t_2, \cdots, t_{n-1}$ 是 $n-1$ 个相互独立的服从区间 $(0, t_n)$ 上均匀分布的随机变量。

4）对于定时截尾试验，在给定 $N(t) = n$ 的条件下，无序的故障时刻 $t_1, t_2, \cdots, t_n$ 是 n 个相互独立的服从区间 $(0, t)$ 上均匀分布的随机变量。

3. 非齐次泊松过程

在此，仅讨论后面建模需要的一种常用的非齐次泊松方程。对于齐次泊松过程，当 $N(t)$ 的均值函数为 $E[N(t)] = v(t) = \dfrac{1}{t_0} t^m = a t^b$，失效率 $\lambda(t) = \dfrac{\mathrm{d}E[N(t)]}{\mathrm{d}(t)} = \dfrac{m}{t_0} t^{m-1} = abt^{b-1}$ 的情况为非齐次泊松过程：

$$P\{N(t)=n\}=\frac{[v(t)]^n}{n!}\mathrm{e}^{-v(t)}, \quad n=0,1,2,\cdots \tag{7-12}$$

任意时刻 t 产品的失效次数服从式(7-12)的非齐次泊松过程 $\{N(t),t>0\}$ 称为威布尔过程。其中参数 m、t_0 即为威布尔分布的形状参数和尺度参数。

若 $\{N(t),t\geqslant 0\}$ 是失效率为 $\lambda(t)$ 的非齐次泊松过程,则对任意的 $s,t\geqslant 0$ 有

$$P\{N(t+s)-N(s)=n\}=\frac{[\Lambda(s+t)-\Lambda(s)]^n}{n!}\mathrm{e}^{-[\Lambda(s+t)-\Lambda(s)]}, \quad n=0,1,2,\cdots \tag{7-13}$$

其中,$\Lambda(t)=\displaystyle\int_0^t\lambda(u)\mathrm{d}u=at^b$,即累积强度函数。

当试验时间 t 小于第一次故障时间 t_1 时,由式(7-13)有 $P\{N(t)=0\}=R(t)$ $=\mathrm{e}^{-at^b}=\mathrm{e}^{-\frac{m}{t_0}}(t\leqslant t_1)$。对比式(7-3)可以发现,当 $t\leqslant t_1$ 时,失效时间服从威布尔分布,即电器产品的首次故障时间服从威布尔分布。

非齐次泊松过程 $\{N(t),t\geqslant 0\}$ 具有独立增量但不具有平稳性,即平均失效次数不仅与区间的长度有关,还与区间的起点有关。因此,对于威布尔过程,电器产品失效数据的第二次、第三次、……、第 n 次相邻故障间隔都不服从威布尔分布,它们的变化趋势与形状参数 m 有关,将在后面的 AMSAA 模型中进行讨论。

4. Duane 模型

Duane 模型是由美国通用电气公司发动机与电机部门的一位工程师在 1962 年发表的一篇报告中提出的。他分析了五种设备(两种航空发动机,一种喷气发动机,两种液压装置)的近 600 万小时的失效数据后发现这些设备的 MTBF 与失效时间在双对数坐标纸上呈现很好的线性关系。此规律具有很强的适用性,也可以应用到电器产品的可靠性增长中。

(1) Duane 模型的数学描述

设可修复系统在累积试验时间 t 内发生的失效数记为 $N(t)$,期望为 $E[N(t)]$。Duane 模型的规律可以表示为

$$\ln\bar{\lambda}(t)=\ln a-m\ln t \tag{7-14}$$

式中,$0<m<1$;$a>0$ 为参数;m 称为增长率,它的大小反映系统可靠性增长的快慢,与威布尔分布的形状参数 m 不同;a 称为尺度参数,与威布尔分布尺度参数的关系为

$$a=\frac{1}{t_0} \tag{7-15}$$

累积失效率:

$$\bar{\lambda}(t)=E[N(t)]/t=at^{-m} \tag{7-16}$$

均值函数：

$$E[N(t)]=at^{1-m} \tag{7-17}$$

失效率 $\lambda(t)$：

$$\lambda(t)=\frac{\mathrm{d}E[N(t)]}{\mathrm{d}(t)}=a(1-m)t^{-m} \tag{7-18}$$

即

$$\lambda(t)=(1-m)\bar{\lambda}(t) \tag{7-19}$$

由以上公式可以看出，Duane 模型的结构符合威布尔分布，只是参数的含义不同。

下面分析 Duane 模型的参数 MTBF，假定电器产品在达到时刻 t 后失效率低而且稳定，因此不再进行改进，即认为产品失效率保持不变，产品寿命服从指数分布。

产品的累积 MTBF 记为 $\bar{M}(t)$：

$$\bar{M}(t)=1/\bar{\lambda}(t)=t/E[N(t)]=t^m/a \tag{7-20}$$

产品的瞬时 MTBF 记为 $M(t)$：

$$M(t)=\frac{1}{\lambda(t)}=\frac{t^m}{a(1-m)} \tag{7-21}$$

可以得到如下关系：

$$\ln\bar{M}(t)=m\ln t-\ln a \tag{7-22}$$

$$M(t)=\bar{M}(t)/(1-m) \tag{7-23}$$

（2）Duane 模型参数的图估计法

1）增长率 m 和尺度参数 a 的估计。

根据上述公式可以在双对数坐标纸上绘制 Duane 模型曲线。在式（7-20）中，由于 $E[N(t)]$ 未知，可以用 $t/N(t)$ 代替 $t/E[N(t)]$。曲线绘制方法如下：在双对数坐标纸上按 $(t_i,t_i/N(t_i))$ 描点，将各点连接成一条直线，则直线的斜率即为 Duane 模型的增长率 m。当 $t=1$ 时，直线与纵轴交点的倒数即为 a 的值。

2）MTBF 的估计。

瞬时 MTBF $M(t)$ 的直线与 $\bar{M}(t)$ 的直线平行，只需向上平移一段距离。当 $t=1$ 时，直线与纵轴交于 $\left(0,\dfrac{1}{a(1-m)}\right)$，如图 7-2 所示。

为便于进行可靠性增长管理，我们对 Duane 模型做进一步分析。设时刻 T 的累积 MTBF 为 $\bar{M}_0$，由式（7-20）得

$$\bar{M}_0=\frac{T^m}{a} \tag{7-24}$$

则

$$\bar{M}(t)=\bar{M}_0\left(\frac{t}{T}\right)^m \tag{7-25}$$

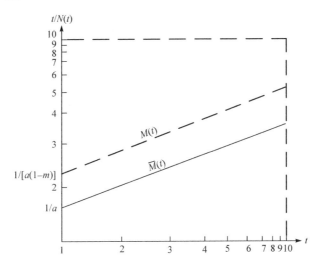

图 7-2　Duane 模型的 MTBF 直线

由式(7-23)得

$$M(t) = \frac{\overline{M}_0}{1-m} \left(\frac{t}{T} \right)^m \tag{7-26}$$

由式(7-26)可以得到工作时间 t 的值为

$$t = T \left[\frac{(1-m)M(t)}{\overline{M}_0} \right]^{\frac{1}{m}} \tag{7-27}$$

在可靠性增长管理过程中,一般根据实际工程需要,参考类似产品的相关要求,经过全面权衡,在合同或任务书中预先规定产品的预期 MTBF 值,根据式(7-25)和式(7-26)可以得到每个阶段产品的瞬时 MTBF 和累积 MTBF 值,并可以由式(7-27)计算达到规定的 MTBF 值所需的工作时间。

(3) 模型参数的最小二乘估计法

1) 增长参数 b 和尺度参数 a 的估计。

上面采用图估计法估计了 Duane 模型的增长率 m 和尺度参数 a,下面采用数值计算方法即最小二乘法计算 Duane 模型参数。为了与 AMSAA 模型的符号一致,引入增长参数 b:

$$b = 1 - m \tag{7-28}$$

根据式(7-27),可以得到如下近似:

$$N(t_i) \approx E[N(t_i)] = at_i^b \tag{7-29}$$

对于 n 个失效时间 t_i,有

$$\ln N_i = \ln a + b \ln t_i + \varepsilon_i, \quad i = 1, 2, \cdots, n \tag{7-30}$$

ε_i 是每个失效时刻的不可观测的随机变量,是许多不可控制或还不了解的随机因

素的总和。

记残差平方和 Q：

$$Q = Q(a,b) = \sum_{i=1}^{n} \varepsilon_i^2 = \sum_{i=1}^{n} (\ln N_i - \ln a - b \ln t_i)^2 \tag{7-31}$$

为了使残差平方和 ε_i^2 最小以及计算方便，我们对 $\ln a$、b 求偏导数，建立下面的方程组计算 a、b 的 LSE：

$$\begin{cases} \dfrac{\partial Q}{\partial \ln a} = -2\sum_{i=1}^{n}(\ln N_i - \ln a - b\ln t_i) = 0 \\[3mm] \dfrac{\partial Q}{\partial b} = -2\sum_{i=1}^{n}(\ln N_i - \ln a - b\ln t_i)\ln t_i = 0 \end{cases} \tag{7-32}$$

化简式(7-32)，可得

$$\begin{cases} n\ln a + b\sum_{i=1}^{n}\ln t_i = \sum_{i=1}^{n}\ln N_i \\[3mm] \ln a\sum_{i=1}^{n}\ln t_i + b\sum_{i=1}^{n}(\ln t_i)^2 = \sum_{i=1}^{n}\ln N_i\ln t_i \end{cases} \tag{7-33}$$

可以解得 a、b 的最小二乘估计 $\hat{a}$、$\hat{b}$ 为

$$\hat{b} = \frac{\sum_{i=1}^{n}\ln N_i\ln t_i - \dfrac{1}{n}(\sum_{i=1}^{n}\ln N_i)\cdot(\sum_{i=1}^{n}\ln t_i)}{\sum_{i=1}^{n}(\ln t_i)^2 - \dfrac{1}{n}(\sum_{i=1}^{n}\ln t_i)^2} \tag{7-34}$$

$$\hat{a} = e^{\left[\frac{1}{n}\left(\sum_{i=1}^{n}\ln N_i - b\sum_{i=1}^{n}\ln t_i\right)\right]} \tag{7-35}$$

将式(7-34)代入式(7-35)可以得到

$$\hat{a} = e^{\left\{\frac{1}{n}\left[\frac{\sum_{i=1}^{n}\ln N_i\cdot\sum_{i=1}^{n}(\ln t_i)^2 - \sum_{i=1}^{n}\ln t_i\cdot\sum_{i=1}^{n}\ln N_i\ln t_i}{\sum_{i=1}^{n}(\ln t_i)^2 - \frac{1}{n}\left(\sum_{i=1}^{n}\ln t_i\right)^2}\right]\right\}} \tag{7-36}$$

2) 产品 MTBF 的估计。

由式(7-18)、式(7-28)可以得到时刻 t 产品的失效率 $\lambda(t)$ 的最小二乘估计为

$$\hat{\lambda}(t) = \hat{a}\hat{b}t^{b-1} \tag{7-37}$$

假定产品在时刻 T 定型后，失效率低而且稳定，因此不再对产品作改进，由式(7-21)得到产品在时刻 t 时 MTBF 的最小二乘估计为

$$\hat{M}(t) = \frac{1}{\hat{\lambda}(T)} = \frac{T^{1-b}}{\hat{a}\hat{b}}, \quad t \geqslant T \tag{7-38}$$

(4) 多台电器产品的 Duane 模型

Duane 模型同样适用于多台电器产品的可靠性增长试验。设有 k 台电器产品

同步试验、同步纠正,累积试验时间为 t,k 台产品的总失效个数为 $N(t)$,则 a、b 的最小二乘估计 $\hat{a}$、$\hat{b}$ 仍可用式(7-34)～(7-36)计算。此时,单台电器产品的失效率变为原来的 $\frac{1}{k}$,即

$$\hat{\lambda}(t) = \frac{\hat{a}\hat{b}t^{b-1}}{k} \tag{7-39}$$

与此相应的产品定型后的 MTBF 变为原来的 k 倍,即

$$\hat{M}(t) = \frac{1}{\hat{\lambda}(T)} = \frac{kT^{1-b}}{\hat{a}\hat{b}}, \quad t \geqslant T \tag{7-40}$$

Duane 模型适用于电器产品可靠性增长试验数据为定数截尾和定时截尾的情况,其使用方便,简单易懂,适用面广,尤其在电器产品可靠性增长管理中发挥重要作用,对 MTBF 的估计和相关曲线的绘制提供了依据。这种方法只能对 MTBF 及相关参数进行粗略估计,也不易给出区间估计值,不适用于要求较精确的场合。

5. AMSAA 模型

Duane 模型将失效数据拟合为一条直线,采用最小二乘法计算相关参数的估计值和 MTBF。为克服只能对 MTBF 及相关参数进行粗略估计不易给出区间估计值的 Duane 模型的缺点,美军装备系统分析中心(Army Materiel System Analysis Activity)提出了一个模型,称为 AMSAA 模型。此模型应用极大似然估计法计算相关参数的点估计和区间估计值,且相对于 Duane 模型更加精确。

(1) AMSAA 模型的描述

如电器及成套设备等可修复系统进行可靠性增长试验时,对试验过程中出现的故障立即修复,若满足以下条件,则可用 AMSAA 模型分析系统的可靠性。

1) 设备在初始研究开发阶段 $(0, t]$ 发生故障的次数 $N(t)$ 满足 $E[N(t)] \approx v(t) = at^b$ 和 $\lambda(t) = \mathrm{d}E[N(t)]/\mathrm{d}t = abt^{b-1}$ 的非齐次泊松过程模型为

$$P\{N(t) = n\} = \frac{[v(t)]^n}{n!} \exp[-v(t)], \quad n = 0, 1, 2, \cdots \tag{7-41}$$

2) 设备开发到时刻 T 结束,在 $t \geqslant T$ 时,设备的故障时间服从指数分布,即

$$\lambda(t) = abt^{b-1}, \quad t \geqslant T \tag{7-42}$$

式中,a、b 分别被称为尺度参数和增长参数。

AMSAA 模型解决的是单台设备或系统威布尔过程的可靠性分析问题,能够进行 MTBF 的点估计及区间估计,但在实际工程中大多是多台设备进行可靠性增长的情况。周源泉等提出了 AMSAA-BISE 模型,能有效解决多台设备同步开发的需求。

（2）AMSAA-BISE 模型的描述

1）定数截尾。

对于 k 台设备同步增长定数截尾的可靠性增长试验，n 为故障次数，$t_i(i=1,2,\cdots,n)$ 为设备故障时间。故障时间的概率密度函数为

$$f(t_1\cdots t_n;n) = (kab)^n \prod_{i=1}^{n} t_i^{b-1} \exp(-kat_n^b) \tag{7-43}$$

对式（7-43）中参数求极大似然估计，可得

$$\begin{cases} \hat{a} = n/(kt_n^b) \\ \hat{b} = n/\sum_{i=1}^{n} \ln \dfrac{t_n}{t_i} \end{cases} \tag{7-44}$$

t_n 时刻 MTBF 的极大似然估计为

$$\hat{M}(t_n) = kt_n/(n\hat{b}) \tag{7-45}$$

参数 a、b 的无偏估计为

$$\begin{cases} \bar{a} = n/(kt_n^{\bar{b}}) \\ \bar{b} = (n-2)/\sum_{i=1}^{n} \ln \dfrac{t_n}{t_i} \end{cases} \tag{7-46}$$

t_n 时刻 MTBF 的极大似然估计为

$$\bar{M}(t_n) = kt_n/(n\bar{b}) \tag{7-47}$$

根据参数 a、b 的无偏估计，可以得到设备 MTBF 的点估计为

$$M(t) = \frac{1}{\bar{a}\bar{b}t^{b-1}}, \quad t \geqslant t_n \tag{7-48}$$

MTBF 置信度为 γ 的置信区间为

$$[\rho_1 M, \rho_2 M] \tag{7-49}$$

式中，ρ_1、ρ_2 可通过查阅文献[44]中表 B.5 的 AMSAA-BISE 模型定数截尾区间估计系数表得到。

特殊地，当 $k=1$ 时，刚好与 AMSAA 模型结果吻合。

置信度为 γ 时，未来第 l 次故障时间的预测区间为

$$\left[t_n \left(1+\frac{l}{n}F\left(2l,2(n-1);\frac{1-\gamma}{2}\right)\right)^{\frac{1}{b}}, t_n \left(1+\frac{l}{n}F\left(2l,2(n-1);\frac{1+\gamma}{2}\right)\right)^{\frac{1}{b}} \right]$$

$$\tag{7-50}$$

式中，$F\left(2l,2(n-1);\dfrac{1-\gamma}{2}\right)$ 及 $F\left(2l,2(n-1);\dfrac{1+\gamma}{2}\right)$ 为置信度分别为 $\dfrac{1-\gamma}{2}$、$\dfrac{1+\gamma}{2}$，自由度分别为 $2l,2(n-1)$ 的 F 分布。

2) 定时截尾。

对于 k 台设备同步增长定时截尾的可靠性增长试验(截尾时间为 T),n 为截尾时间内的故障次数,$t_i(i=1,2,\cdots,n)$ 为设备故障时间。故障时间的概率密度函数为

$$f(t_1 \cdots t_n ; T) = (kab)^n \prod_{i=1}^{n} t_i^{b-1} \exp(-kaT^b) \tag{7-51}$$

对式(7-51)中参数求极大似然估计,可得

$$\begin{cases} \hat{a} = n/(kT^{\hat{b}}) \\ \hat{b} = n/\sum_{i=1}^{n} \ln \dfrac{T}{t_i} \end{cases} \tag{7-52}$$

t_n 时刻 MTBF 的极大似然估计为

$$\hat{M}(t_n) = kT/(n\hat{b}) \tag{7-53}$$

参数 a、b 的无偏估计为

$$\begin{cases} \bar{a} = n/(kT^{\bar{b}}) \\ \bar{b} = (n-1)/\sum_{i=1}^{n} \ln \dfrac{T}{t_i} \end{cases} \tag{7-54}$$

T 时刻 MTBF 的极大似然估计为

$$\bar{M}(T) = kT/(n\bar{b}) \tag{7-55}$$

根据参数 a、b 的无偏估计,可以得到设备 MTBF 的点估计为

$$M(t) = \frac{1}{\bar{a}\bar{b}t^{\bar{b}-1}}, \quad t \geqslant T \tag{7-56}$$

MTBF 置信度为 γ 的置信区间为

$$[\rho_1 M, \rho_2 M] \tag{7-57}$$

式中,ρ_1、ρ_2 可通过查阅文献[44]中表 $B.4$ 的 AMSAA-BISE 模型定时截尾区间估计系数表得到。

综上所述,AMSAA-BISE 模型给出了可靠性特征量 MTBF 的点估计及区间估计。然而 AMSAAA-BISE 模型对 MTBF 的估计精度低,虽能预测出未来故障发生的预测区间,但预测区间较宽,且该模型也未能给出未来故障发生的时间。

6. 基于广义伽玛分布的低压成套开关设备可靠性增长预测方法

广义伽玛分布预测理论,以电器设备的未来故障时间为变量,建立未来第 l 次故障时间 t_{n+l} 的概率密度函数;求得该概率密度函数中的尺度参数 a 和增长参数 b;进一步对 t_{n+l} 概率密度函数分析,得到该设备未来故障时间的预测值、预测精度及可靠性特征量 MTBF 的点估计及区间估计。

（1）MTBF 及未来故障时间的预测

假设 k 台电器设备同时进行定数截尾的试验，n 为故障次数，$t_i(i=1,2,\cdots,n)$ 为设备发生 n 次故障的时间，式（7-43）为 n 次故障时间的联合概率密度函数。

在可靠性增长试验过程中，故障发生的时间 $t_1,t_2,\cdots,t_n$ 是相互独立的，因此对于式（7-43），以故障时间为变量，分别对 $t_1,t_2,\cdots,t_{n-1}$ 积分，得到第 n 次故障时间 t_n 的边缘概率密度函数为

$$
\begin{aligned}
f(t_n;n) &= \int_0^\infty \cdots \int_0^\infty f(t_1\cdots t_n)\mathrm{d}t_1\cdots\mathrm{d}t_{n-1} \\
&= \frac{(ka)^n b}{\Gamma(n)} t_n^{nb-1} \exp(-kat_n^b)
\end{aligned}
\tag{7-58}
$$

式（7-58）中，参数 a 及参数 b 均取其无偏估计；$\Gamma(n)$ 是参数为 n 的伽玛函数。

由于尺度参数 a 反映的是系统的初始可靠性水平，所以在可靠性试验中，参数 a 不变，则 ka 保持不变。假设在可靠性试验过程中保持故障纠正强度不变，则增长参数 b 不变。

广义伽玛函数的概率密度函数为

$$
f_{\mathrm{GT}}(x;q,r,s) = \frac{s\delta^\eta}{\Gamma(x)} x^{\eta s-1} \exp(-\delta x^s)
\tag{7-59}
$$

式中，η,δ,s 为广义伽玛函数的三个参数，且 $\eta>0,\delta>0$。

根据广义伽玛分布理论，观察式（7-58）可以发现，t_n 的边缘概率密度函数服从参数分别为 n、ka、b 的广义伽玛分布。记 l 为设备未来故障次数，t_{n+l} 为设备未来第 l 次故障发生的时间，t_{n+l} 的概率密度函数也服从广义伽玛分布，即

$$
f(t_{n+l};n+l) = \frac{(ka)^{n+l} b}{\Gamma(n+l)} t_{n+l}^{(n+l)b-1} \exp(-kat_{n+l}^b)
\tag{7-60}
$$

对式（7-60）求期望：

$$
\begin{aligned}
E(t_{n+l}) &= \int_0^\infty t_{n+l} f(t_{n+l};n+l)\mathrm{d}t_{n+l} \\
&= \int_0^\infty \frac{(ka)^{n+l} b}{\Gamma(n+l)} t_{n+l}^{(n+l)b} \exp(-kat_{n+l}^b)\mathrm{d}t_{n+l}
\end{aligned}
\tag{7-61}
$$

对式（7-61）做变换，令 $u=kat_{n+l}^b$，则有

$$
\begin{cases}
t_{n+l}=(u/(ka))^{1/b} \\
\mathrm{d}t_{n+l}=\dfrac{1}{kab}\left(\dfrac{u}{ka}\right)^{\frac{1}{b}-1}\mathrm{d}u
\end{cases}
\tag{7-62}
$$

则式（7-61）可简化为

$$E(t_{n+l}) = \frac{(ka)^{n+l}b}{\Gamma(n+l)} \int_0^\infty t_{n+l}^{(n+l)b} \exp(-kat_{n+l}^b) \mathrm{d}t_{n+l}$$

$$= \frac{1}{(ka)^{1/b}\Gamma(n+l)} \int_0^\infty u^{n+l+\frac{1}{b}-1} \exp(-u) \mathrm{d}u \qquad (7\text{-}63)$$

$$= \frac{\Gamma(n+l+1/b)}{(ka)^{1/b}\Gamma(n+l)}$$

以未来第 l 次故障时间的期望值作为 t_{n+l} 的预测值,则未来第 l 次故障时间 t_{n+l} 的预测值为

$$\hat{t}_{n+l} = \frac{\Gamma(n+l+1/b)}{(ka)^{1/b}\Gamma(n+l)} \qquad (7\text{-}64)$$

此时,设备 MTBF 的点估计值为

$$M(\hat{t}_{n+l}) = \frac{1}{ab\hat{t}_{n+l}^{b-1}} \qquad (7\text{-}65)$$

区间估计为

$$[\rho_1 M(\hat{t}_{n+l}), \rho_2 M(\hat{t}_{n+l})] \qquad (7\text{-}66)$$

(2) 未来故障时间的预测精度及预测区间

式(7-64)给出了未来故障时间的预测值,但该预测值的精确度如何需要进一步研究。为了解广义伽玛分布预测理论对 t_{n+l} 的预测精度,引入下列公式

$$C \cdot V = \frac{\sqrt{|Var(t_{n+l})|}}{E(t_{n+l})} \qquad (7\text{-}67)$$

称 $C \cdot V$ 为标准差系数,它反映了期望值在真实值附近的离散程度,可用于分析未来第 l 次故障时间 t_{n+l} 的预测精度。其值越小,表示期望值与真实值越接近,预测值的预测精度越高。

$Var(t_{n+l})$ 是未来故障时间的方差:

$$Var(t_{n+l}) = E(t_{n+l}^2) - [E(t_{n+l})]^2 \qquad (7\text{-}68)$$

根据式(7-60)进行积分、变换并化简可得

$$E(t_{n+l}^2) = \int_0^\infty t_{n+l}^2 f(t_{n+l}) \mathrm{d}t_{n+l}$$

$$= \frac{\Gamma(n+l+2/b)}{(ka)^{2/b}\Gamma(n+l)} \qquad (7\text{-}69)$$

由式(7-61)、式(7-68)及式(7-69)可以得到未来故障时间的方差。

未来故障时间的预测精度为

$$C \cdot V = \frac{|(\Gamma(n+l)\Gamma(n+l+2/b) - \Gamma^2(n+l+1/b))|^{1/2}}{\Gamma(n+l+1/b)} \qquad (7\text{-}70)$$

置信度为 γ 时,未来故障时间的双侧置信区间可由下式(7-71)得到

$$\begin{cases} \displaystyle\int_0^{t_{n+l,L}} f(t_{n+l})\mathrm{d}t_{n+l} = \dfrac{1-\gamma}{2} \\[3mm] \displaystyle\int_0^{t_{n+l,U}} f(t_{n+l})\mathrm{d}t_{n+l} = \dfrac{1+\gamma}{2} \end{cases} \tag{7-71}$$

对式(7-71)左边进行化简,令 $u=kat_{n+l}^b$,则

$$\begin{aligned} \int_0^{t_{n+l,L}} f(t_{n+l})\mathrm{d}t_{n+l} &= \int_0^{t_{n+l,L}} \frac{(ka)^{n+l}b}{\Gamma(n+l)} t_{n+l}^{(n+l)b-1} \exp(-kat_{n+l}^b)\mathrm{d}t_{n+l} \\ &= \int_0^{kat_{n+l}^b} \frac{u^{n+l-1}}{\Gamma(n+l)} \exp(-u)\mathrm{d}u \\ &= \int_0^{kat_{n+l}^b} \frac{(2u)^{n+l-1}}{2^{n+l}\Gamma(n+l)} \exp(-u)\mathrm{d}(2u) \end{aligned} \tag{7-72}$$

化简后,式(7-72)是自由度为 $2(n+l)$ 的 χ^2 分布。由此可解得未来故障时间的双侧置信区间为

$$\begin{cases} t_{n+l,L} = \left[\dfrac{1}{2ka}\chi^2_{(1-\gamma)/2,2(n+l)}\right]^{1/b} \\[3mm] t_{n+l,U} = \left[\dfrac{1}{2ka}\chi^2_{(1+\gamma)/2,2(n+l)}\right]^{1/b} \end{cases} \tag{7-73}$$

式中,$\chi^2_{(1-\gamma)/2,2(n+l)}$ 及 $\chi^2_{(1+\gamma)/2,2(n+l)}$ 是自由度为 $2(n+l)$ 的 χ^2 分布的 $(1-\gamma)/2$ 及 $(1-\gamma)/2$ 分位数。

(3) 增长参数 b 的预测区间

根据 $Ga(\alpha,\beta)$ 与 χ^2 分布的关系可得:

$$2(n-2)b/b = 2bw \sim \chi^2_{2(n-1)} \tag{7-74}$$

式中,$\chi^2_{2(n-1)}$ 是自由度为 $2(n-1)$ 的 χ^2 分布。

当给定置信水平 γ 时,增长参数 b 的双侧置信区间为

$$\left[\frac{1}{2\sum\limits_{i=1}^{n}\ln t_n/t_i}\chi^2_{(1-\gamma)/2,2(n-1)}, \frac{1}{2\sum\limits_{i=1}^{n}\ln t_n/t_i}\chi^2_{(1+\gamma)/2,2(n-1)}\right] \tag{7-75}$$

增长参数 b 的单侧置信上限为

$$b_U = \frac{1}{2w}\chi^2_{2(n-1),\gamma} \tag{7-76}$$

假设 k 台设备同时进行可靠性增长试验,定时截尾,在截尾时间 T 内发生 n 次故障,$t_i(i=1,2,\cdots,n)$ 为设备发生 n 次故障的时间,式(7-51)为 n 次故障时间的联合概率密度函数。对式(7-51),以故障时间为变量,分别对 $t_1,t_2,\cdots,t_{n-1}$ 积分,得到第 n 次故障时间 t_n 的边缘概率密度函数为

$$f(t_n;T) = \int_0^\infty \cdots \int_0^\infty f(t_1 \cdots t_n) \mathrm{d}t_1 \cdots \mathrm{d}t_{n-1}$$

$$= \frac{(ka)^n b}{\Gamma(n)} t_n^{nb-1} \exp(-kaT^b) \tag{7-77}$$

根据广义伽玛函数的概率密度函数,可以发现式(7-77)中,t_n 的边缘概率密度函数并不服从 b 的广义伽玛分布,因此基于广义伽玛分布的可靠性评估方法适用于定数截尾的试验方式。

7.3　电器试验中的可靠性提升技术

7.3.1　概述

为贯彻落实机械产品制造强国战略与国家发布的质量发展纲要中提出的产品可靠性提升工程,电器产品可靠性推进委员会于 2012 年确定了继电器行业的龙头企业厦门宏发电声有限公司与低压电器行业的龙头企业及骨干企业常熟开关制造有限公司、上海良信电器股份有限公司、长城电器集团有限公司等四个企业为"电器产品可靠性提升工程"首批示范单位,开展了可靠性提升工作。

7.3.2　电器产品可靠性提升工作计划

首先成立以企业领导或技术负责人为组长的企业可靠性提升工作小组,制订可靠性提升工作目标与计划,确定企业可靠性提升的典型产品;然后进行可靠性摸底验证试验;根据试验结果对失效产品或试验中暴露出的问题进行分析,提出并落实改进措施,对产品进行改进;改进后再进行产品第二轮可靠性验证试验;最后送第三方检测机构进行可靠性试验与评价。

各示范单位经两年多的努力,已圆满完成上述各项工作。试验结果表明,各示范单位进行该工作的产品可靠性有明显提升,取得了很好的效果,对推进我国电器行业的可靠性提升工作起到了示范带头作用。

7.3.3　电器试验中的可靠性提升工作

1. 项目工作计划与目标

(1) 经过分析研究,确定进行可靠性提升的具体产品型号

(2) 针对确定的具体产品,制定项目工作计划

1) 消化具体电器产品的可靠性试验与评价标准,研制试验设备,为后续可靠性试验与评价工作作好准备。

2) 对现有产品进行相应的试验,并对现有产品进行可靠性评价与分析;同时

对国外先进同类产品进行试验与分析。

3）根据本产品与国外先进同类产品试验结果，制定改进目标与改进方案。

4）按照改进方案制作样品，并进行试验与分析，不断调整完善改进方案。

5）提出最终产品的改进方案。

6）实施改进方案，对改进后的产品除在本公司检测中心进行试验评价外，还需在第三方试验机构进行评价，以确认产品可靠性提升目标的达成。

7）对项目进行总结。

为了评估相关产品的可靠性以及验证改进措施的效果，项目开展过程中需频繁进行可靠性测定试验。依据国家标准 GB/Z 32513—2016《低压电器可靠性试验通则》、国家标准 GB/T 15510—2008《控制用电磁继电器可靠性试验通则》、GB/Z 22204—2016《过载继电器可靠性试验方法》、GB/Z 22203—2016《家用及类似场所用过电流保护断路器的可靠性试验方法》、GB/Z 22205—2016《塑壳断路器的可靠性试验方法》、GB/Z 22200—2016《小容量交流接触器可靠性试验方法》、GB/Z 22201—2016《接触器式继电器可靠性试验方法》、GB/Z 22202—2016《家用和类似用途的剩余电流动作断路器可靠性试验方法》以及相关标准进行。

（3）可靠性提升目标的依据

项目可靠性的提升目标依据国家标准 GB/Z 32513—2016《低压电器可靠性试验通则》、国家标准 GB/T 15510—2008《控制用电磁继电器可靠性试验通则》、GB/Z 22204—2016《过载继电器可靠性试验方法》、GB/Z 22203—2016《家用及类似场所用过电流保护断路器的可靠性试验方法》、GB/Z 22205—2016《塑壳断路器的可靠性试验方法》、GB/Z 22200—2016《小容量交流接触器可靠性试验方法》、GB/Z 22201—2016《接触器式继电器可靠性试验方法》、GB/Z 22202—2016《家用和类似用途的剩余电流动作断路器可靠性试验方法》中的可靠性等级作为依据。

2. 可靠性提升工作的几个阶段

项目大致分三个阶段进行：

第一个阶段为外部产品调研与可靠性提升目标制定阶段。此阶段通过调研国内外类似产品找到外部标杆，并进行对比试验等，在此基础上制定合理的提升目标。

第二阶段为可靠性分析、改进措施提出与验证阶段。此阶段通过失效分析与相关研究查找影响产品可靠性的主要因素，在此基础上提出改进措施，并借助试验与再分析验证和优化改进措施的效果。

第三阶段为项目实施效果鉴定阶段。

3. 电器试验中可靠性提升的实施过程

下面以某些型号的电器产品为例分别阐述继电器、塑料外壳式断路器、小型断路器、漏电断路器试验中可靠性提升的实施过程。

（1）继电器试验中可靠性提升的实施

1）可靠性提升目标的制定。

依据国家标准 GB/T 15510—2008《控制用电磁继电器可靠性试验通则》，可制订某型号继电器可靠性等级为二级。

2）进行首轮可靠性验证试验。

3）可靠性影响因素分析与研究。

根据可靠性试验结果，通过失效分析与失效机理研究等方式找到根本的可靠性影响因素。

对继电器失效样品进行分析，归纳失效模式为：触点粘接（熔焊）失效；失效触点烧蚀较为严重；表面多呈暗黑色、凹凸不平，并有不少气孔；触点银合金材料有一定的消耗，但余量大，足够支撑更高的寿命消耗。典型的失效样品触点形态如表 7-1 所示。

表 7-1　某型号继电器失效样品典型触点形态

寿命	触点表面		触点截面	
2 万次				
5 万次				
9 万次				

失效样品的特点反映出触点熔焊是导致其可靠性水平较低的主要因素，是本产品提升可靠性需要解决的主要问题。触点熔焊发生的原因包括如下几个方面：触点闭合过程中，由触点碰撞弹跳引起的短电弧使触点表面温度急剧升高，可能造成熔焊；触点接触压力低，可能导致接触电阻高或接触不稳定，进而引起继电器过热和触点熔焊，甚至是电路负载的断续接通；大冲击负载分断过程中发生触点弹跳引起燃弧。

由此可见，为了降低熔焊发生的概率或强度，可以通过减少触点闭合弹跳、保证触点初始接触压力、提高触点分断速度、增大触点间隙、改善触点材料性能等措施得到实现。而对这些因素的控制则需要考虑从继电器机械参数、结构设计、触点材料等方面进行改进与优化。

4）改进措施与第二轮可靠性验证

基于前述失效分析与相关验证研究结论，决定从产品机械参数、结构设计与触点材料三个方面对该型号继电器进行改进优化，并验证改进措施的效果。

ⓐ 机械参数改进措施

动合分断力对电寿命影响显著，是提升可靠性的一个关键因素。在此基础上，提出机械参数改进措施。在相同零部件、相同生产线的条件下，分别制作常规样品与应用该措施的改进样品，试验结果显示寿命次数提升效果显著。随后，又在不同时间、使用不同批次的零部件重新制作了改进样品并进行可靠性测试。试验结果如表 7-2 所示。

表 7-2　机械参数改进措施试验结果

试验次序	样品信息	B_{10}（次）
对比试验	常规样品	12 567
	改进样品	50 381
第一次验证试验	改进样品	54 523
第二次验证试验	改进样品	65 331

验证试验结果表明应用该机械参数改进措施可以使产品可靠性水平稳定地达到 GB/T 15510—2008《控制用电磁继电器可靠性试验通则》中规定的二级可靠性级别，能达到项目的提升目标。

ⓑ 结构设计改进措施

从改善触点分断性能的角度出发，可以进行两种结构设计的改进措施。措施 I 主要针对动簧片进行改进，而措施 II 在 I 的基础上同时对静簧片加以改进。为了对比两种措施的可靠性改善效果，制作了三组样品进行测试，分别是常规样品及应用改进措施 I、II 的样品。三组样品除了被改进结构的差异外，其他因素相同或相近。

验证试验结果表明，结构设计改进措施 I 能够稳定、显著地提升产品可靠性，但结构设计更改后的产品需要重新进行认证，因此需考虑实施的时机。

ⓒ 触点材料改进措施

触点材料性能好坏与熔焊失效密切相关。从这一角度出发，考虑更换触点丝材供应商或银合金组分比例而选择了三种新的触点材料①、②与③。其中，触点材料①的合金组分与常规产品相同，但变更了供应商；触点材料②与③的合金组分则与常规产品不同。在相同加工尺寸标准下，制作四种触点并组装成品，分别是常规样品与使用触点材料①、②与③的样品。四组样品除触点材料的差异外，其他因素相同或相近。四种样品可靠性测试结果表明,采用触点材料①(与常规品相同银合金组分但不同供应商)能提高 B_{10} 寿命约 2 倍;而更改触点银合金组分(触点材料②、③)对可靠性的改善效果更为显著,达到或逼近项目提升目标。为此,又针对②、③两种触点材料进行了验证试验,测试结果表明,采用触点材料②可以使产品可靠性水平稳定超过预定提升目标,而触点材料③则距离目标有一定距离。总体而言,触点材料更改措施对产品成本控制与生产装配工艺影响很小,是可行的。但触点材料变更,仍然涉及重新认证问题,需考虑实施的时机。

实施改进措施后,生产出新的样品,之后在原来级别甚至更高的一个级别上进行验证试验,实现生产单位对产品可靠性提升的内部验证。

(2) 塑料外壳式断路器试验中可靠性提升的实施过程

1) 可靠性提升目标的制定。

依据国家标准 GB/Z 22205—2016《塑壳断路器的可靠性试验方法》,可制订某型号塑料外壳式断路器可靠性等级为三级,之后编制试验项目,进行操作可靠性试验、瞬动保护可靠性试验和过载保护可靠性试验。

2) 进行首轮可靠性验证试验。

3) 可靠性影响因素分析与研究。

在塑料外壳式断路器设计过程中,应采用成熟结构和先进的方法来保证产品设计的高质量:

ⓐ 在结构设计时,充分借用成熟产品的触头系统、灭弧系统、操作机构等现有成熟结构,并采用同步开发模块化附件,从而保证附件同本体在配合上的优化。

ⓑ 采用现代设计,通过装配干涉检查优化公差配合,同时在三维基础上采用仿真设计方法,对动力学特性、电磁场特性进行仿真模拟计算,研究产品的相关设计合理性,通过反复试验验证,形成较好的产品设计方案。

ⓒ 在制造过程中,不断优化制造工艺、提升自动化制造能力来确保产品制造的高质量。

如:关键零部件采用高速连续生产,避免由于多次定位带来的波动,可有效保证零件一致性;各类关键部件在焊接、铆接、装配时,充分利用自动化加工手段,保证部件一致性;在装配完成后通过自动检测流水线实现检测自动化,减少人为因素的影响,为产品可靠性及产品特性一致性提供保障。

ⓓ 在过程管理中,实施有效的全过程管理来保障产品质量管理的高质量。

如:在材料和零部件的选用上从严要求,坚持使用国内外优质企业的原材料来保证质量;坚持严格的三检、关键工序管理和 QC 活动,有效保障产品质量的稳定性和持续性;有效运行 PDCA,不断提升管理体系工作的有效性。

4) 进行二轮可靠性验证。

如果三级验证试验通过,实施改进措施后,可在二级甚至一级上进行验证试验,实现生产单位对产品可靠性提升的内部验证。

（3）小型断路器试验中可靠性提升的实施过程

1）可靠性提升目标的制定。

依据国家标准 GB/Z 22203—2016《家用及类似场所用过电流保护断路器的可靠性试验方法》，可制订某型号小型断路器可靠性等级为二级，之后编制试验项目，进行操作可靠性试验、瞬动保护可靠性试验和过载保护可靠性试验。

2）进行首轮可靠性验证试验。

3）可靠性影响因素分析与改进。

在操作试验后的过载保护表现为"拒动"失效模式。经分析，原因可能出于操作试验的反复动作，原来调整好的延时、双金属片"位置"出现状态漂移，使延时时间过长。

4）第二轮试验验证和改进确认。

第二轮试验的试验方案为：若二级试验顺利通过，则再追加试品和次数按一级试验。

通过第二轮试验，验证改进的有效性，于是将整改措施的工艺改进形成规范，实现生产单位对产品可靠性提升的内部验证。

（4）漏电开关试验中可靠性提升的实施过程

1）可靠性提升目标的制定。

依据国家标准 GB/Z 22202—2016《家用和类似用途的剩余电流动作断路器可靠性试验方法》，可制定某型号漏电断路器可靠性等级为三级，之后编制试验项目，进行操作可靠性试验、剩余电流保护可靠性试验、瞬动保护可靠性试验和过载保护可靠性试验。

2）进行首轮可靠性验证试验。

3）可靠性影响因素分析与改进。

可靠性试验过程中存在"手柄不能进行合闸操作"和"复位按钮卡死"的现象。对于"手柄不能进行合闸操作"可能存在手柄复位弹簧断裂导致不复位现象，可通过增强弹簧的抗疲劳性能加以改进；对于"复位按钮卡死"可能由于复位按钮弹簧座断裂，导致复位按钮无法复位，呈现为假卡死状态，通过更换更有韧性的塑料壳架的材料，并适当增加按钮弹簧座的宽度以及厚度，增加其强度来改善。

4）可靠性第二轮试验验证和改进确认。

第二轮试验的试验方案为：可在提高一个等级即按照可靠性等级二级目标要求进行。

通过第二轮试验，验证改进的有效性，实现生产单位对产品可靠性提升的内部验证。

4. 第三方检测机构的评价

上述的可靠性提升工作均在生产单位进行，为了能够客观地评价产品的可靠性,应在第三方检测机构进行试验,如国家电器质量监督检验中心等具有国家实验室认可的机构进行可靠性验证试验,试验通过了才能认定其可靠性等级。

5. 可靠性提升工作的效果

通过电器产品的可靠性提升工作,可明显提升我国电器产品的可靠性水平,进一步提升产品的市场竞争力,给用户带来更好的产品使用价值。积累可靠性工作的经验,为今后持续开展和在其他产品上推行提供借鉴。

参 考 文 献

川琦義人.1988.可靠性设计[M].王思年,夏琦译.北京:机械工业出版社

戴树森等.1983.可靠性试验及其统计分析[M].北京:国防工业出版社

费鸿俊,张冠生.1993.电磁系统动态分析与计算[M].北京:机械工业出版社

庚桂平.1998.可靠性增长技术及其应用[J].航空标准化与质量,(2):45-48

郭永基.1983.电力系统可靠性原理和应用[M].北京:清华大学出版社

国家标准 GB/Z 22200—2016　小容量交流接触器可靠性试验方法[M].北京:中国标准出版社

国家标准 GBZ 22074—2016　塑料外壳式断路器可靠性试验方法[M].北京:中国标准出版社

国家标准 GB/T 2689.2—1981　寿命试验和加速寿命试验的图估计法(用于威布尔分布)[M].
北京:国家标准出版社

国家标准 GB/T 5080.5—1985　设备可靠性试验 成功率的验证试验方案[M].北京:国家标准
出版社

国家标准 GB/T 7829—1987　故障树分析程序[M].北京:国家标准出版社

国家标准 GB/Z 15510—2008　控制用电磁继电器可靠性试验通则[M].北京:中国标准出版社

国家标准 GB/Z 22202—2016　家用和类似用途的剩余电流动作断路器可靠性试验方法[M].
北京:中国标准出版社

国家标准 GB/Z 22203—2016　家用及类似场所用过电流保护断路器的可靠性试验方法[M].
北京:中国标准出版社

国家标准 GB/Z 22204—2016　过载继电器可靠性试验方法[M].北京:中国标准出版社

胡云昌,陈金水.1989.求系统失效树最小割集的新方法[J].中国造船,(104):110-120

梁之舜.1988.概率论与数理统计[M].北京:高等教育出版社

林正炎.2001.概率论[M].杭州:浙江大学出版社

陆俭国,苏秀苹.2000.电器电磁系统可靠性优化设计的理论及应用[M].北京:机械工业出版社

陆俭国,唐义良.1996.电器可靠性理论及其应用[M].北京:机械工业出版社

陆俭国,王景芹.2002.低压保护电器可靠性理论及其应用[M].北京:机械工业出版社

茆诗松,罗朝斌.1989.无失效数据的可靠性分析[J].数理统计与应用概率,(4):489-507

茆诗松,王玲玲.1984.可靠性统计[M].上海:华东师范大学出版社

盛骤,谢式千,潘承毅.2008.概率论与数理统计第四版[M].北京:高等教育出版社

史定华,王松瑞.1993.故障树分析技术方法和理论[M].北京:北京师范大学出版社

苏秀苹.1999.电器电磁机构可靠性设计技术及优化设计技术的研究[D].天津:河北工业大学

孙荣恒.2004.随机过程及其应用[M].北京:清华大学出版社

孙永全.2011.系统可靠性增长预测理论与方法研究[D].哈尔滨理工大学

王炳兴,王玲玲.1995.定时截尾指数分布的修正最大似然函数[J].高校应用数学学报,(10):
295-302

吴坚. 2002. 应用概率统计[M]. 北京:高等教育出版社

肖德辉. 1985. 可靠性工程[M]. 北京:宇航出版社

徐灏. 1984. 机械强度的可靠性设计[M]. 北京:机械工业出版社

张继昌. 1995. 无失效数据的 Bayes 分析[J]. 高等应用数学学报,(10):19-24

张志华. 1995. 无失效数据的统计分析[J]. 数理统计与应用概率,(10):94-101

张忠占,杨振海. 1989. 无失效数据的统计分析[J]. 数理统计与应用概率,(10):508-515

赵洪利,刘宇文. 2015. 基于蒙特卡罗模拟的航空发动机故障风险预测[J]. 北京航空航天大学学报,41(3):545-550

中国矿业学院数学教研室. 1981. 数学手册[M]. 北京:科学出版社

周源泉. 1997. 质量可靠性增长与评定方法[M]. 北京:北京航空航天大学出版社

周源泉,翁朝曦. 1992. 可靠性增长[M]. 北京:科学出版社

K. C 卡帕,L. R 兰伯森. 1984. 工程设计中的可靠性[M]. 张智铁译. 北京:机械工业出版社

Marvin Rausand. 2010. 系统可靠性理论模型、统计方法及应用[M]. 北京:国防工业出版社

Barlow R. E. ,Proschan F. ,Scheuer E. M. 1996. MLE and Conservative Confidence Interval Procedures in Reliability Growth and Debugging Problems[C]. Report RM-4749-NASA, Rand Corporation,Santa Monica,CA

Finkelstein J. M. 1983. A Logarithmic Reliability-Growth for Single-Mission Systems[J]. IEEE Trans. Reliability,(32):508-511

Li X. ,Mutha C. ,Smidts C. S. 2016. An Automated Software Reliability Prediction System for Safety Critical Software [J]. Empirical Software Engineering,21(6):2413-2455

Lu Jianguo,Li Zhigang,Wang Jingqin. 1990. The Device of Research on Relay Contact Reliability [C]. Montreal: Proceedings of 36th IEEE Holm Conference on Electrical Contacts and 15th International Conference on Electrical Contacts,102-109

Lu Jianguo,Wang Jingqin,Luo Yanyan,Su Xiuping. 2012. Reliability Basic Theory and Applications in Electrical Apparatus[M]. iUniverse,Inc.

Su Xiuping,Lu Jianguo. 1999. The Study on the Reliability Optimization Design of Electromagnetic System in Electrical Apparatus. Proceedings of 4th International Conference on Reliability,Maintainability & Safety,756-761

Su Xiuping,Lu Jianguo,Liu Guojin,Bai Huizhen,Li Junqing. 2000. Multiobjective Optimization of AC Electromagnetic System based on Game Theory[C]. The Fourth International Conference on Electromagnetic Field Problems & Applications,234-237

Yang W. ,Dai D. X. ,Triggs B. ,Xia G. S. 2012. SAR-Based Terrain Classification Using Weakly Supervised Hierarchical Markov Aspect Models [J]. IEEE Transactions on Image Processing,21(9):4232-4243

附录 1 Γ 函 数 表

m	$\Gamma\left(\dfrac{1}{m}+1\right)$	m	$\Gamma\left(\dfrac{1}{m}+1\right)$	m	$\Gamma\left(\dfrac{1}{m}+1\right)$
0.1	11!	1.5	0.903	2.8	0.890
0.2	6!	1.6	0.897	2.9	0.892
0.3	9.26	1.7	0.892	3.0	0.894
0.4	3.323	1.8	0.889	3.1	0.894
0.5	2.000	1.9	0.887	3.2	0.896
0.6	1.505	2.0	0.886	3.3	0.897
0.7	1.266	2.1	0.886	3.4	0.898
0.8	1.133	2.2	0.886	3.5	0.900
0.9	1.052	2.3	0.886	3.6	0.901
1.0	1.000	2.4	0.886	3.7	0.902
1.1	0.965	2.5	0.887	3.8	0.904
1.2	0.941	2.6	0.888	3.9	0.905
1.3	0.923	2.7	0.889	4.0	0.906
1.4	0.911				

附录 2　χ^2 分布下侧分位数 $\chi^2_P(f)$ 表

$\chi^2_P(f)$ ⟍ P ⟍ f	0.01	0.025	0.05	0.10	0.25	0.75	0.90	0.95	0.975	0.99
1		0.001	0.004	0.016	0.10	1.32	2.71	3.84	5.02	6.64
2	0.02	0.051	0.10	0.21	0.58	2.77	4.61	5.99	7.38	9.21
3	0.12	0.216	0.35	0.58	1.21	4.11	6.25	7.82	9.35	11.34
4	0.30	0.48	0.71	1.06	1.92	5.39	7.78	9.49	11.14	13.28
5	0.55	0.83	1.15	1.61	2.68	6.63	9.24	11.07	12.83	15.09
6	0.87	1.24	1.64	2.20	3.46	7.84	10.65	12.59	14.45	16.81
7	1.24	1.69	2.17	2.83	4.26	9.04	12.02	14.07	16.01	18.48
8	1.65	2.18	2.73	3.49	5.07	10.22	13.36	15.51	17.54	20.09
9	2.10	2.70	3.33	4.17	5.90	11.39	14.68	16.92	19.02	21.67
10	2.56	3.25	3.94	4.87	6.74	12.55	15.99	18.31	20.48	23.21
11	3.05	3.82	4.58	5.58	7.58	13.7	17.28	19.68	21.92	24.73
12	3.57	4.40	5.23	6.30	8.44	14.85	18.55	21.03	23.34	26.22
13	4.11	5.01	5.89	7.04	9.30	15.98	19.81	22.36	24.74	27.69
14	4.66	5.63	6.57	7.79	10.17	17.12	21.06	23.69	26.12	29.14
15	5.23	6.26	7.26	8.55	11.04	18.25	22.31	25.00	27.49	30.58
16	5.81	6.91	7.96	9.31	11.92	19.37	23.54	26.3	28.85	32.00
17	6.41	7.56	8.67	10.09	12.79	20.49	24.77	27.59	30.19	33.41
18	7.02	8.23	9.39	10.87	13.68	21.61	25.99	28.87	31.53	34.81
19	7.63	8.91	10.12	11.65	14.56	22.72	27.20	30.14	32.85	36.19
20	8.26	9.59	10.85	12.44	15.45	23.83	28.41	31.41	34.17	37.57
21	8.90	10.28	11.59	13.24	16.34	24.94	29.62	32.67	35.48	38.93
22	9.54	10.98	12.34	14.04	17.24	26.04	30.81	33.92	36.78	40.29
23	10.20	11.69	13.09	14.85	18.14	27.14	32.01	35.17	38.08	41.64
24	10.86	12.40	13.85	15.66	19.04	28.24	33.20	36.42	39.36	42.98
25	11.52	13.12	14.61	16.47	19.94	29.34	34.38	37.65	40.65	44.31
26	12.20	13.84	15.38	17.29	20.84	30.44	35.56	38.89	41.92	45.64
27	12.88	14.57	16.15	18.11	21.79	31.53	36.74	40.11	43.19	46.96
28	13.57	15.31	16.93	18.94	22.66	32.62	37.92	41.34	44.46	48.28

续表

f ＼ P / $\chi^2_P(f)$	0.01	0.025	0.05	0.10	0.25	0.75	0.90	0.95	0.975	0.99
29	14.26	16.05	17.71	19.77	23.57	33.71	39.09	42.56	45.72	49.59
30	14.59	16.79	18.49	20.60	24.48	34.80	40.26	43.77	46.98	50.89
31	15.66	17.54	19.28	21.43	25.39	35.89	41.42	44.99	48.23	52.19
32	16.36	18.29	20.07	22.27	26.30	36.97	42.59	46.19	49.48	53.49
33	17.07	19.05	20.87	23.11	27.22	38.06	43.75	47.40	50.72	54.78
34	17.79	19.81	21.66	23.95	28.14	39.14	44.90	48.60	51.97	56.06
35	18.51	20.57	22.47	24.80	29.05	40.22	46.06	49.80	53.20	57.34
36	19.23	21.34	23.227	25.64	29.97	41.30	47.21	51.00	54.44	58.62
37	19.96	22.11	24.08	26.49	30.89	42.38	48.36	52.19	55.67	59.89
38	20.69	22.88	24.88	27.34	31.82	43.46	49.51	53.38	56.90	61.16
39	21.43	23.65	25.70	28.20	32.74	44.54	50.66	54.57	58.12	62.43
40	22.16	24.43	26.51	29.05	33.66	45.62	51.81	55.76	59.34	63.69
41	22.91	25.22	27.33	29.91	34.59	46.69	52.95	56.94	60.56	64.95
42	23.65	26.00	28.14	30.77	35.51	47.77	54.09	58.12	61.78	66.21
43	24.40	26.79	28.97	31.63	36.44	48.84	55.23	59.30	62.99	67.46
44	25.15	27.58	29.79	32.49	37.36	49.91	56.37	60.48	64.20	68.71
45	25.90	28.37	30.61	33.35	38.29	50.99	57.51	61.66	65.41	69.96
46	26.66	29.16	31.44	34.22	39.22	52.06	58.64	62.83	66.62	71.20
47	27.42	29.96	32.27	35.08	40.15	53.13	59.77	64.00	67.82	72.44
48	28.18	30.76	33.10	35.95	41.08	54.20	60.91	65.17	69.02	73.68
49	28.94	31.56	33.93	36.82	42.01	55.27	62.04	66.34	70.22	74.92
50	29.71	32.36	34.76	37.69	42.94	56.33	63.17	67.51	71.42	76.15
51	30.48	33.16	35.60	38.56	43.87	57.40	64.30	68.67	72.62	77.39
52	31.25	33.97	36.44	39.43	44.81	58.47	65.42	69.83	73.81	78.62
53	32.02	34.78	37.28	40.31	45.74	59.53	66.55	70.99	75.00	79.84
54	32.79	35.59	38.12	41.18	46.68	60.60	67.67	72.15	76.19	81.07
55	33.57	36.40	38.96	42.06	47.61	61.67	68.80	73.31	77.38	82.29
56	34.35	37.21	39.80	42.94	48.55	62.73	69.92	74.47	78.57	83.51
57	35.13	38.03	40.65	43.82	49.48	63.79	71.04	75.62	79.75	84.73
58	35.91	38.84	41.49	44.70	50.42	64.86	72.16	76.78	80.94	85.95

$\chi^2_P(f)$ \ P / f	0.01	0.025	0.05	0.10	0.25	0.75	0.90	0.95	0.975	0.99
59	36.70	39.66	42.34	45.58	51.36	65.92	73.28	77.03	82.12	87.17
60	37.49	40.48	43.19	46.46	52.29	66.98	74.40	79.08	83.30	88.38
61	38.27	41.30	44.04	47.34	53.23	68.04	75.51	80.23	84.47	89.59
62	39.06	42.13	44.89	48.23	54.17	69.10	76.63	81.38	85.65	90.80
63	39.86	42.95	45.74	49.11	55.11	70.17	77.75	82.53	86.83	92.01
64	40.65	43.78	46.60	50.00	56.05	71.23	78.86	83.68	88.00	93.22
65	41.44	44.60	47.45	50.88	56.99	72.29	79.97	84.82	89.18	94.42
66	42.24	45.43	48.31	51.77	57.93	73.34	81.09	85.97	90.35	95.63
67	43.04	46.26	49.16	52.66	58.87	74.40	82.20	87.11	91.52	96.83
68	43.84	47.09	50.02	53.55	59.81	75.46	83.31	88.25	92.69	98.03
69	44.64	47.92	50.88	54.44	60.76	76.52	84.42	89.39	93.86	99.23
70	45.44	48.76	51.74	55.33	61.70	77.58	85.53	90.53	95.02	100.43
71	46.25	49.59	52.60	56.22	62.64	78.63	86.64	91.67	96.19	101.62
72	47.05	50.43	53.46	57.11	63.59	79.69	87.74	92.81	97.35	102.82
73	47.86	51.27	54.33	58.01	64.53	80.75	88.85	93.95	98.52	104.01
74	48.67	52.10	55.19	58.90	65.47	81.80	89.96	95.08	99.68	105.20
75	49.48	52.94	56.05	59.80	66.42	82.86	91.06	96.22	100.84	106.39
76	50.29	53.78	56.92	60.69	67.36	83.91	92.17	97.35	102.00	107.58
77	51.10	54.62	57.79	61.59	68.31	84.97	93.27	98.48	103.16	108.77
78	51.91	55.47	58.65	62.48	69.25	86.02	94.37	99.62	104.32	109.96
79	52.73	56.31	59.52	63.38	70.20	87.08	95.48	100.75	105.47	111.14
80	53.54	57.15	60.39	64.28	71.15	88.13	96.58	101.88	106.63	112.33
81	54.36	58.00	61.26	65.18	72.09	89.18	97.68	103.01	107.78	113.51
82	55.17	58.85	62.13	66.08	73.04	90.24	98.78	104.14	108.94	114.70
83	55.99	59.69	63.00	66.98	73.99	91.29	99.88	105.27	110.09	115.88
84	56.81	60.54	63.88	67.88	74.93	92.34	100.98	106.40	111.24	117.06
85	57.63	61.39	64.75	68.78	75.88	93.39	102.08	107.52	112.39	118.24
86	58.46	62.24	65.62	69.68	76.83	99.45	103.18	108.65	113.54	119.41
87	59.28	63.10	66.50	70.58	77.72	95.50	104.28	109.77	114.69	120.59
88	60.10	63.94	67.37	71.48	78.73	96.55	105.37	110.90	115.84	121.77

$\chi^2_P(f)$ f ＼ P	0.01	0.025	0.05	0.10	0.25	0.75	0.90	0.95	0.975	0.99
89	60.93	64.79	68.25	72.39	79.68	97.60	106.47	112.02	116.99	122.94
90	61.75	65.65	69.13	73.29	80.63	98.65	107.57	113.15	118.14	124.12
91	62.58	66.50	70.00	74.20	81.57	99.70	108.66	114.27	119.28	125.29
92	63.41	67.36	70.88	75.10	82.52	100.75	109.76	115.39	120.43	126.46
93	64.24	68.21	71.76	76.01	83.47	101.80	110.85	116.51	121.57	127.63
94	65.07	69.07	72.64	76.91	84.43	102.85	111.94	117.63	122.72	128.80
95	65.90	69.93	73.52	77.82	85.38	103.90	113.04	118.75	123.86	129.97
96	66.73	70.78	74.40	78.73	86.33	104.95	114.13	119.87	125.00	131.14
97	67.56	71.64	75.28	79.63	87.28	106.00	115.22	120.99	126.14	132.31
98	68.40	72.50	76.16	80.54	88.23	107.05	116.32	122.11	127.28	133.48
99	69.23	73.36	77.05	81.45	89.18	108.09	117.41	123.23	128.42	134.64
100	70.07	74.22	77.93	82.36	90.13	109.14	118.50	124.34	129.56	135.81

附录 3 标准正态分布函数 $\Phi(z) = \dfrac{1}{\sqrt{2\pi}}\displaystyle\int_{-\infty}^{z} e^{-v^2/2}\,dv$ 数值表

z	−0.00	−0.01	−0.02	−0.03	−0.04	−0.05	−0.06	−0.07	−0.08	−0.09
−3.0	0.00135	0.00131	0.00122	0.00126	0.00118	0.00114	0.00111	0.00107	0.00104	0.00100
−2.9	0.00187	0.00181	0.00175	0.00170	0.00164	0.00159	0.00154	0.00149	0.00144	0.00140
−2.8	0.00256	0.00248	0.00240	0.00233	0.00226	0.00219	0.00212	0.00205	0.00199	0.00193
−2.7	0.00347	0.00336	0.00326	0.00317	0.00307	0.00298	0.00289	0.00280	0.00272	0.00264
−2.6	0.00466	0.00453	0.00440	0.00427	0.00415	0.00403	0.00391	0.00379	0.00368	0.00357
−2.5	0.00621	0.00604	0.00587	0.00570	0.00554	0.00539	0.00523	0.00509	0.00494	0.00480
−2.4	0.0082	0.0080	0.0078	0.0076	0.0073	0.0071	0.0070	0.0068	0.0066	0.0064
−2.3	0.0107	0.0104	0.0102	0.0090	0.0096	0.0094	0.0091	0.0089	0.0087	0.0084
−2.2	0.0139	0.0136	0.0132	0.0129	0.0126	0.0122	0.0119	0.0116	0.0133	0.0110
−2.1	0.0179	0.0174	0.0710	0.0166	0.0162	0.0158	0.0154	0.0150	0.0146	0.0143
−2.0	0.0228	0.0222	0.0217	0.0212	0.0207	0.0202	0.0197	0.0192	0.0188	0.0183
−1.9	0.0287	0.0281	0.0274	0.0268	0.0262	0.0256	0.0250	0.0244	0.0238	0.0233
−1.8	0.0359	0.0352	0.0344	0.0336	0.0329	0.0322	0.0314	0.0307	0.0300	0.0294
−1.7	0.0446	0.0436	0.0427	0.0418	0.0409	0.0401	0.0392	0.0384	0.0375	0.0367
−1.6	0.0548	0.0537	0.0562	0.0516	0.0505	0.0495	0.0485	0.0475	0.0465	0.0455
−1.5	0.0668	0.0655	0.0643	0.0630	0.0618	0.0606	0.0594	0.0582	0.0570	0.0559
−1.4	0.0808	0.0793	0.0778	0.0764	0.0749	0.0735	0.0722	0.0708	0.0694	0.0681
−1.3	0.0968	0.0951	0.0934	0.0918	0.0901	0.0885	0.0869	0.0853	0.0838	0.0823
−1.2	0.1151	0.1131	0.1112	0.1093	0.1075	0.1056	0.1038	0.1020	0.1003	0.0985
−1.1	0.1357	0.1335	0.1314	0.1292	0.1271	0.1251	0.1230	0.1210	0.1190	0.1170
−1.0	0.1587	0.1562	0.1539	0.1515	0.1492	0.1469	0.1446	0.1423	0.1401	0.1379
−0.9	0.1841	0.1814	0.1788	0.1762	0.1736	0.1711	0.1685	0.1660	0.1635	0.1611
−0.8	0.2119	0.2090	0.2061	0.2033	0.2005	0.1977	0.1949	0.1922	0.1894	0.1867
−0.7	0.2420	0.2389	0.2358	0.2327	0.2297	0.2266	0.2236	0.2206	0.2177	0.2148
−0.6	0.2743	0.2709	0.2676	0.2643	0.2611	0.2578	0.2546	0.2514	0.2483	0.2451
−0.5	0.3085	0.3050	0.3015	0.2981	0.2946	0.2912	0.2877	0.2843	0.2810	0.2776
−0.4	0.3446	0.3409	0.3372	0.3336	0.3300	0.3264	0.3228	0.3192	0.3156	0.3121
−0.3	0.3821	0.3783	0.3745	0.3707	0.3669	0.3632	0.3594	0.3557	0.3520	0.3483
−0.2	0.4207	0.4168	0.4129	0.4090	0.4052	0.4013	0.3974	0.3936	0.3897	0.3859
−0.1	0.4602	0.4562	0.4522	0.4483	0.4443	0.4404	0.4364	0.4325	0.4286	0.4247
−0.0	0.5000	0.4960	0.4920	0.4880	0.4840	0.4801	0.4761	0.4721	0.4681	0.4641

续表

z	0.00	0.01	0.02	0.03	0.04	0.05	0.06	0.07	0.08	0.09
0.0	0.5000	0.5040	0.5080	0.5120	0.5160	0.5199	0.5239	0.5279	0.5319	0.5359
0.1	0.5398	0.5438	0.5478	0.5517	0.5557	0.5596	0.5636	0.5676	0.5714	0.5753
0.2	0.5793	0.5832	0.5871	0.5910	0.5948	0.5987	0.6026	0.6064	0.6103	0.6141
0.3	0.6179	0.6217	0.6255	0.6293	0.6331	0.6368	0.6406	0.6443	0.6480	0.6517
0.4	0.6554	0.6591	0.6628	0.6664	0.6700	0.6736	0.6772	0.6806	0.6844	0.6879
0.5	0.6915	0.6950	0.6985	0.7019	0.7054	0.7088	0.7123	0.7157	0.7190	0.7224
0.6	0.7257	0.7291	0.7324	0.7357	0.7389	0.7422	0.7454	0.7486	0.7517	0.7549
0.7	0.7580	0.7611	0.7642	0.7673	0.7703	0.7734	0.7764	0.7794	0.7823	0.7852
0.8	0.7881	0.7910	0.7939	0.7967	0.7995	0.8032	0.8051	0.8078	0.8106	0.8133
0.9	0.8159	0.8186	0.8212	0.8238	0.8264	0.8289	0.8315	0.8340	0.8365	0.8389
1.0	0.8413	0.8438	0.8461	0.8485	0.8508	0.8531	0.8554	0.8577	0.8599	0.8621
1.1	0.8643	0.8665	0.8686	0.8708	0.8729	0.8749	0.8770	0.8790	0.8810	0.8830
1.2	0.8849	0.8869	0.8888	0.8907	0.8925	0.8944	0.8962	0.8980	0.8997	0.9015
1.3	0.9032	0.9049	0.9066	0.9082	0.9099	0.9115	0.9131	0.9147	0.9162	0.9177
1.4	0.9192	0.9207	0.9222	0.9236	0.9251	0.9265	0.9278	0.9292	0.9306	0.9319
1.5	0.9332	0.9345	0.9357	0.9370	0.9382	0.9394	0.9406	0.9418	0.9430	0.9441
1.6	0.9452	0.9463	0.9474	0.9484	0.9495	0.9505	0.9515	0.9525	0.9535	0.9545
1.7	0.9554	0.9564	0.9573	0.9582	0.9591	0.9599	0.9608	0.9616	0.9625	0.9633
1.8	0.9641	0.9648	0.9656	0.9664	0.9671	0.9678	0.9686	0.9693	0.9700	0.9706
1.9	0.9713	0.9719	0.9726	0.9732	0.9738	0.9744	0.9750	0.9756	0.9762	0.9767
2.0	0.9772	0.9778	0.9783	0.9788	0.9793	0.9798	0.9803	0.9808	0.9812	0.9817
2.1	0.9821	0.9826	0.9830	0.9834	0.9838	0.9842	0.9846	0.9850	0.9854	0.9857
2.2	0.9861	0.9864	0.9868	0.9871	0.9874	0.9878	0.9881	0.9884	0.9887	0.9890
2.3	0.9893	0.9896	0.9898	0.9901	0.9904	0.9906	0.9909	0.9911	0.9913	0.9916
2.4	0.9918	0.9920	0.9922	0.9925	0.9927	0.9929	0.9931	0.9932	0.9934	0.9936
2.5	0.99379	0.99396	0.99413	0.99430	0.99446	0.99461	0.99477	0.99492	0.99506	0.99520
2.6	0.99534	0.99547	0.99560	0.99573	0.99586	0.99598	0.99609	0.99620	0.99632	0.99643
2.7	0.99653	0.99664	0.99674	0.99683	0.99693	0.99702	0.99711	0.99720	0.99728	0.99737
2.8	0.99745	0.99752	0.99760	0.99767	0.99774	0.99781	0.99788	0.99795	0.99801	0.99807
2.9	0.99813	0.99819	0.99825	0.99831	0.99836	0.99841	0.99846	0.99851	0.99856	0.99861
3.0	0.99865	0.99869	0.99874	0.99878	0.99882	0.99886	0.99889	0.99893	0.99897	0.99900

索　引